発生生物学
基礎から応用への展開

塩尻 信義
弥益 恭
加藤 容子
中尾 啓子

共編著

培風館

執筆者一覧

■ 編　者

塩尻 信義（しおじり のぶよし）	静岡大学理学部教授	[1章, 11章, 12章]
弥益 恭（やます きょう）	埼玉大学大学院理工学研究科教授	[9章]
加藤 容子（かとう ようこ）	近畿大学農学部教授	[14.1節]
中尾 啓子（なかお けいこ）	埼玉医科大学医学部専任講師	[15章]

■ 著　者

青木 不学（あおき ふがく）	東京大学大学院新領域創成科学研究科教授	[6章]
井上 高良（いのうえ たかよし）	国立精神・神経医療研究センター神経研究所室長	[3章]
内山 英穂（うちやま ひでほ）	横浜市立大学理学部教授	[8章]
木下 典行（きのした のりゆき）	基礎生物学研究所形態形成研究部門准教授	[7章]
佐藤 賢一（さとう けんいち）	京都産業大学総合生命科学部教授	[5.2節]
平良 眞規（たいら まさのり）	中央大学理工学部非常勤講師	[2章]
高橋 雄（たかはし ゆう）	国立医薬品食品衛生研究所毒性部室長	[10章]
原山 洋（はらやま ひろし）	神戸大学大学院農学研究科教授	[5.3節]
平尾 雄二（ひらお ゆうじ）	農業・食品産業技術総合研究機構ユニット長	[4章]
細江 実佐（ほそえ みさ）	農業・食品産業技術総合研究機構ユニット長	[14.2節]
吉田 学（よしだ まなぶ）	東京大学大学院理学系研究科准教授	[5.1節]
和田 洋（わだ ひろし）	筑波大学生命環境系教授	[13章]

本書の無断複写は，著作権法上での例外を除き，禁じられています．
本書を複写される場合は，その都度当社の許諾を得てください．

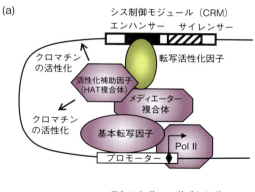

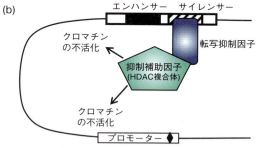

図 2.3 遺伝子の活性化と抑制とシス制御モジュール（CRM）

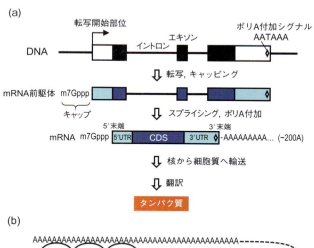

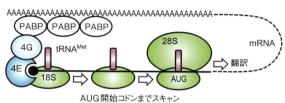

図 2.4 真核生物の転写から翻訳まで

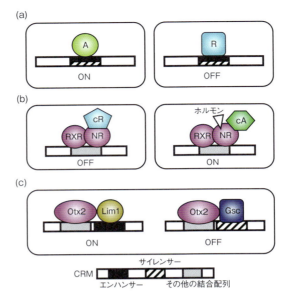

図 2.6 転写因子とエンハンサー・サイレンサーとの関係

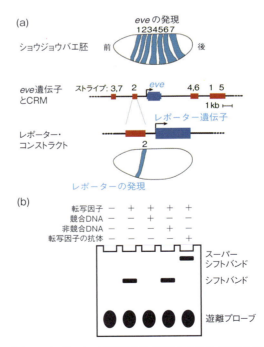

図 2.7 レポーター解析による CRM の同定と EMSA 法
((a) Yanez-Cuna *et al*., 2013 を一部改変)

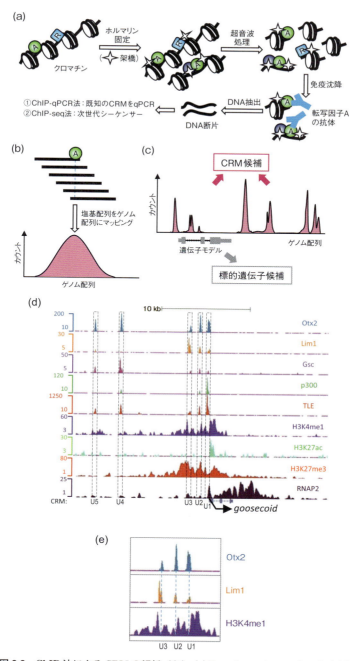

図 2.8 ChIP 法による CRM の解析 ((d), (e) Yasuoka et al., 2014 を一部改変)

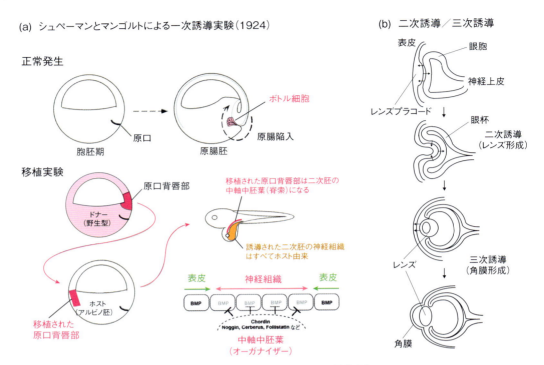

図 3.2 初期発生過程で認められる誘導現象

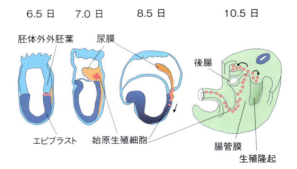

図 4.2 マウスにおける始原生殖細胞の出現・移動・増数

(a) 有糸分裂（体細胞分裂）

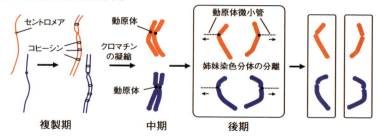

(b) 減数分裂

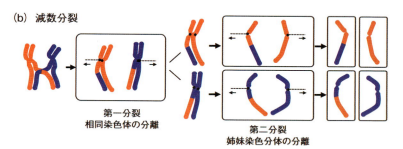

(c) 第一分裂前期

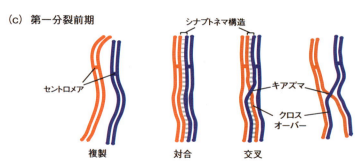

(d)

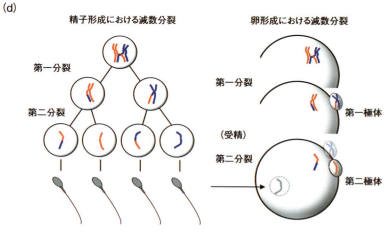

図 4.3　減数分裂

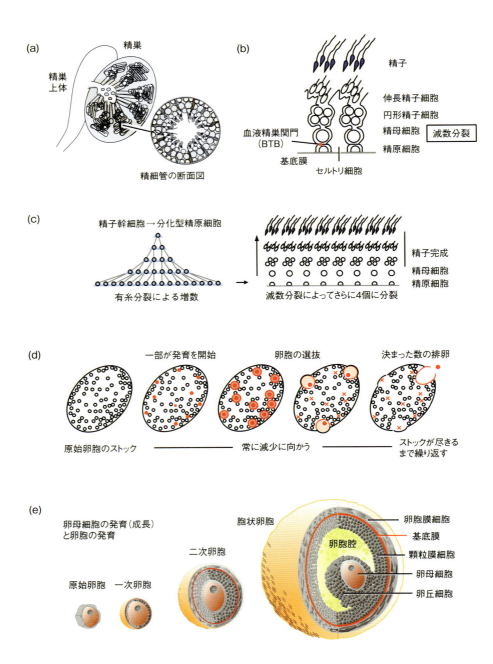

図 4.4　精巣における精子形成と卵巣における卵形成

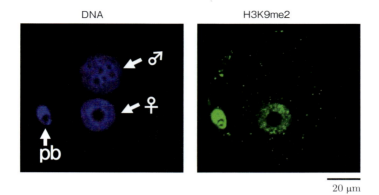

図 6.3 1 細胞期胚における H3K9me2 の免疫染色像

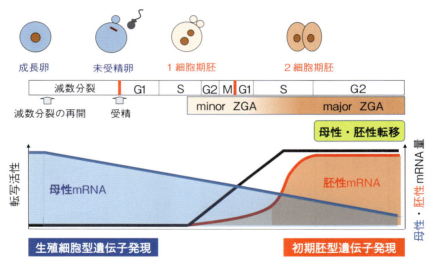

図 6.4 胚性遺伝子の活性化と母性・胚性転移

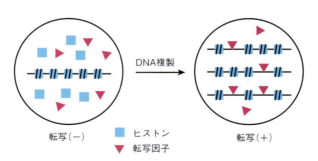

図 6.5 転写開始機構に関する仮説

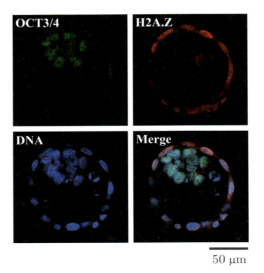

図 6.6　マウス胚盤胞の免疫染色像

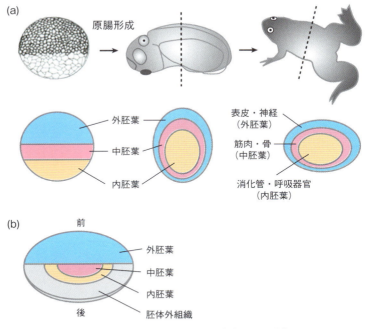

図 7.1　三胚葉の基本体制を形成する原腸形成

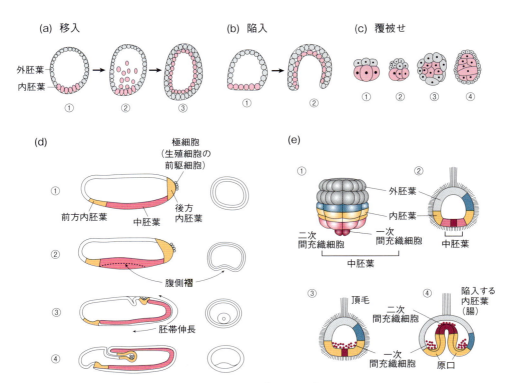

図 7.2 様々なタイプの原腸形成運動

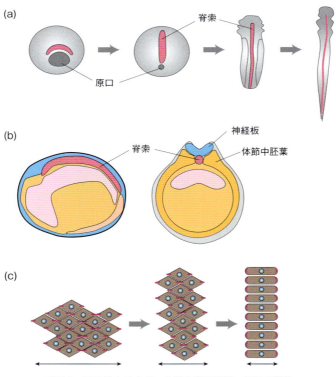

図 7.3 アフリカツメガエル胚の脊索組織・細胞の運動

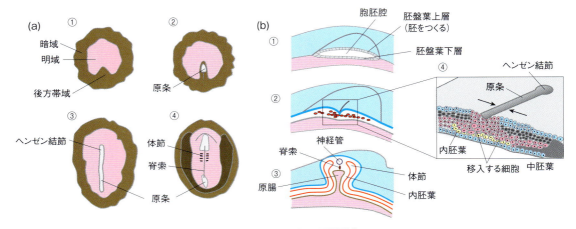

図 7.5 ニワトリ胚の原腸形成

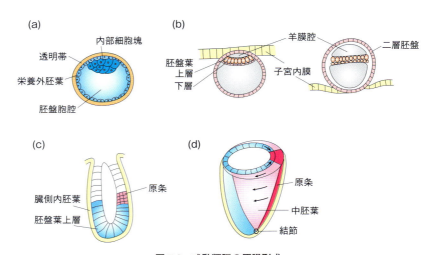

図 7.6 哺乳類胚の原腸形成

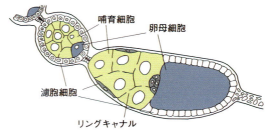

図 8.1 ショウジョウバエ卵巣内の卵室形成

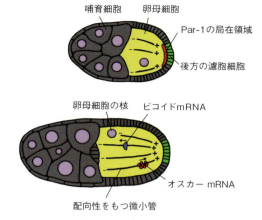

図 8.2　母性効果遺伝子の mRNA の局在形成

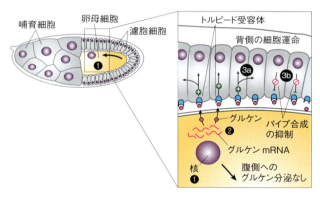

図 8.3　グルケンによる背側形成

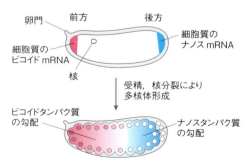

図 8.4　ショウジョウバエの前後軸形成

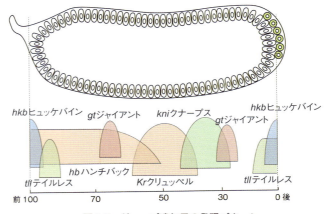

図 8.5　ギャップ遺伝子の発現パターン

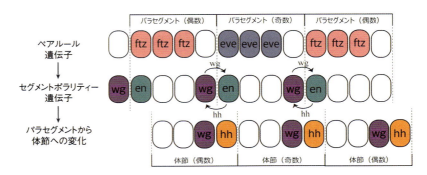

図 8.7　パラセグメント形成の分子機構

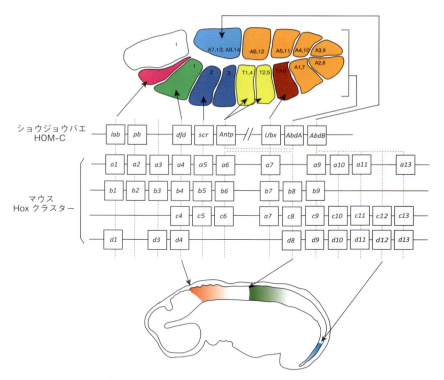

図 8.8 ホメオティック遺伝子群のゲノム上の位置

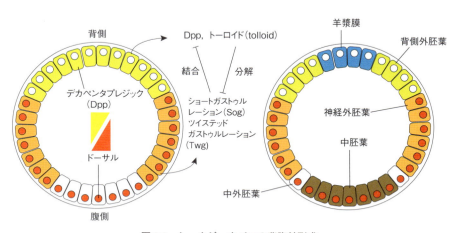

図 8.9 ショウジョウバエの背腹軸形成

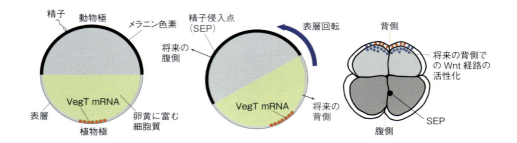

図 8.10　カエル胚の受精と背腹軸形成

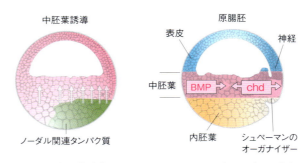

図 8.11　中胚葉誘導からシュペーマンのオーガナイザーの成立

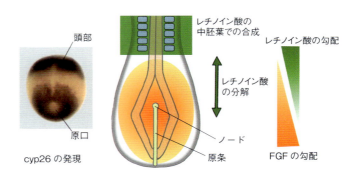

図 8.12　レチノイン酸とFGFの勾配による未分節中胚葉の分節化および後方化

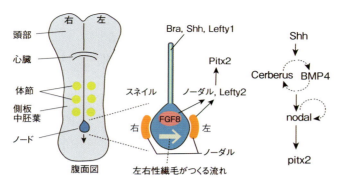

図 8.13 ノードにおける左右性繊毛の動き

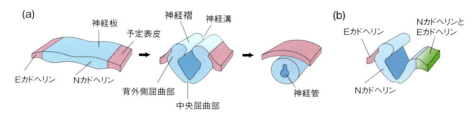

図 9.1 神経管の形成（Gilbert, 2015 を一部改変）

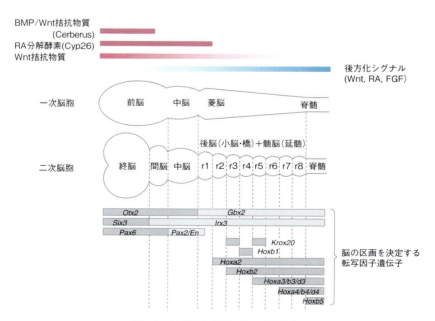

図 9.2 神経管の前後に沿った領域化

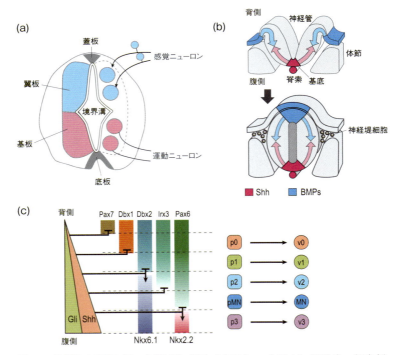

図 9.3 神経管の背腹に沿った領域化（(b),(c) Wolpert & Tickle, 2012 を一部改変）

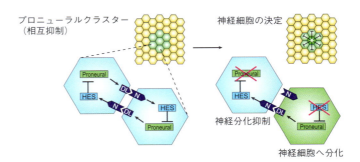

図 9.4 ノッチシグナルによる神経分化の制御（Price *et al.*, 2011 を一部改変）

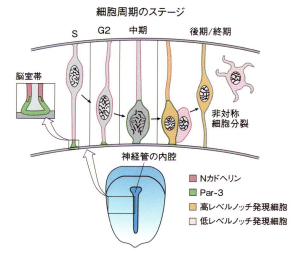

図 9.5　神経上皮における神経細胞の分裂とエレベーター運動
（Gilbert, 2015 を一部改変）

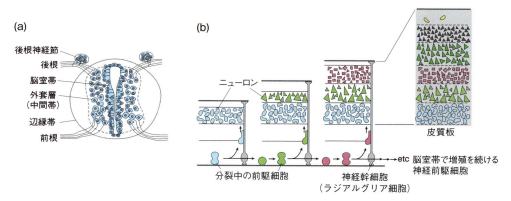

図 9.6　神経管の 3 層構造 (a) と大脳皮質でみられる 6 層構造 (b) の形成
（(b) Alberts *et al.*, 2008 を一部改変）

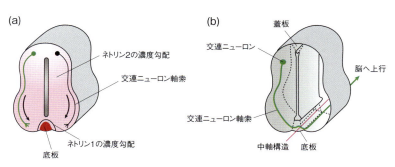

図 9.7　脊髄交連神経ニューロンの軸索伸長（(b) Alberts *et al.*, 2008 を一部改変）

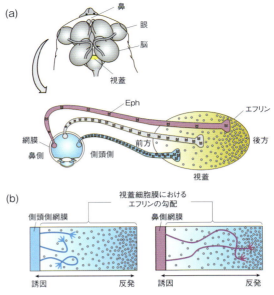

図 9.8 ニワトリ胚の網膜神経節細胞からの軸索伸長
(Gilbert, 2015 を一部改変)

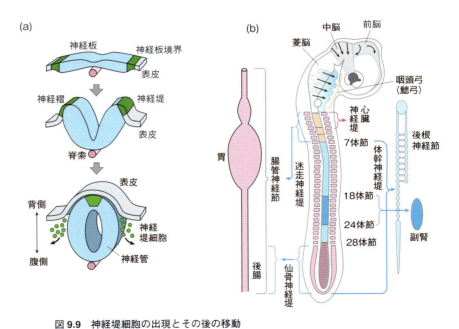

図 9.9 神経堤細胞の出現とその後の移動
((a) Wolpert & Tickle, 2012 を一部改変. (b) Gilbert, 2015 を一部改変)

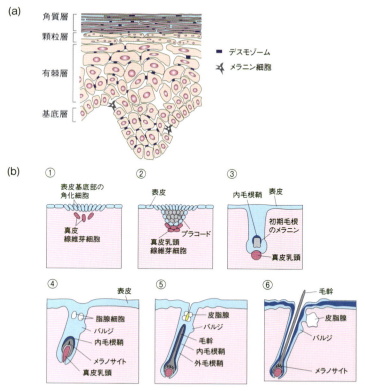

図 9.10 表皮およびその派生器官の発生
(Gilbert, 2015 を一部改変)

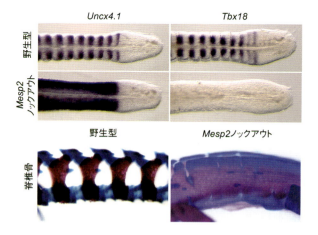

図 10.4 *Mesp2* ノックアウトマウス胚の体節と脊椎骨

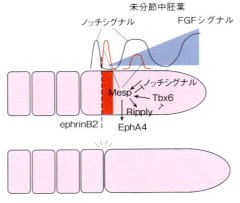

図 10.5　周期的な体節の境界形成と分節化の機構

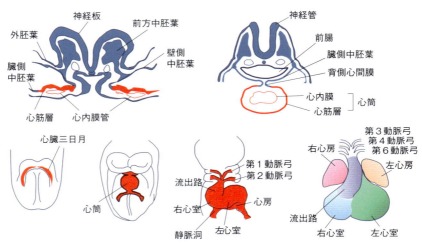

図 10.6　マウス胚の心臓の形成過程

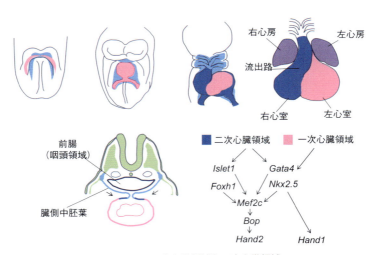

図 10.7　一次心臓領域と二次心臓領域

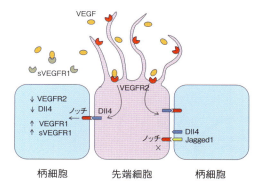

図 10.10　先端細胞と柄細胞の分化

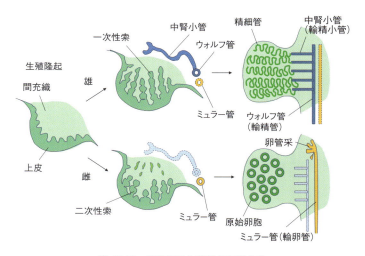

図 10.13　哺乳類の生殖腺の初期分化

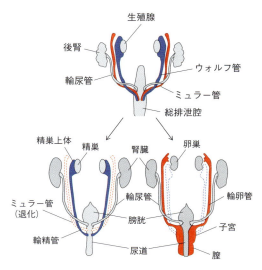

図 10.14　哺乳類の生殖輸管の性分化

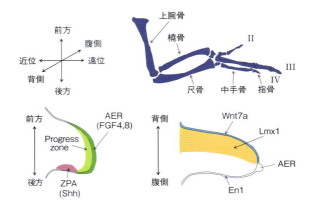

図 10.16 ニワトリ胚肢芽の軟骨パターンとパターン形成に重要な領域

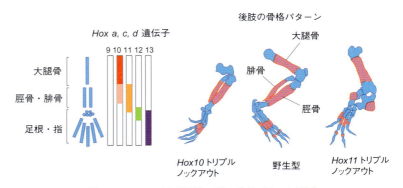

図 10.20 Hox 遺伝子群と四肢の軟骨パターン形成

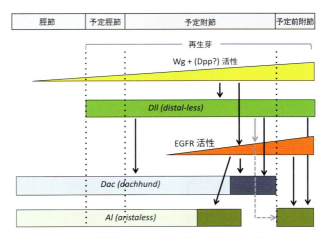

図 12.6 コオロギ肢再生における EGF シグナルとパターニング
（Nakamura *et al.*, 2008 を改変）

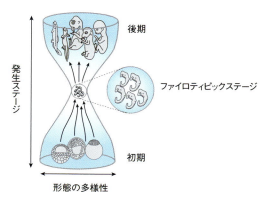

図 13.2 砂時計モデル（Duboule, 1994 を改変）

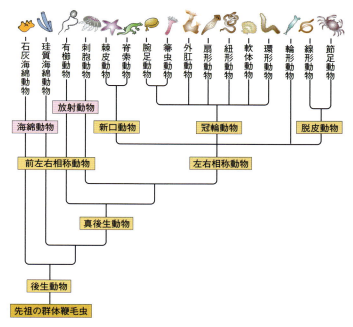

図 13.3 多細胞動物の系統樹

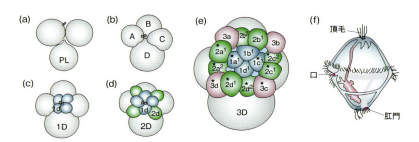

図 13.4 冠輪動物の発生

((a)-(e) Lambert, 2008 より引用，(f) Campbell, 2012 を改変)

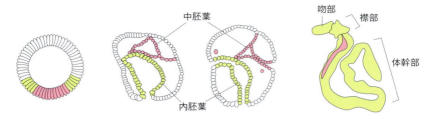

図 13.5　ギボシムシの発生（Röttinger & Martidale, 2011 を改変）

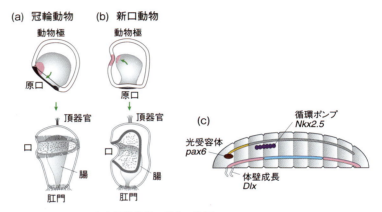

図 13.6　左右相称動物の祖先の復元
（Arendt et al., 2001 を改変，Carroll 他，2003 を改変）

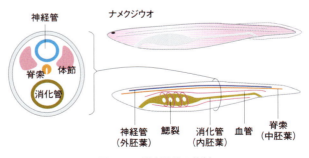

図 13.7　脊索動物の体制

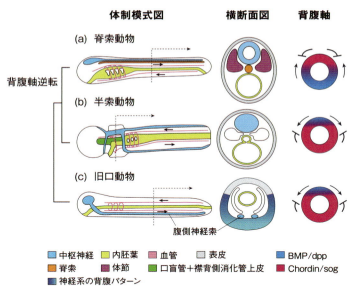

図 13.9 脊索動物の祖先における背腹の逆転（宮本・和田，2013 を改変）

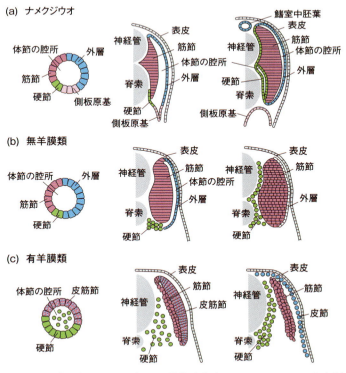

図 13.10 脊椎動物とナメクジウオの体節形成（Mansfield *et al.*, 2015 を改変）

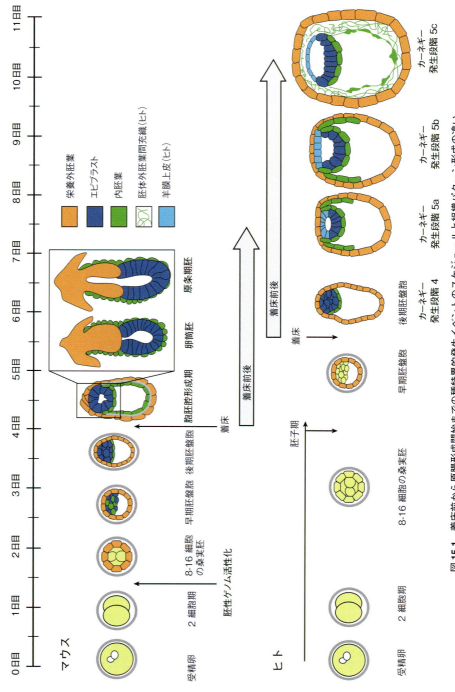

図 15.1 着床前から原腸形成開始までの種特異的な発生イベントのスケジュールと組織パターン形成の違い
(Rossant & Tam, 2017 を一部改変)

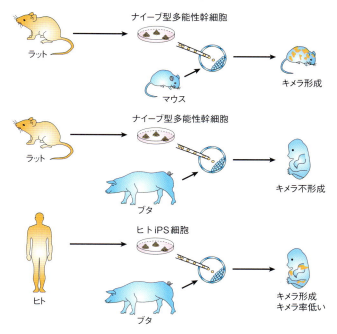

図 15.3　異種間キメラ（Wu *et al*, 2017）

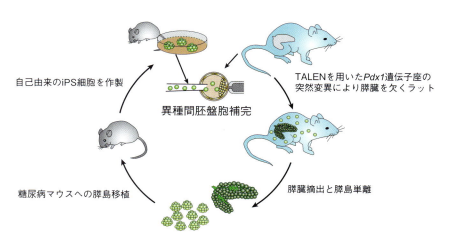

図 15.4　異種間胚盤胞補完による糖尿病治療法（Yamaguchi *et al*, 2017）

まえがき

　動物の発生に伴う形態の変化をおもに記述する学問であった発生学は，20世紀後半には発生のメカニズムを解明する解析的な学問「発生生物学」となり，さらに20世紀終盤には分子遺伝学あるいは分子生物学的アプローチが導入されることで，発生・再生現象の分子メカニズムや進化との関係などを明らかにする，より広い「発生生物学」へと，大きく変貌をとげた。平行して，「発生生物学」における知識や技術は，新しい有用動物の作出や不妊治療，再生治療などをめざす応用分野にも著しく貢献してきた。そして現在，進行しつつある種々の生物のゲノム情報の解読ならびに遺伝子編集技術の開発は，生命倫理問題も含め「発生生物学」にさらに新たな展開をもたらしている。発生現象のメカニズムそのものに純粋に興味をもつ学生のみなさんにとっても，発生生物学がどのように社会に貢献あるいは関係しているかを理解しておくことは極めて重要である。一方，発生生物学の応用展開，例えば再生医療などに強い興味をもつ学生のみなさんにとっても，応用面だけでなく，発生生物学の基礎をよく理解することは先の応用を考えるうえで必須である。しかし，めざましい進展をとげつつある発生生物学の基礎から応用展開までをわかりやすくまとめた教科書はほとんど見当たらない。本書は，この発生生物学の進展と魅力を若い学生のみなさんにわかりやすく，基礎から応用まで伝えることを目的として作成された。理学部，農学部，医学部などの発生生物学あるいはその関連の授業で教科書として広く使われることを期待している。

　本書作成にあたっては，発生生物学の基礎から応用展開までバランスよく含まれるように配慮した。発生生物学の基礎にかかわる章では，応用的な知見あるいは哺乳類における知見をできるだけ加え，応用展開にかかわる章では，実学，工学的な内容に過度に偏ることなく，発生生物学が社会的にどのように活かされているかに力点をおいてある。記載はできるだけ平易に，また図を多用し（図番号の右上についている＊印は口絵を参照してほしい），読者が理解を得やすいように工夫をした。また，発生生物学という学問の性質上，できるだけメカニズムを説明し，メカニズムの実験的証明がどのように行われたかを可能な限り解説した。そして各章には演習問題をもうけ，復習ならびに考察を課し，学生のみなさんの理解の向上に努めた。コラムには最新の話題を取り上げ，これにより発生生物学の最先端，発生生物学がこれからどのように発展するか，感じてもらえればうれしい。さらなる発展学習として，参考書やウエブサイトも活用してほしい。

　本書の各章はその分野の専門家が担当し，1章から13章までが発生生物学の基礎編，14章と15章がその応用展開編となっている。各学部での発生生物学の授業において本書が使用される際には，その授業目標に応じて各章の説明に軽重をつけていただき，設定された授業目標を達成するとともに，学生のみなさんが発生生物学全体を俯瞰できればと期待している。

　本書が学生のみなさんにとって有用な教科書，そして発生生物学を志す若い方々の必携書となるならば，編著者として幸いである。全体としての統一がとりきれなかった部分もあるが，これを含め種々ご意見を頂戴し，さらによい発生生物学の教科書になることを願ってやまない。

　最後に，本書の出版にあたり，培風館の斉藤淳氏，江連千賀子氏には終始，辛抱強くご尽力，ご配慮をいただきました。ここに記して深く感謝いたします。

　　2019年3月

　　　　　　　　　　　　　　　塩尻信義

目 次

1 発生学の誕生から発生生物学へ
- 1.1 発生学の誕生と発展　1
- 1.2 発生学から発生生物学へ　1
- 1.3 発生生物学の応用展開　2
- 演習問題　3

2 発生の遺伝子制御
　　――細胞分化と遺伝子の差次的発現
- 2.1 ゲノムの不変性と遺伝子の差次的発現　4
- 2.2 遺伝子の発現――転写と翻訳　5
- 2.3 時期・領域特異的な転写制御の仕組み　7
- 2.4 エピジェネティック遺伝　11
- 2.5 おわりに　13
- 演習問題　13

3 発生における細胞間のコミュニケーション
- 3.1 発生運命と誘導　15
- 3.2 発生における細胞分化の決定　17
- 3.3 差次的細胞接着　20
- 3.4 細胞接着と形態形成　23
- 3.5 発生におけるシグナル分子
　　　――種々の相互作用因子など　25
- 演習問題　28

4 生殖細胞の形成
- 4.1 始原生殖細胞の形成　30
  - 4.1.1 始原生殖細胞の出現・移動・増殖
  - 4.1.2 始原生殖細胞の特徴
- 4.2 精原細胞と卵原細胞　31
- 4.3 減数分裂　31
  - 4.3.1 減数分裂と有糸分裂（体細胞分裂）との違い
  - 4.3.2 減数分裂における遺伝子の乗換え
  - 4.3.3 雌雄で異なる減数分裂の完了時期
- 4.4 精子形成　33
  - 4.4.1 精子形成の摘要
  - 4.4.2 精子形成を支える組織
  - 4.4.3 精子形成の最終段階
  - 4.4.4 精子を使った技術と体外で精子をつくる技術
- 4.5 卵形成・卵成熟　36
  - 4.5.1 卵形成の摘要
  - 4.5.2 卵形成を支える組織
  - 4.5.3 卵形成の最終段階
  - 4.5.4 卵成熟
  - 4.5.5 卵を体外でつくる技術
- 演習問題　38

5 受精――個体発生のはじまり
- 5.1 ウニ・ホヤの受精と多精拒否　39
  - 5.1.1 精子運動開始・走化性
  - 5.1.2 先体反応
  - 5.1.3 精子と卵との融合
  - 5.1.4 受精後の反応／多精拒否
- 5.2 カエルの受精　40
  - 5.2.1 アフリカツメガエルはどのような生物か？なぜモデル生物なのか？
  - 5.2.2 アフリカツメガエルの卵形成と成熟
　　　　　――受精と発生開始に向けての準備
  - 5.2.3 アフリカツメガエル卵の受精と発生の活性化
- 5.3 哺乳類の受精　44
  - 5.3.1 受精に至るまでの精子の変化

5.3.2 精子と透明帯との相互作用
5.3.3 精子赤道節と卵細胞膜の接着および融合
5.3.4 多精子受精の拒否機構
5.3.5 受精と発生のはじまり
演習問題　46

6 卵割と胞胚形成

6.1 卵割の様式　48
　6.1.1 卵割の特徴
　6.1.2 卵割の様式
6.2 卵割と細胞周期　50
　6.2.1 細胞周期の長さ
　6.2.2 細胞周期のチェックポイント
6.3 卵割と遺伝子発現　51
　6.3.1 胚性遺伝子の活性化
　6.3.2 胚性遺伝子活性化の調節機構
6.4 胞胚の特質　54
演習問題　54

7 原腸形成と三胚葉の由来

7.1 原腸形成とは　56
7.2 様々な動物における原腸形成　57
　7.2.1 刺胞動物
　7.2.2 ショウジョウバエ
　7.2.3 ウニ
　7.2.4 脊索動物
7.3 原腸形成の分子レベルでの制御機構　61
　7.3.1 中胚葉・内胚葉の誘導
　　　　——シグナル分子ノーダルの役割
　7.3.2 原腸形成における細胞運動の制御
　　　　——カドヘリンとインテグリン
演習問題　63

8 ボディプランの確立

8.1 ボディプランとは　65
8.2 ショウジョウバエの卵母細胞における極性化　65
8.3 ショウジョウバエ胚の前後軸形成1
　　　——母性遺伝子の働き　67
8.4 ショウジョウバエ胚の前後軸形成2
　　　——接合子（胚）性遺伝子の働き　67
8.5 ショウジョウバエ胚の背腹軸形成　70
8.6 カエル胚における中胚葉誘導と背腹パターン形成　71
8.7 脊椎動物の前後パターン形成　73
8.8 左右軸の形成　74
演習問題　75

9 外胚葉性器官の発生

9.1 中枢神経系の形成と神経細胞の分化　76
　9.1.1 神経管の形成
　9.1.2 神経管の前後軸の確立と局所オーガナイザーの形成
　9.1.3 神経管の背腹軸の形成
　9.1.4 神経分化
　9.1.5 ニューロンの形成と移動
9.2 ニューロンの分化と軸索の伸長　80
　9.2.1 神経系におけるネットワークの形成
　9.2.2 軸索伸長経路の決定機構
　　　　——軸索ガイダンス
　9.2.3 網膜神経節細胞の軸索伸長
9.3 神経堤　82
　9.3.1 神経堤の出現と神経堤細胞の移動
　9.3.2 位置に応じた神経堤細胞の発生運命の違い
　9.3.3 体幹部神経堤細胞の発生
　9.3.4 頭部神経堤
9.4 頭部プラコード　83
9.5 表皮と表皮派生器官の発生　84
　9.5.1 表皮の分化
　9.5.2 表皮の派生器官
演習問題　85

10 中胚葉性器官の発生

10.1 脊索　87
10.2 体節　87
10.3 心臓と血管系　91
　10.3.1 心臓の形成
　10.3.2 血管の形成
10.4 造血　96

10.5 腎臓　97
10.6 生殖腺　99
10.7 生殖輸管　100
10.8 四肢の形成　101
演習問題　104

11　内胚葉性器官の発生

11.1 消化管　105
11.2 肺　107
11.3 膵臓　109
11.4 肝臓　112
演習問題　114

12　再　　生

12.1 再生とは　115
12.2 形態調節　115
12.3 付加再生　116
　12.3.1 脊椎動物における肢再生
　12.3.2 付加再生のルール
　　　　——極座標モデル
12.4 肝臓の再生　120
演習問題　122

13　進化と発生

13.1 系統発生と個体発生　123
13.2 動物の進化　124
13.3 左右相称動物の祖先の推定　126
13.4 脊索動物の体制の進化　127
13.5 脊椎動物の進化　128
演習問題　129

14　発生工学

14.1 核移植　131
　14.1.1 核移植技術
　14.1.2 クローン
　14.1.3 初期化（リプログラミング）
　14.1.4 トランスジェニック
　14.1.5 ノックアウト・ノックイン

14.2 家畜繁殖学と生殖補助医療の共通性　136
　14.2.1 繁殖技術の歴史
　　　　——家畜から生殖補助医療へ
　14.2.2 人工授精
　14.2.3 体外受精
　14.2.4 顕微授精
　14.2.5 胚移植
　14.2.6 性判別
演習問題　139

15　発生生物学から再生医療への展開

15.1 幹細胞とは何か？　142
　15.1.1 多能性幹細胞
　15.1.2 組織幹細胞
15.2 幹細胞を利用した再生医療　147
　15.2.1 幹細胞と疾患モデル
　15.2.2 移植のソースとしての幹細胞
15.3 おわりに　150

参考・引用文献　151
演習問題解答　155
索　　引　163

―― コラム ――

生殖細胞の不死性　31
受精後に最初に転写される遺伝子　55
Cre-loxPシステムを用いた細胞系譜解析の原理　93
心筋再プログラミングによる再生医療の研究　94
試験管内で腎臓を作製する試み　98
外性器の発生学的起源　101
ゲノム編集　135
成体ニューロン新生はあるか？　146

1 発生学の誕生から発生生物学へ

1.1 発生学の誕生と発展

生物の発生の不思議は，現代に生きる私たちと同様，古代より多くの人々が関心を寄せる事象であった。万学の祖アリストテレス (Aristotelēs, 前384-前322) は，「動物発生論」を著し，生殖器官や生殖法，鳥類や魚類をはじめとする各動物の発生の様子などを記載した。また，発生の仕組みを雄の精液と雌の月経血の混合によって起こると考えた。アリストテレスの観察とその解釈は，他の業績を含めその後の学問の基礎になったが，基本的に約1500年間踏襲され，中世の時代は停滞期となった。

17世紀になると，顕微鏡の発明により精子が発見され，卵（卵子ともいう）の発見は正確にはさらに遅れるが，受精の考え方は知られた。そして，卵と精子のどちらかに成体のひな形が収まっていて，このひな形が発生の進行に伴い成長，展開していくという**前成説** (preformation theory) が唱えられた。アリストテレスの考え方は，最初から器官原基があるわけではないという**後成説** (epigenesis theory) に近いものであったが，ハーベイ (Harvey, W., 1578-1657) はニワトリ胚やシカ胎児の発生観察から後成説を提唱 (1651年)，ヴォルフ (Wolff, C. F., 1733-1794) は1759年に「発生論」を著し，鳥類の器官形成の観察をもとにこれを証明した。

19世紀中頃，生物進化論の議論が盛んになると，発生の現象と進化を関連づけて研究されるようになった。ヘッケル (Haeckel, E.H., 1834-1919) は，動物の個体発生は系統発生を繰り返すと指摘し，多くの研究者がいろいろな動物の発生を研究した (**比較発生学**)。しかし，この原則に合わない現象，例えば器官ができる順序が類縁の種で異なっていたり，幼形のまま成熟するような現象が知られるようになり，この原則が単純化し過ぎていることに疑問がもたれた。

20世紀に入ると生物の発生のメカニズムを知りたいという機運が高まり，単なる記述から人工的に胚に手を加える"実験"を行う必要があるとの考え方が浸透した。ドリーシュ (Driesch, H.A.E., 1867-1941) はウニ胚を解離して得た割球の発生を調べ，それぞれの割球が完全な形をもった胚に発生することを示し，前成説が実験的に否定された (1891年)。また，イモリを用いて，シュペーマン (Spemann, H., 1869-1941) は，原口背唇部を表皮予定域に移植すると二次胚を誘導でき，原口背唇部による軸誘導という現象を発見した (1924年) (3.1節参照)。これらの研究は実験が基礎となっているので，**実験発生学**とよばれた。発生の仕組みを証明する面からは**発生機構学**と称された。

一方で，メンデル (Mendel, G.J., 1822-1884) による**遺伝の法則**の発見にはじまり (1865年)，**遺伝学**は発展を遂げていくが，発生現象が遺伝子の働きのもとに起こるという考え方が重視され，**発生遺伝学**が誕生した。特に，モーガン (Morgan, T.H., 1866-1945) らにより開始されたショウジョウバエにおける多数の突然変異体の単離とその遺伝学的解析の発生学分野への貢献は著しい (1909年以降)。

1.2 発生学から発生生物学へ

ワトソン (Watson, J.D., 1928-) とクリック (Crick, F.H.C., 1916-2004) によるDNAの二重らせん構造の発見 (1956年) に端を発する**分子生物学** (molecular biology) の誕生とその後の遺伝子クローニング技術の発展は，遺伝学や生化学的解析とともに大きく発生学に影響を与えた。形態による記載が主であった発生学を，遺伝子に裏付けされた分子の言葉で発生プロセスを記述し，分子メカニズムの解明をめざす**発生生物学** (developmental biology) へと変貌させた。胚誘導にかかわる因子の同定や，動物のボディプランを制御するホメオボックスの発見 (1984年) をはじめとして発生に重要な分子メカニズムの解明

が飛躍的に進んだ。また，発生生物学では扱う範囲が，単なる胚発生にとどまらず，成長，変態，再生，進化との関係など大きく広がった。しかし，扱われる現象は分子の言葉で記述されるが，それは細胞，組織，器官，あるいは個体における形態・構造をもとに行われる。

発生プロセスの記載の1つに，**細胞系譜**（cell lineage）の追跡がある。古くは移動や拡散，毒性などが問題となりうる色素による生体染色が利用されたが，それを厳密に行える技術としてニワトリーウズラキメラなどキメラ動物の活用や，酵素や遺伝子導入による細胞のマーキング技術も確立されてきた。細胞の遺伝学的マーキングについては，最近では誘導性 Cre-ERT2（変異エストロゲン受容体）システムと適当な遺伝子プロモーターを用いることで，自由自在に細胞を標識し，その発生運命を追跡できるようになった（10章参照）。

また，種々の発生生物学的現象を遺伝子のレベルで解析するうえで，実験発生学的アプローチも威力を発揮するが，ある特定の遺伝子の発現をライブで可視化したり，遺伝子の過剰発現あるいは発現抑制を，場所と時間を選ばずに制御できる時代へと突入した。トランスジェニックマウスの開発，さらに相同組換え技術を利用した遺伝子欠失マウスの開発は，発生のメカニズムの解明に大きく貢献したといえる。**胚性幹細胞**（**ES 細胞**, embryonic stem cell）の樹立（1981年）は，初期発生過程の解析に加え，これらの遺伝子改変動物開発の基礎にもなっている（15.1節参照）。さらに，最近開発された **CRISPR/Cas9**（clustered regularly interspaced short palindromic repeats / CRISPR-associated protein 9）**システム**などの**ゲノム編集技術**や**ゲノム解読技術**の進展は，発生現象のメカニズムのさらなる解明に大きく貢献するであろう（14.1節参照）。

遺伝子の扱いが限られていた時期には，ウニ，線虫，ショウジョウバエ，ゼブラフィッシュ，カエル，ニワトリ，マウスなどモデル動物の発生に研究が集中した。しかし現在では，動物の多様性・進化の基盤に興味が広がり，従来のモデル動物を超え，ヌタウナギ，サメ，カメなど種々の動物の発生が解析されるようになった。ゲノム編集，ゲノム解読技術などの進展は，動物の多様化や形態進化を発生の視点から扱う**進化発生生物学**（evolutionary developmental biology，通称：evo-devo（エボデボ））

でも威力を発揮する。

1.3 発生生物学の応用展開

発生学（embryology）あるいは**発生生物学**の知識や技術は，動物資源のより効率的な利用や新しい有用動物の作出，不妊治療などをめざす応用分野（**発生工学**）に大きく貢献してきた。例えば，ブリッグスとキングによるヒョウガエルにおける**核移植**（nuclear transplantation, nuclear transfer）（1952年）にはじまり，ガードン（Gurdon, J.B., 1933-　）によるアフリカツメガエルを用いた核移植によるクローン技術の開発（1962年），ウサギでの体外受精の成功（1954年）は，1978年におけるエドワーズ（Edwards, R.G., 1925-2013）によるヒト体外受精児の誕生へと繋がった。これは，受精や初期発生のメカニズムに関する知識の集積と，胚培養や胚移植の技術の進展によってもたらされたといえる（14.2節参照）。

現在では，**クローン技術**や**トランスジェニック技術**などを用いて品種改良をめざした研究も進んでいる。絶滅危惧種の救済を意図した研究も行われている。ヒトを含め種々の哺乳類の分化多能性を示す ES 細胞や，山中伸弥（Yamanaka, S., 1962-　）らによる**人工多能性幹細胞**（**iPS 細胞**, induced pluripotent stem cell）の樹立（2006年）は，これらの幹細胞を種々の臓器に分化誘導させることで，再生医療に直接応用できる。さらに，ブタ体内での ES 細胞，最近では iPS 細胞によるヒト臓器の生産，そして初期化（リプログラミング）された iPS 細胞から分化誘導した細胞を患者に戻す移植治療など，再生医療への応用も確実に進みつつある。これらの研究の進展には，初期発生や器官形成，再生メカニズムの知識が基礎となっていることを理解しておくべきである。さらに，ゲノム編集技術の開発は，育種の分野や種々の疾患の病因の解明と治療などの応用展開において大きなインパクトとなっている。

これらの状況を考えると，発生生物学は畜産学，発生工学，生殖医学，再生医学などの基礎として位置づけられるが，今まで以上に，発生生物学の応用展開部分はこれらの分野と重なり，社会に対し強いインパクトを発し続けることになる。ヒト胚やヒト細胞を扱う遺伝子治療，再生医療については，遺伝情報の扱いや遺伝子診断を含め倫理的なルールづく

りが望まれるし，発生生物学を含め生命科学の基礎的知識に関する啓発を今後行っていく必要がある。

■ **演習問題**

1.1 発生生物学の発展において，遺伝学や分子生物学の果たした役割について考察せよ。

1.2 発生生物学の最近の応用展開について説明せよ。

1.3 発生生物学と社会との接点について説明せよ。

2

発生の遺伝子制御——細胞分化と遺伝子の差次的発現

　二倍体の生物は，**ゲノム**（genome）を一対もち，タンパク質をコードする遺伝子は，**後生動物**[1]の場合，ゲノムあたり1.5～3万個ほどもっている。ヒトのゲノムには約22,000個あるが，細胞の種類により発現する遺伝子が異なっている。それは，どのような細胞に分化するかによって，必要な遺伝子をオンにし，不要な遺伝子や邪魔な遺伝子をオフにしているからである。そのような発現の違いを**差次的発現**（differential expression）という。本章では，差次的発現がどのようなメカニズムによるのか，実験例を示しながら解説する。

2.1　ゲノムの不変性と遺伝子の差次的発現

　ゲノムとは，その生物がもつ遺伝子の最小セットのことで，二倍体の生物では父方と母方由来のゲノムを1つずつもつ。卵（卵子ともいう）が受精すると，生じた受精卵は2つのゲノムを保持しつつ，卵割して細胞数を増やしながら種々の細胞に分化し，形態形成を行いつつ発生していく。その過程で遺伝子が増えたり減ったりすることはない。つまり細胞が分化してもゲノムは不変である。その代わりに発現する遺伝子のセットを変えることで，細胞の性質や形を変えることになる。それを可能にするのが**差次的発現**であり，**差次的遺伝子制御**（differential gene regulation）により行われる（図2.1）。なお，脊椎動物のある種の免疫細胞では免疫グロブリンの遺伝子を再編して多様な抗体分子をつくるなど，例外的にゲノムが変化することが知られている。

　細胞の分化がゲノムの変化によるのではないことを示す実験を2つ紹介する。1つはカエルで行われた細胞核の移植実験である（14章参照）。紫外線で核を不活化した受精卵に，胚や成体の腸や皮膚の細胞の核を移植すると，オタマジャクシにまで発生し，さらに変態して成体のカエルになるものもあった。このことは，分化した細胞の核も成体がもつ様々な組織に分化する能力をもっていることを示している。もう1つの実験は，哺乳類でのクローン動物の作出である（14章参照）。最初の実験はヒツジを用いて行われ，その後マウス，ウシ，ブタなど様々な哺乳類で行われている。まず胚や成体の分化した細胞を特殊な条件下で培養する。次に受精卵から核を抜き取り，そこに培養細胞から単離した核を移植して初期胚まで発生させ，それを偽妊娠させたメスの子宮に移植する。すると，この胚は正常に発生し，成体まで成長した。どちらの実験も，分化した細胞の核も胚発生から成体に至るまでの必要な遺伝子をすべて保持すること，つまりゲノムは変化していないことを示している。

　タンパク質をコードする遺伝子は，どの細胞にも発現するものと，ある領域や組織に特異的に発現するものの大きく2つに分けられる。前者は，細胞の生存にかかわるもので，**ハウスキーピング遺伝子**（housekeeping gene）とよばれている。例えば，エネルギー産生にかかわる解糖系の酵素群などである。後者の例は，赤血球に発現するグロビンや，肝

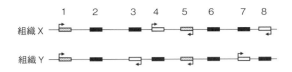

図2.1　差次的遺伝子制御の概念図
　ゲノムDNA上に遺伝子は散在しており，それぞれが異なる制御を受け，転写の向きも異なる。組織XとYで，遺伝子1，5は共通に発現しているが，遺伝子3，4，7，8は差次的に発現している。遺伝子2，6は発現していないので，他の組織で差次的に発現していることが予想される。矢印は発現している遺伝子の転写の向きを示す。遺伝子のエキソン・イントロン構造は省略してある。

臓に発現するアルブミンである。これらの遺伝子は**組織特異的遺伝子**とよばれる。組織特異的遺伝子は，ある特定の組織で発現するために正の転写制御がなされることが重要であるが，一方で，それ以外の組織では発現しないように負の転写制御がなされることも同程度に重要なことである。裸のDNAは基本的に転写されやすい状態にあり，それを抑えるためにクロマチン構造が進化したと考えられる。クロマチン構造をもたない原核生物にはほとんど細胞分化はみられないので，クロマチン構造をもち，かつそれを核の中に閉じ込めている真核生物が出現してはじめて，細胞分化ができるようになったといえる。

では，真核生物は，どのように遺伝子の発現をオン・オフにするのであろうか。遺伝子発現の調節はDNA塩基配列のレベルで行われるのが基本である（2.2節，2.3節参照）。それに加えて，クロマチンのレベルでも行われる。クロマチンが不活化状態の遺伝子は恒常的にオフであるが，活性化状態のクロマチンの遺伝子は転写可能な状態であり，それが転写因子によるオンとオフの調節を受ける。こうしたクロマチン状態の恒常的な維持が，細胞が分化した状態に相当する（2.4節参照）。

2.2　遺伝子の発現──転写と翻訳

遺伝子の発現とは，**使われて機能すること**である。遺伝子の定義はいくつかあるが，ここでは，ゲノムDNAの中でRNAに転写される領域のことをいう。真核生物では，転写されたRNAは**スプライシング**[2]（splicing）と修飾を受けてmRNAになり，核の外に輸送され，細胞質でリボソームにより翻訳されてタンパク質がつくられる。このようなタンパク質をコードする遺伝子とは別に，**リボソームRNA（rRNA）** や**転移RNA（tRNA）** などの機能的RNAをコードする遺伝子もある。

遺伝子の転写はRNAポリメラーゼによって行われる。**RNAポリメラーゼにはI，II，IIIの3種類が**あり，それぞれ**Pol I，Pol II，Pol III** と表記する。Pol IはrRNAを，Pol IIはタンパク質コード遺伝子を，Pol IIIはtRNAを転写する。ここでは，Pol IIによるタンパク質コード遺伝子の発現制御について説明する。

Pol IIは単独では転写を開始することができず，

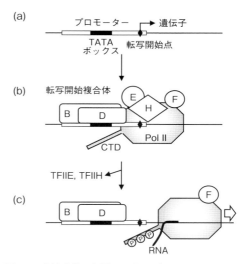

図2.2　真核生物の転写のメカニズム
（a）プロモーター領域の構造。黒菱形：転写開始点，矩形矢印：転写の方向。
（b）転写開始複合体の形成。プロモーターに基本転写因子TFIIとPol IIが結合する。TFIIサブユニットとしてはTFIIB，TFIID，TFIIE，TFIIF，TFIIHのみを示す（それぞれ図中のB，D，E，F，H）。CTD：Pol IIのC末端ドメイン。
（c）転写の開始。TFIIHによりCTDがリン酸化されて転写開始点の二本鎖がほどける。TFIIEとTFIIHが外れるとPol IIは転写を開始してRNAの伸長を行う。

転写開始点に結合するためには**基本転写因子TFII**（transcription factor for Pol II）の助けが必要である（図2.2）。転写開始点とその周辺のDNAは，基本転写因子とPol IIが結合する領域であり，**プロモーター**（promoter）という（図2.2(a)）。TFIIは，TFIIB，TFIID，TFIIE，TFIIF，TFIIHなどのサブユニットからなり，それぞれのサブユニットもまた複数のタンパク質からなる複合体である。TFIIDの構成タンパク質の1つであるTBP（TATA binding protein）がプロモーターの**TATAボックス**[3]へ結合し，その次にTFIIB，TFIIE，TFIIHなどがPol IIとともにプロモーターに結合することで転写開始複合体が形成される（図2.2(b)）。ここで，Pol IIの**C末端ドメイン**（C-terminal domain: **CTD**）がTFIIHによりリン酸化されると，Pol IIはTFIIから外れて転写を開始する（図2.2(c)）。リン酸化されたCTDには，mRNAの5′末端に**5′キャップ**（5′ cap）（図2.4(a)参照）を形成するキャッピング酵素や，スプライシングを行う**リボヌクレオタンパク質**

（ribonucleoprotein，RNAとタンパク質の複合体）が結合することで，それらによる反応が転写とカップルして行われ，mRNAが効率よく生成される（図2.4(a)参照）。

基本転写因子TFIIもPol IIと同様に単独ではプロモーターに結合できず，**転写因子**[4]（transcription factor）と**メディエーター**[5]（Mediator）などが必要である（図2.3(a)）。転写開始に至る過程について以下，順を追って説明する。まず転写因子が塩基配列特異的にDNAに結合する。転写因子は**活性化補助因子**（coactivator）と結合し，さらにメディエーターを介して基本転写因子とPol IIをプロモーターに結合させる。転写活性化に働く転写因子を**転写活性化因子**（transcriptional activator）といい，それが結合する領域あるいは塩基配列を**エンハンサー**（enhancer）という（図2.3(a)）。つまり，転写因子がエンハンサーに結合することが引き金となり転写が開始する。

一方，転写の抑制は，**転写抑制因子**（transcriptional repressor）が**サイレンサー**（silencer）に結合し，そ

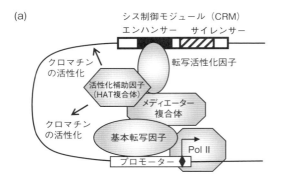

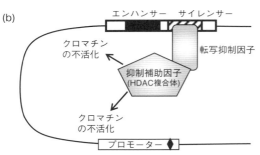

図2.3* 遺伝子の活性化と抑制とシス制御モジュール（**CRM**）

(a) 遺伝子の活性化。エンハンサーに転写活性化因子が結合すると，それに結合する転写活性化補助因子とメディエーターを介して基本転写因子とPol IIを含む転写開始複合体が形成され，転写がオンになる。エンハンサーやサイレンサーなどの転写因子結合部位によりシス制御モジュール（CRM）が構成される。黒菱形：転写開始点，矩形矢印：転写の方向。
(b) 遺伝子の抑制。転写抑制因子がサイレンサーに結合するとその転写因子に抑制補助因子が結合して転写を抑制する。抑制補助因子はヒストン脱アセチル化酵素（HDAC）の活性をもっており，クロマチンの不活化をもたらす。転写の抑制は，転写活性化のいずれのステップでも行われる。ここで示したのはその一例である（図2.6参照）。

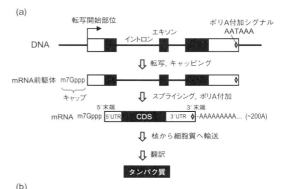

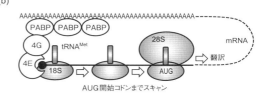

図2.4* 真核生物の転写から翻訳まで

(a) 転写とmRNAの生成。タンパク質をコードする遺伝子がPol IIにより転写され始めるとまもなく5'末端に5'キャップ（m7Gppp：m7Gは7メチルグアニン）が付加される。転写とカップルしてスプライシングによるイントロンの切り出しも進行する。転写がポリA付加シグナルを過ぎるとそこで切断され，ポリAテールが付加される。DNAを横線，エキソンを四角で示す。CDS（coding sequence）：翻訳配列（黒四角），UTR（untranslated region）：非翻訳領域（白四角），黒菱形：転写開始点，矩形矢印：転写の方向。
(b) 翻訳の開始機構。5'キャップに結合したeIF4E（4E）と，ポリAテールに結合したPABP（ポリA結合タンパク質）をeIF4G（4G）が繋いで，mRNAはループ構造をとる。そこにリボソームの18Sサブユニットと転写開始tRNA^Metが結合する。この複合体はmRNA上を3'方向にスキャンして，通常最初のAUGから翻訳を開始する。

れに**抑制補助因子**（corepressor）が結合することで行われる（図2.3(b)）。通常，エンハンサーとサイレンサーは数百塩基対の長さのDNA領域に複数存在し，それらの組合せが発現の時期と場所を決める1つの機能単位を構成している。そのような領域を**シス制御モジュール**（cis-regulatory module: **CRM**），あるいは**シス制御領域**（cis-regulatory region）という（2.3節参照）。

転写因子と転写補助因子についてまとめると以下のようになる。転写因子とは塩基配列特異的に結合して転写の制御にかかわるタンパク質の総称で，DNA結合ドメイン以外にいくつかの機能ドメインをもつ。機能ドメインには，転写活性化に必要な**転写活性化ドメイン**（transcriptional activation domain: TAD）や転写抑制に必要な**転写抑制ドメイン**（transcriptional repression domain: TRD）などがあり，多くの転写因子はどちらか一方あるいは両方をもつ。活性化補助因子は転写活性化ドメインに結合して転写の活性化にかかわり，抑制補助因子は転写抑制ドメインに結合して転写の抑制にかかわる。

転写されたRNAには**イントロン**（intron）が含まれており，**mRNA前駆体**（pre-mRNA）とよばれる。これはまず5′キャップの修飾を受け，次いでスプライシングにより順次イントロンが切除されて**エキソン**（exon）どうしが繋がり，最後に3′末端に**ポリAテール**[6]（poly-A tail）が付加されることでmRNAとなる（図2.4(a)）。エキソンが繋がると**コード配列**（coding sequence: **CDS**）が完成し，これが**翻訳領域**（translated region）となる。核にはmRNAの品質管理機構があり，完成したmRNAのみが核から細胞質へと輸送される（図2.4(a)）。

細胞質に輸送されたmRNAでは，5′キャップにeIF4Eが，ポリAテールにはPABP（ポリA結合タンパク質）が結合して，両者をeIF4Gが連結する（図2.4(b)）。これにより，mRNAが5′末端から3′末端まで連続した完全な構造をもつことが保証される。mRNAの5′末端にリボソームの18SサブユニットとFlag翻訳開始のメチオニンtRNA（tRNA^Met）が結合すると，その複合体はmRNA上を3′末端方向へスキャンする。AUG開始コドンにたどり着くと，28Sサブユニットが結合してリボソームが形成され，翻訳が開始される（図2.4(b)）。

2.3 時期・領域特異的な転写制御の仕組み

生物のゲノムには限られた数の遺伝子しかないが，例えば脊椎動物では2万個程度の遺伝子を用いてヒトのような多種多様な細胞や組織をもった複雑な生物を形成できる。それは，1個の遺伝子を時期や場所を変えて繰り返し使えることができ，かつその組合せを工夫することで大きな多様性をもたせることができるからである。それを可能にしたのが真核生物の転写制御機構であり，DNA上のCRM（シス制御モジュール）による発現制御である（2.2節参照）。CRMに含まれるエンハンサーには，発生時期に特異的なものや，ある領域や組織に特異的なものがある。特に，誘導因子などのシグナル伝達系に反応するエンハンサーを**応答領域**[7]（response region）あるいは**応答エレメント**[7]（response element）という。成体においては，組織特異的な発現を維持するCRMやホルモンへの応答エレメントなどが使われる。

ある遺伝子のエンハンサーを同定するには**レポーター解析**（reporter analysis）を行う。この解析では**最小プロモーター**（minimum promoter）を用いる。一般に，「プロモーター」といわれるものには近傍のエンハンサーも含まれていることがあるので，エンハンサーを含まないプロモーターであることを明示するため，「最小プロモーター」という。この最小プロモーターに，発現の有無を検出しやすいレポーター遺伝子を繋いだものをベースとして，そこに調べたい遺伝子の近傍のDNA断片を繋いでレポーター・コンストラクトを作製する（図2.5(a)）。レポーター遺伝子としては，発現場所を可視化できる**βガラクトシダーゼ**[8]や**緑色蛍光タンパク質（GFP）**[9]などを，発現量を計測するには**ルシフェラーゼ**[10]などが用いられる。このレポーター・コンストラクトを胚や細胞に導入してその発現を検討する。もしレポーター遺伝子が発現したならば，DNA断片にエンハンサー活性があると判断する。

もう1つのレポーター解析法として，遺伝子の中にレポーター遺伝子を組み込む方法がある。具体的には，目的の遺伝子のCDSのAUG開始コドンの直後，CDSの途中，あるいは最後のコドンに読み枠を合わせ，レポーター遺伝子のCDSを組み込む（図2.5(b)）。例えば，アクチビン（activin）やノーダル（nodal）に対する応答性を調べる実験では，原

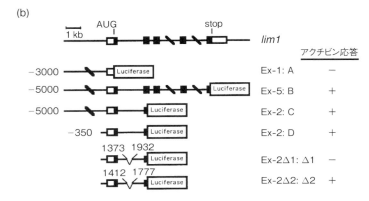

図 2.5 レポーター解析と応答領域の同定
(a) 最小プロモーターを使う方法．MCS (multiple cloning site)：ベクター・プラスミドを1箇所のみ切断する種々の制限酵素部位を並べた領域，黒菱形：転写開始点，矩形矢印：転写の方向．
(b) 解析対象の遺伝子のプロモーターを使う方法とアクチビン応答領域の同定．遺伝子の構造（上図，図 2.4 参照）とレポーター・コンストラクト（下図）を示す．エキソンの中にレポーター遺伝子を組み込んだコンストラクトを作製する．それぞれのコンストラクトをアフリカツメガエル胚に顕微注入し，胚をアクチビン存在下・非存在下でインキュベーションした後，ルシフェラーゼ活性を定量した．ここでは，アクチビン処理で活性が上昇したか否かを +/− で示す．これにより，アクチビン応答領域がイントロン1に同定された．DNA上の斜線は省略部分を示す．図中の数字は転写開始点を1としたときの位置番号を示す (Rebbert & Dawid, 1997 を一部改変)．

腸胚オーガナイザー特異的遺伝子の *lim1*（*lhx1* と同じ）にルシフェラーゼ遺伝子を組み込むことで，**アクチビン応答エレメント**（activin-response element）を含むイントロン領域が同定された（図 2.5(b)）．

レポーター解析で同定されたエンハンサーの特徴として，(1) プロモーターの種類によらない，(2) 配列の向きによらない，(3) 位置によらない，の3つがあげられる．つまり，どの遺伝子のプロモーターに対しても活性化し，その向きを逆転させても活性に変化がなく，転写開始部位から 100 kb（キロ塩基）と遠く離れても，遺伝子の 5′ 側上流でも，イントロンの中でも，3′ 側下流でも遺伝子を活性化できる．この3番目の特徴は特に重要で，この特徴ゆえに1つの遺伝子に対して複数種のエンハンサーをもつことができる．例えば，胚発生の初期に発現させるエンハンサーと，ある特定のニューロンに発現させるエンハンサーを1つの遺伝子にもたせることが可能となる．

転写因子の特徴は，塩基配列特異的に DNA に結合して，転写の活性化，あるいは抑制を行うことであるが（2.2節参照），活性化と抑制の両方に使われる転写因子も数多くある．また，転写活性化因子と転写抑制因子が同じ塩基配列に結合する場合は，エンハンサーとサイレンサーは重複するので，配列だけから両者を区別することはできない（図 2.6(a)）．

転写の活性化と抑制の両活性をもつ**転写因子**には2種類ある．1つは，転写抑制あるいは活性化の補助因子との結合が条件によって決まる転写因子である．その例として，核内ホルモンレセプターがある（図 2.6(b)）．ホルモンがない場合は抑制補助因子と結合して遺伝子を抑制するが，ホルモンと結合すると活性化補助因子と結合して活性化する（図 2.6(b)）．もう1つは，単独では決まらず，共役して働く転写因子が活性化因子なのか抑制因子なのかによって決まる場合である（図 2.6(c)）．どちらの組合せになるかは，隣接する結合配列によって決まるので，どのような CRM をもつかによって遺伝子の発現のオンとオフが決まることになる．

2.3 時期・領域特異的な転写制御の仕組み

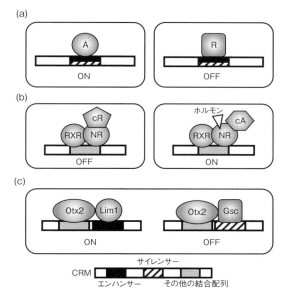

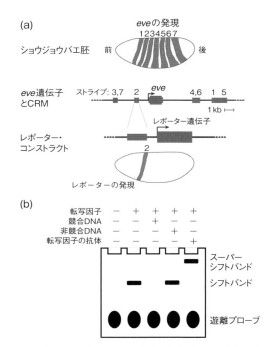

図2.6* 転写因子とエンハンサー・サイレンサーとの関係

(a) エンハンサーとサイレンサーが重なる場合。転写活性化因子Aが発現する細胞ではオン，転写抑制因子Rが発現する細胞ではオフとなる。
(b) 条件により活性が変わる転写因子。核内ホルモンレセプターである転写因子NRは転写因子RXRとヘテロ二量体を形成する。ホルモンがない場合は抑制補助因子(cR)が結合して転写抑制因子として働き（左），ホルモンがある場合はホルモンがNRに結合すると，活性化補助因子(cA)が結合して転写活性化因子として働く（右）。
(c) 共役して働く転写因子により活性が決まる例。活性化と抑制の両活性をもつ転写因子Otx2は，転写活性化因子Lim1とともに転写を活性化し，転写抑制因子Gscとともに抑制する。Lim1とGscは結合配列が異なるので競合することなくOtx2とともに，それぞれのCRM（シス制御モジュール）に結合して遺伝子をオンあるいはオフとする。CRMはエンハンサーやサイレンサーなどからなる独立の機能単位である（下図）。

図2.7* レポーター解析によるCRMの同定とEMSA法

(a) レポーター解析を用いたショウジョウバエeve遺伝子のCRMの同定。eve遺伝子（青四角）を7本のストライプ状に発現させる4つのCRM（赤四角）が同定された。CRM上の数字がストライプの番号に対応する（上図）。CRM2を組み込んだコンストラクトを胚に導入するとストライプ2のみで発現する（下図）。(Yanez-Cuna et al., 2013 を一部改変)。
(b) EMSA解析。アイソトープで標識した結合領域のDNA断片（プローブ）に，目的の転写因子を結合させてからポリアクリルアミド・ゲルで電気泳動すると，転写因子に結合したプローブが上方にシフトしたバンドとして検出される。結合の際に標識していない標的DNA断片（競合DNA）を多量に入れると競合してシフトバンドが消失し，塩基配列が異なるDNA断片（非競合DNA）では影響を与えず，転写因子に対する抗体を加えるとさらに上方にシフト（スーパーシフト）することで結合の特異性が示される。

通常，エンハンサーとサイレンサーは1つの領域にまとまって存在し，機能的なモジュールとしてCRMを形成することはすでに述べた。CRMには様々な転写因子が結合し，その組合せの総和として，遺伝子をオンにするかオフにするかが決まると考えられている。そのよい例がショウジョウバエのeven-skipped (eve) 遺伝子のCRMである（図2.7(a)）。eve遺伝子は初期胚で前後軸に沿って7本のストライプ状の発現をする。レポーター解析の結果，それぞれのストライプ状の発現は，別々のCRMが独立に決めていて，各CRMには異なる組合せの転写因子が結合することが示された。なお，転写因子がどの塩基配列に結合するかは，**電気泳動移動度シフト解析**（electrophoretic mobility shift assay: **EMSA**）により調べる（図2.7(b)）。

転写因子が細胞内でどのDNA領域に結合してい

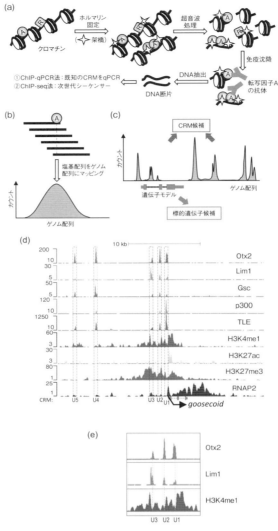

図 2.8 * **ChIP 法による CRM の解析**

(a) ChIP 法の手順。細胞をホルマリン固定してから核を単離し，それを超音波処理してクロマチンを断片化する。クロマチンに結合している目的の転写因子や補助因子，特定のヒストン修飾に対する抗体を用いて免疫沈降を行う。沈降したものから DNA を抽出し，qPCR か次世代シーケンス解析を行う。

(b) ChIP-seq 法。転写因子 A に結合した DNA 断片は転写因子 A を中心に分布する。それらの塩基配列を次世代シーケンサーで読み，ゲノム配列上にマップして配列の位置ごとにヒット数をカウントすると，転写因子 A の結合部位を中心としたピークとなる。

(c) ChIP-seq 法による遺伝子と CRM 候補の同定。転写因子 A の結合部位のピークは CRM の候補となり，その近傍にある遺伝子が標的遺伝子候補となる。

(d) ChIP-seq 解析の例。ネッタイツメガエルの原腸胚から得たクロマチンと，転写因子 Otx2，Lim1，Gsc の抗体，活性化補助因子 p300 と抑制補助因子 TLE，ヒストン修飾の H3K4me1，H3K27ac，H3K27me3，ならびに RNA Pol II (PNAP2) の抗体を用いた解析。*goosecoid* (*gsc*) 遺伝子の近傍を示す。転写因子と補助因子のピークが重なるところ（破線枠）は CRM の候補 U1〜U5 である。矩形の矢印は転写開始点と転写の方向を示す（Yasuoka *et al.*, 2014 を一部改変）。

(e) エンハンサーマークと転写活性化因子との位置関係。図(d) の Otx2，Lim1，H3K4me1 について，U1，U2，U3 の領域を拡大したもの。エンハンサーマークの H3K4me1 は，転写活性化因子として働く Otx2 と Lim1 が結合している箇所では低く（破線），両脇で高くなっている（Yasuoka *et al.*, 2014 を一部改変）。

るかは，転写因子に対する抗体を用いた**クロマチン免疫沈降**（chromatin immunoprecipitation: **ChIP**）法を用いる（図2.8(a)）。ChIP法で濃縮したDNA断片を解析する方法は2通りある。1つは，目的の転写因子が特定のCRMに結合することがレポーター解析などでわかっている場合で，そのCRMを検出するプライマーを設計して**定量的PCR**[11]（quantitative PCR: qPCR）を行う方法である。これを **ChIP-qPCR** という。例えば，分化誘導の前後で，目的の転写因子の既知CRMへの結合の変化を解析できる。もう1つは，**次世代シーケンサー**[12]（next generation sequencer: NGS）で網羅的に解析する方法である（図2.8(b), (c), (d)）。これをChIP-sequencing（略して**ChIP-seq**）という。例えば，アフリカツメガエルの原腸胚の頭部オーガナイザー（head organizer，頭部形成体ともいう）に発現する転写因子 Otx2，Lim1（Lhx1），Goosecoid（Gsc）のChIP-seq解析により，それらの転写因子が結合するCRM候補がそれぞれ数千箇所同定された（図2.8(d)）。この解析により，Otx2とLim1，あるいはOtx2とGscが高頻度で共局在するCRMとその近傍の標的遺伝子が同定された。それらCRMについては，レポーター解析により，Otx2とLim1の組合せで頭部オーガナイザー遺伝子が活性化され，Otx2とGscの組合せで，それ以外の遺伝子が抑制されることが示された。

2.4　エピジェネティック遺伝

DNAの塩基配列以外での遺伝様式を**エピジェネティック遺伝**（epigenetic inheritance）といい，それを研究する学問領域を**エピジェネティクス**（epigenetics）という。エピジェネティック遺伝には親から子へ伝わるものだけではなく，細胞が分裂して生じた娘細胞に，分裂前の細胞の状態（表現型）が継続する**細胞記憶**（cell memory）も含まれる。そのメカニズムとして，クロマチンやDNAの修飾の維持，あるいは娘細胞に持ち込まれる転写因子による遺伝子の活性化の維持などがあげられる。

クロマチンの基本構造は，**ヒストンコア**（histone core）のまわりにDNAが巻きついた**ヌクレオソーム**（nucleosome）である。ヒストンコアはヒストンH2A，H2B，H3，H4 からなり，H3/H4 のヘテロ四量体に H2A/H2B のヘテロ二量体が2つ会合した八量体である（図2.9(a)）。DNA複製時には，ヌクレオソームからDNAが部分的に解かれ，ヒストンコアから H2A/H2B ヘテロ二量体が2つとも解離する。一方，DNAに結合している H3/H4 ヘテロ四量体は DNA 複製後の2つの娘DNA鎖に均等に分配されるので，そのヒストン修飾はそのまま娘細胞に遺伝する。ただし，修飾を受けた H3/H4 を含むヌクレオソームは半減するので，残りは新生ヌクレオソームでまかなわれる。ここで，**リーダー・ライター複合体**[13]（reader-writer complex）が働くことで，修飾を受けた H3/H4 と同じ修飾が隣の新生ヌクレオソームにも行われ，もとの状態が再構築される（図2.9(b)）。

エピジェネティック遺伝にかかわるヒストン H3/H4 の修飾の中で，特に H3 の修飾は重要である。例えば，H3K4（ヒストンH3の4番目のリジン）のメチル化と，H3K9 と H3K27 のアセチル化は転写活性化に働き，逆に H3K27 のメチル化は転写抑制に働く（図2.9(c)）。これらの**ヒストンマーク**（histone mark）を受け継いだ娘細胞では，その近傍の特定の遺伝子の活性化あるいは抑制状態が維持される。これがエピジェネティック遺伝の分子メカニズムの1つである。

ゲノム解析において，種々のヒストンマークに対する抗体を用いたChIP-seq解析が行われている。例えば，胚発生過程の各ステージの胚や組織を調べることで，どの遺伝子がどのステージと組織で活性化を受け，どの遺伝子が抑制されているかを予想することが可能となる。図2.8(d)のアフリカツメガエル原腸胚の全胚を用いた解析では，エンハンサーマークとして知られる H3K4me1（ヒストンH3の4位のリジンがメチル化修飾を1つ受けたもの）は，転写因子の結合ピークの箇所で低く，その両脇で高くなっている（図2.8(e)）。これは，結合した転写因子によってリクルートされたヒストン H3K4 モノメチル化酵素により，周辺のヌクレオソームが修飾を受けたことを示している。抑制性の H3K27me3 もプロモーター上流のCRMの領域にみられるが，これは全胚を用いた解析なので，*gsc* 遺伝子の発現しているオーガナイザー領域と発現しないその他の領域の両方の状態が重なっているためと考えられる。

DNAのメチル化もエピジェネティック遺伝する。DNAは，脊椎動物ではCpGのシトシンが対称

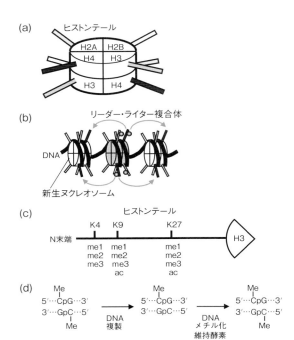

図 2.9　エピジェネティック遺伝の仕組み
(a) ヌクレオソームのヒストンコアの構造。ヒストンコアは H2A, H2B, H3, H4 からなるヘテロ八量体で，それぞれの N 末端側は突出して，ヒストンテールとよばれる。
(b) ヒストン修飾の維持。親細胞から受け継がれたヒストン修飾は，リーダー・ライター複合体により新生ヌクレオソームにも引き継がれる。
(c) ヒストン修飾の例。ヒストン H3 の 4 位，9 位，27 位のリジン (K4, K9, K27) の修飾を示す。これらの部位はモノメチル化 (me1)，ジメチル化 (me2)，トリメチル化 (me3) を受け，K9 と K27 はアセチル化 (ac) も受ける。アセチル化とメチル化は拮抗し，例えば H3K27ac は転写活性化，H3K27me3 は転写抑制に働く。
(d) DNA のメチル化。脊椎動物の DNA では，シトシンの 3' 側にグアニンがある配列 (CpG) の多くが C の 5 位が対称的にメチル化 (Me) を受けている (左)。DNA が複製されると新生鎖はメチル化されていないが (中央)，鋳型鎖がメチル化されているところではメチル化維持酵素が働いて新生鎖もメチル化される (右)。これにより複製前の特定の箇所の CpG のメチル化状態が複製後も維持される。

的にメチル化される (図 2.9 (d))。DNA が複製されると，片側鎖のみがメチル化された二本鎖 DNA (**ヘミメチル化 DNA 鎖**) となるが，ヘミメチル化を認識して他方をメチル化する**ヘミメチラーゼ** (hemimethylase, **維持メチラーゼ** (maintenance methylase) ともいう) が働くことで，対称的メチル化が維持される。DNA のメチル化の役割としては，発見当初はヘテロクロマチンの維持やエンハンサーの機能抑制が示されたことから，DNA メチル化は遺伝子の発現抑制にかかわると考えられていた。しかしその後，場合によりエンハンサーがメチル化されるとヘテロクロマチン化が抑制されることで遺伝子が逆に活性化することが示された。したがって，どの領域がメチル化されるかでその役割が異なるといえる。

胚発生の過程では，細胞は同じゲノムをもちながら様々な細胞に段階的に分化していくが，その多くは不可逆的な変化である。例えば，発生の初期に外胚葉，中胚葉，内胚葉が分化して，次いで外胚葉から表皮や神経組織が分化するが，中胚葉や内胚葉からはそれらの組織に分化することはない。さらに，表皮に分化した細胞は外胚葉に戻ってから神経組織に分化することはなく，その逆もない。一般的に，分化は一方向に進み，逆方向には進まないため，他の分化経路の別の組織に分化することはない。では，この「不可逆的な細胞分化」を遺伝子発現制御機構からどのように説明できるであろうか。その 1 つがポリコーム複合体によるクロマチンの恒常的な

遺伝子発現の抑制である。これを**サイレンシング**（silencing）という。ポリコームとは，ショウジョウバエ Hox クラスター遺伝子の発現抑制にかかわる変異遺伝子として見いだされたものである。hox 遺伝子群は，その遺伝子の並びと発現領域の前後軸に沿った並びに関連性があり，この性質を**発現領域のコリニアリティー**（spatial colinearity）とよぶ（8章，13章参照）。この発現パターンは初期発生の過程で決まり，それは成体まで続くと考えられている。しかし，ポリコーム変異体ではこのようなコリニアリティーがなくなり，hox 遺伝子群は胚全体に発現するようになる。このように，胚発生の過程で獲得した発現パターンを恒常的なもの（不可逆的なもの）にしているのが，ポリコーム複合体などによるクロマチンのサイレンシングとされる。したがって，段階的な細胞分化とは，段階的なクロマチンのサイレンシングといえる。

なお，最終分化した細胞もある特殊な条件下では，未分化状態に戻ることがわかってきた。例えば，腸の細胞の核を卵に入れると腸以外の細胞をつくることができた（2.3節参照）。つまり受精卵の中で，分化細胞の核が，未分化状態の核に変化したと考えられる。これを**初期化**（initialization）または**リプログラミング**（reprogramming）という。核を初期化できる遺伝子として，山中因子（Yamanaka factors）といわれる4つの遺伝子 *Oct3/4*, *Sox2*, *Klf4*, *Myc* が見いだされた。これらは複写因子をコードしており，一緒に発現させると，成体の分化した細胞が初期化され，**iPS細胞**（**人工多能性幹細胞**，induced pluripotent stem cell）として知られる多分化能をもつ幹細胞が得られる（15.1.1 参照）。これにより患者自身の細胞を用いた再生医療への道が開けることになった。

2.5 おわりに

本章では，不変のゲノムを用いていかに必要な遺伝子のみを発現させ，不要な遺伝子を抑えるかという差次的遺伝子制御の分子メカニズムを説明した。鍵となるのは，転写因子と CRM による制御機構と，クロマチンのエピジェネティック修飾による制御機構である。これらの制御機構は，真核生物の共通祖先種において獲得されたもので，それにより多細胞化した個体の中に種々の細胞を分化させて維持することが可能となった。真核生物が誕生してから今日まで約21億年経つが，その間，遺伝子の数を増やしコードされているタンパク質の機能を進化させるとともに，それぞれの遺伝子がもつ CRM の数を増やし役割を変化させることで，差次的遺伝子制御のネットワークを複雑化させた。このように，遺伝子と CRM の進化により種は多様性を増し，その中から生存に有利なものだけが生き残るという自然選択を受けて種分化し，長い年数を経て今日の高度の知能をもった生物であるヒトを進化させるに至った。そしてヒトもまだ進化の途上にある。

以降の章では，発生の分子メカニズムの説明が随所で行われることになるが，その多くは差次的発現調節を受けた遺伝子が使われている。それらの遺伝子がどのような時期特異的・領域特異的な発現制御を受けているか，またそれがどのような進化の結果であるかなど，発生現象の背後にある遺伝子発現調節機構の存在に思いを馳せていただきたい。

■ 演習問題

2.1 ゲノムの不変性を示した実験を2つあげよ。
2.2 基本転写因子とメディエーターの役割を述べよ。
2.3 転写から mRNA 前駆体を経て，mRNA が完成するまでの過程を述べよ。
2.4 mRNA の翻訳を開始するには，mRNA のどの構造が必要であるか，翻訳の開始機構も含めて説明せよ。
2.5 遺伝子の差次的発現とは何か，またそれを可能にした転写制御機構について述べよ。
2.6 シス制御モジュール（CRM）とは何か，またどのような実験を行って同定するのかを述べよ。
2.7 エピジェネティック遺伝とは何か，具体例を2つあげ，それぞれについて説明せよ。

■ 注釈

1) 後生動物は，いわゆる動物と同じであるが，単細胞動物は含まれないことを明確にするための専門用語として使われる。
2) スプライシングとは，転写された RNA からイントロンを切り出し，エクソンを繋げる過程のこと。
3) TATA ボックスは，転写開始点の上流20〜30塩基のところに存在する TATAA あるいはその類似配列のこと。TATA ボックスをもたないプロモーターもある。その場合は通常 GC ボックス（G と C が連続して10個程度並んだもの）が複数個あり，転写開始部位も複数となる。

4) 転写因子は，**転写制御タンパク質**（transcriptional regulator）ともいう．

5) メディエーターは，転写因子と基本転写因子を結びつけるタンパク質複合体で，20個以上のサブユニットからなる．メディエーターによりエンハンサーとプロモーターが近づき，その間のDNAはループ状にはみ出る（図2.3(a)参照）．

6) ポリAテールは，mRNAの3′末端に存在する約200個のアデニル酸の並び．ポリA合成酵素によりATPを重合させてつくられる．

7) 応答領域は，反応するDNA領域のことをいう．応答エレメントは，応答領域内の応答に必要十分な塩基配列のことをいう．

8) βガラクトシダーゼを発現した細胞は，X-galなどの基質と反応させると，不溶性の色素で染色することができる．

9) 緑色蛍光タンパク質（green fluorescent protein: GFP）は，下村脩（ノーベル化学賞受賞）によりオワンクラゲから見いだされたもの．GFPには蛍光強度を上げたEGFP（enhanced GFP）など，種々の改良型がある．それらは基質を必要とせずタンパク質そのものが蛍光を発するので，生きたままの個体や細胞を蛍光顕微鏡下で観察できるのが大きな特徴である．一方，βガラクトシダーゼは固定した胚や組織で基質を反応させて可視化する必要がある．

10) ルシフェラーゼは，ホタルの発光タンパク質をコードする遺伝子．胚や組織の抽出液に，基質であるルシフェリンとATPを加えて発光量を計測することにより，高感度でルシフェラーゼの発現量比を求めることができる．

11) 定量的PCRは，PCR（polymerase chain reaction）の増幅サイクルごとに増幅したDNA断片の量を測定することで増幅効率を求め，既知のDNA量の増幅効率との比較より，増幅前のサンプル中の目的のDNA量を推定する方法である．一方，通常のPCRでは十分に増幅した後に電気泳動で目的のDNA断片の有無を判定するので定量的な比較はできない．

12) 次世代シーケンサーとは，サンプル中の数十万あるいはそれ以上の数のDNA断片を測定チップの上に固定してその場でシーケンス反応を行って，各断片ごとの配列を読み取る方法で，従来のクローン化したDNA断片をシーケンスする方法に比べて，DNA断片のクローニングの手間を省けて，一度に数十万以上のDNA断片の配列情報を得ることが可能である．

13) リーダー・ライター複合体は，親細胞から受け継がれた修飾を受けたヌクレオソームを認識して，周囲の真正ヌクレオソームにそれと同じ修飾を行うタンパク質複合体（図2.9(b)参照）．

3 発生における細胞間のコミュニケーション

3.1 発生運命と誘導

多細胞動物個体の体制は1個の受精卵が細胞分裂を何度も繰り返すことによって構築される。ここで，すべての細胞が無秩序に分裂を繰り返すだけでは無機能な細胞塊にしか成り得ない（個体維持の過程で一部組織がそうなってしまったのが「がん」である）が，動物個体の細胞分裂様式は発生・発達の時間と場所に応じて精妙に制御されており，分裂後の割球・娘細胞の配置や分化様式も細胞間のコミュニケーションを基盤として極めて厳密にプログラムされていることがわかっている。このような過程は各々の割球・娘細胞を異なる色素で標識し，それらの発生運命をたどるという古典的な実験を足掛かりとして次第に明らかとなってきた。例えば，古くから発生のモデル動物として研究されてきた線形動物の線虫（Caenorhabditis elegans）や尾索類のホヤ（Ciona intestinalis）では，受精卵からそれぞれ成体，幼生に至るまでの**細胞系譜**（cell lineage）が完全追跡されるに至っており，どちらの種においても発生運命が前成的にほとんど決まっていることが示された。さらに，あらかじめ殖やしておいた細胞を遺伝的プログラムに従って正確に削除する仕組み（**細胞死**, programmed cell death）が用意されていることも，線虫の突然変異体を解析することによって確認された。その一方で，多くの多細胞動物個体は極めて調節性の高い発生様式を示す，つまり後成的に場面に応じて発生運命が決定されることもわかってきた。例えば，ヘルスタディウス（Hörstadius, S., 1898-1996）は前世紀の中頃，2〜4細胞期のウニ胚を1細胞に分離すると，それぞれの割球からほぼ完全な幼生が発生してくることを示した。また，卵割が進んだウニ胚で，動物極側の割球群を単離しただけでは外胚葉系の細胞のみが生じて幼生の体制を再構築するには至らないのに対し，動物極側の割球群に最も植物極側に位置するmicromereとよばれる割球群を加えただけで外胚葉由来の細胞が再構成され，ほぼ完全な形態をもった幼生個体が形づくられることもわかった（図3.1）。以上の結果は，動物発生の各段階で割球・細胞どうしが常にコミュニケーションをとることによって秩序だった多細胞個体の体制が形成・維持されていることを示している。

このように，発生途上の細胞群どうしが随時コミュニケーションをとりながら，それらの運命を決定する仕組みの代表例として**誘導**（induction）現象があげられる。シュペーマン（Spemann, H., 1869-1941）とマンゴルト（Mangold, H., 1898-1924）は1924年，イモリ胚を用いて様々な組織移植実験を行い，その過程で胞胚期の**原口背唇部**（dorsal lip）にある細胞群（色素をもつ野生型）を別の胚（色素をもたないアルビノ胚）の原口背唇部とは正反対の部位に移植したところ，双頭胚となる現象を見いだした（図3.2）。ここで，特筆すべきポイントは，新しくできた頭（神経組織／二次軸）が移植をした原口背唇部由来の細胞群ではなく，すべて移植を受けた胚由来の細胞群（色素をもたない）から構築されていたことである。これは原口背唇部から原腸陥入により移入してきた組織群（**中軸中胚葉／脊索**, notochord）が外胚葉組織に働きかけ，新たに神経組織全体をつくりだす仕組みが存在することを示唆する重要な発見であった。彼らはこの原口背唇部由来の組織を**オーガナイザー**（**形成体**ともいう，organizer）と名づけ，同様の活性をもつ組織（例えば眼胞など）をいくつか見いだしていたため，この双頭胚，つまり外胚葉の一部から頭部神経組織のすべてが生み出される現象を「一次誘導」とよんで区別した。**一次誘導**（あるいは**神経誘導**）にかかわる分子実体としては，1990年代中頃に分泌性のシグナル分子（bone morphogenetic protein: **BMP**）（シグナル機序の詳細は図3.7参照）の拮抗阻害分子で原口背唇部由来の中軸中胚葉から分泌されるノギン（noggin）やコーディン（chordin）が同定されている

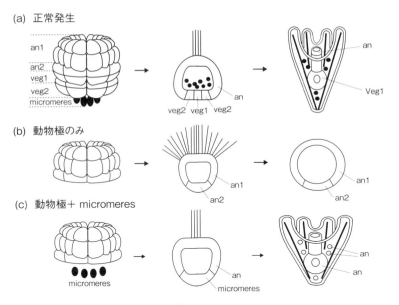

図 3.1　ヘルスタディウスによるウニ胚を用いた実験
(a) ウニの正常発生運命。左端の 64 細胞期で同じ記号 / 番号もしくは色で示した割球から将来どのような組織が生じるかが簡単に図示されている。例えば，黒色で示した micromeres からは間充織（中央），内骨格（右端）が生じる。an: 動物極割球，veg: 植物極割球。
(b) 動物極割球のみを単離した場合，それら由来の組織しか発生してこない。
(c) 動物極割球に micromeres を付加すると，最終的に内骨格が補填され，ほぼ完全な形態をしたウニ幼生が発生してくる。(Hörstadius, 1939 を改変)

（図 3.2，8.6 節参照）。すなわち，外胚葉の中で拮抗阻害分子が届く範囲の細胞群では，BMP が細胞外で捕捉されてしまうためにそのシグナルを伝えることができず神経組織となり，拮抗阻害分子が届かず BMP のシグナルが受容された細胞群は表皮となることが実験的に確認されている。興味深いことに，以上で述べた予定神経組織領域を決める分子メカニズムは脊椎動物を含む**新口動物**（deuterostomes，後口動物ともいう）だけでなく，昆虫類をはじめとした**旧口動物**（protostomes，前口動物ともいう）でも背腹軸が逆転していることを除けばまったく同じであることがわかっており，多細胞動物体制の進化を通してごく初期に確立された遺伝的プログラムであることが示唆されている。

　一次誘導で中軸中胚葉から働きかけを受けた表皮は予定神経領域（神経板）となって陥入・分離されるが，神経管となった神経組織の中で**眼胞**（optic vesicle）とよばれる領域はさらに外胚葉表皮に働きかけてレンズ組織を誘導し，その結果表皮からくびれきれて陥入したレンズ組織は引き続き外胚葉表皮に働きかけて角膜組織を誘導する（図 3.2）。これら連続的な誘導現象はそれぞれ**二次誘導**，**三次誘導**とよばれているが，二次誘導に関しては，眼胞から分泌される BMP の一種 BMP4 が予定レンズ領域（**レンズプラコード**）に働きかけて転写因子の Sox2 を，同じく**分泌性因子**（fibroblast growth factor: **FGF**）の一種 FGF8 も眼胞からレンズプラコードに働きかけて L-Maf という転写因子を発現誘導し，それら転写因子がレンズ組織に欠かせない構造タンパク質 δ クリスタリンの産生を促進することがわかっている。なお，二次誘導に際してはレンズプラコードから眼胞へも分泌性シグナルが届いて，**眼杯**（optic cup）の層状組織構築を促すことが示されており，**相互誘導**（reciprocal induction）とよばれている。

　以上で述べた誘導現象に代表されるように，発生途上にある細胞集団どうしのコミュニケーションが分泌性因子の届く，届かない，あるいはどれくらいの分子数が届くのかによって担われている事例は数多く存在している（3.5 節参照）。また，細胞どうしが接触・接着することによってコミュニケーションをとっている局面も多々あり，2 ～ 4 細胞期のウニ胚を 1 細胞に分離しても完全な幼生が形づくられる

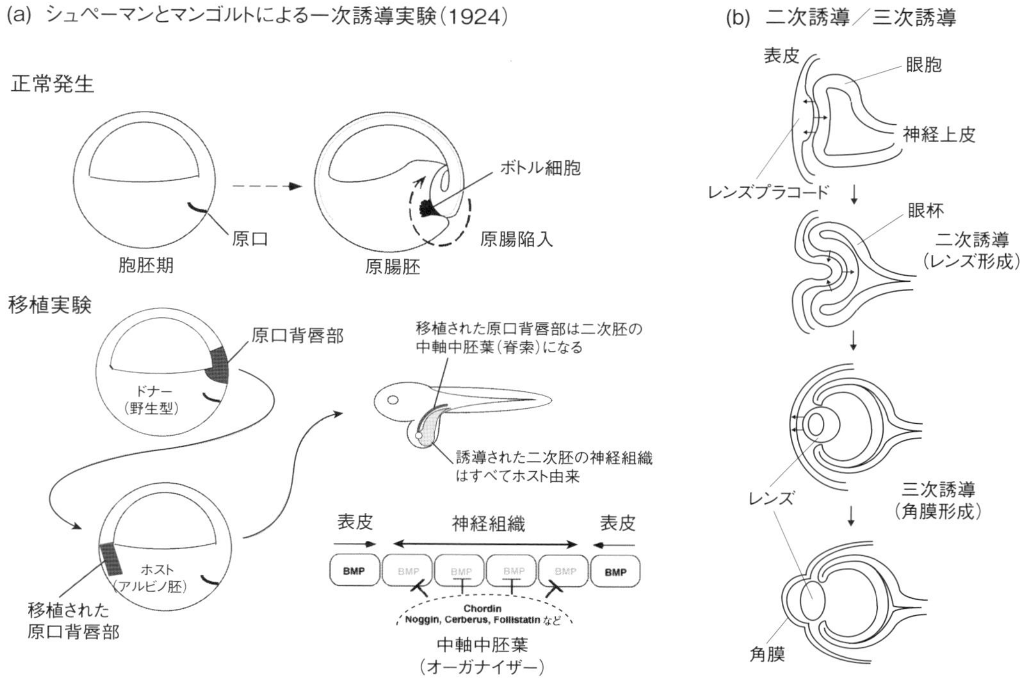

3.2 発生における細胞分化の決定

図 3.2*　初期発生過程で認められる誘導現象
(a) シュペーマンとマンゴルトによる神経誘導現象の発見とその分子実体。両生類の正常発生においては、原口部にボトル細胞が生じることにより原腸陥入（細胞群の移入）がはじまる（上段）。ここで、実験的に原口背唇部を反対側に移植するとそこから新たな陥入がはじまり、移入した細胞がホストの外胚葉組織に働きかけて二次胚が形づくられることが見いだされた（下段）。その分子実体としては中軸中胚葉（オーガナイザー）から分泌される BMP 拮抗阻害分子の働きが重要であることがわかっている（下段右下）。
(b) 眼の発生過程で認められる誘導現象。

ことを示した実験は、割球どうしが互いに接着していること自体が何らかの情報となり、割球が互いにくっついている限り、それぞれがもっている完全な幼生を構築する能力が抑えられていることを物語っている（3.2 節参照）。

3.2　発生における細胞分化の決定

多細胞動物個体には多種多様な形態および機能（**分化形質**）をもった細胞が存在している。例えば、ヒトの体は少なくとも 200 種類以上、体重 60kg であれば 60 兆個を超える細胞によって構築されているが、これらすべては 1 個の受精卵から細胞分裂を経て異なる細胞系譜をたどり、ヒトであれば 22,000 個ある遺伝子セットの中からそれぞれ異なる組合せを発現するに至った結果と考えることができる。

実際、発生過程において、細胞個々の分化方向は誘導（3.1 節参照）をはじめとした細胞間コミュニケーションを通して胚の中でおおまかに決められた後、各細胞・組織のおかれた記憶に基づく分裂様式によって細かい形質が次第に規定されることがわかっている。発生途上の動物組織における細胞分裂様式は大きく 2 通りに分けて考えることができる。1 つは万能性を保った**幹細胞**（stem cell）が自分自身をどんどん複製する様式、もう 1 つは幹細胞とは異なる一定の分化形質をもった娘細胞を生み出す様式である。多細胞個体において組織構築が行われる場合、幹細胞が自身と分化した細胞を生み出す分裂様式が一般的であるが、このような分裂様式を支える仕組みとしては、もともと細胞内に備わった**決定因子**（determinant）に従う**細胞自律的**（cell autonomous）なものと、まわりの環境に影響される**細胞非自律的**（cell non-autonomous）なものがある。後者の代表例としては昆虫の胚において将来神経細胞に分化する細胞（**神経前駆細胞**）群が腹側の表皮細胞から一定の数・割合で生じてくる局面があげられる。ここ

(a) 側方抑制とノッチシグナリング

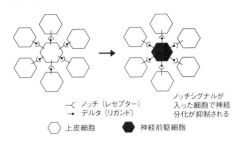

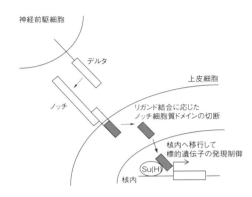

(b) ショウジョウバエにおける様々な細胞質決定因子

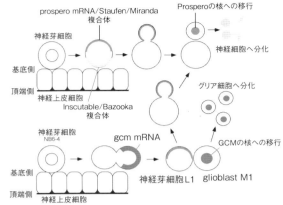

(c) ショウジョウバエ表皮感覚器の発生機序

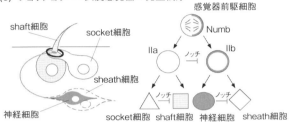

図3.3 細胞分化を支える様々な分子機序
(a) 細胞間コミュニケーションによる分化制御。ショウジョウバエの初期神経分化過程では，細胞表面レセプターノッチとリガンドデルタの発現バランスによって，程よい数の神経前駆細胞が産生されることがわかっている。ここで，いったん神経細胞に分化した細胞はまわりで接触する細胞すべてに対して神経分化を抑えるシグナルを伝えている（側方抑制）。ノッチの突然変異体ではこのシグナルを受け取れないため，すべての細胞が神経前駆細胞になってしまう。
(b) 細胞質決定因子による分化制御。ショウジョウバエの神経細胞やグリア細胞への分化過程では，細胞内に偏りがあるmRNAやタンパク質複合体からなる細胞質決定因子が不均等分配されることが重要となる。
(c) ショウジョウバエ表皮感覚器の発生機序。ショウジョウバエの表皮感覚器は1つの細胞から4つの分化形質をもった細胞群が生じてくるが，これら細胞産生過程は上述の細胞間相互作用 (a) および細胞質決定因子の不均等分配機序 (b) の両方が精妙に組み合わさることで制御されている。

で，神経前駆細胞をレーザーで除去するとその近傍の表皮から新たに神経前駆細胞が生じてくることから，神経前駆細胞が表皮細胞に働きかけ，それ以上は神経前駆細胞が産生されるのを抑える，**側方抑制**（lateral inhibition）というメカニズムの存在が示唆された。その分子実体はショウジョウバエの胚において表皮から神経前駆細胞ばかりが産生される突然変異体の解析から，原因遺伝子ノッチ (Notch) が単離されることを起点として明確となった。すなわち，ノッチは1回膜貫通型の受容体型タンパク質をコードしており，そのリガンドであるデルタ (Delta) と相互作用すると細胞質領域が切断されて核に移行し，標的となる遺伝子セットの転写制御を行うが，発生初期の上皮細胞では当初どの細胞もデルタ／ノッチの発現およびその下流で制御される転写因子（**神経分化決定因子**）の発現量が揺らいでおり，たまたまデルタの発現量がノッチより多くなった細胞が出現するとデルタの発現をより強化するよう制御バランスが傾くことがわかっている（図3.3 (a)）。さらに，このデルタをより多く発現する細胞は神経分化の方向に進むのと同時に，まわりで接触・接着する細胞の表面にあるノッチ受容体を介して細胞内へシグナルを入れ，それら細胞のデルタ発現量を下げる方向に転写制御様式を変換するため，それ以上は神経前駆細胞が産生されない仕組みとなっている（図3.3 (a)）。そして，仮にこのデルタを高発現す

る細胞を取り除いても，再びデルタを高発現する細胞が出現し，結果として，一定の割合でデルタを高発現，すなわち，神経に分化する細胞数が維持されることが示唆されている．このように，隣接する細胞どうしが話し合って分化の方向および割合を決定する分子メカニズムはショウジョウバエにとどまらず，脊椎動物でも極めてよく保存されている．例えば，哺乳類胚で大脳皮質を構成する細胞群を産生する脳室帯では，その初期発生過程において幹細胞である**放射状グリア細胞**（radial glial cell: RGC）が非対称細胞分裂を介して自分自身と神経前駆細胞を産生することによって神経細胞の数を増やしていくが，この過程で脳室帯の幹細胞はノッチの発現を維持するのに対して，神経前駆細胞ではノッチの働きが抑えられるのと同時にそのリガンドの発現が強化されることが示されている．

一方，生来備わっている細胞質内の決定因子が分裂を介して不均等に娘細胞へ分配されることを起点として，それぞれの子孫細胞が異なる分化形質を獲得する局面も知られている．例えば，多くの動物卵では母体由来のミトコンドリアやmRNAなどの局在がそもそも不均一な状態となっており，ショウジョウバエの卵では体の前後軸や背腹軸を決める遺伝子をコードする母方由来のmRNAが濃度勾配をもって局在するよう哺育細胞（卵にmRNAを供給する）が母体内の産卵器官において巧妙に配置されている．また，発生の進んだショウジョウバエ胚の**神経芽細胞**（neuroblast）では，もともと神経上皮細胞シートで確立された細胞極性を基盤として，頂端側にInscutable/Bazooka複合体，基底側にprospero mRNA/Staufen/Miranda複合体がそれぞれ不均等に分布局在されるようになるが，これが垂直軸方向に沿って細胞分裂した際，基底側の細胞にのみprospero mRNAが分配されることになる（図3.3(b)）．ここで，prosperoは神経細胞へ最終分化するのに必須の転写因子をコードしており，そのmRNAを受け継いだ娘細胞のみがこの転写因子を発現するようになり，神経細胞へと分化することがわかっている（図3.3(b)）．同様に，特定の神経芽細胞 NB6-4 が分裂する際，転写因子 gcm の mRNA を非対称分裂によって受け継いだ娘細胞のみがグリア細胞を，受け継がなかった娘細胞が神経細胞を産生するようになることも知られている（図3.3(b)）．

実際の組織形成過程においては，隣接する細胞どうしが話し合う分子メカニズムと決定因子の局在を制御する機序が協同的に作動することによって，より厳密に細胞分化の方向性が決定される場合がほとんどである．例えば，ショウジョウバエ表皮の感覚器官において，前駆細胞が2回の細胞分裂を経て4種類の細胞を生み出す過程では，細胞極性によって不均一に局在する細胞膜裏打ちタンパク質Numbを受け継ぎ，ノッチのシグナル受容機序を積極的に阻害された娘細胞から感覚神経細胞が生み出されることがわかっている（図3.3(c)）．また，大脳皮質の脳室帯においても，幹細胞RGCが分裂する際，不均一に局在するNumbをより多く受け継いだ娘細胞がより神経分化へと導かれることが知られている．一方，このRGCは当初は神経細胞を産生していたものが発生後期になるとおもにグリア細胞（アストロサイト）を産生するようになる．この分化能の変化には，染色体の高次構造を支えるヒストンタンパク質やゲノムDNAそのものの修飾様式を変換させる，いわゆるエピジェネティック（epigenetic）な制御が関与することが示されている．ここで追記すべきは，細胞が特定の分化能もしくは分化形質を獲得しても染色体DNAはまったく失われない点である（例外は体細胞遺伝子組換えが起こる免疫細胞の抗体遺伝子）．つまり発生過程で多彩な細胞間のコミュニケーションを経て変化するのは，染色体の構造・修飾様式，遺伝子発現様式のみで，分化した細胞も受精卵とまったく同じ染色体DNA組成を維持している．ガードン（Gurdon, J. B., 1933- ）は1962年に，このことをはじめて実験的に証明した．すなわち，野生型で体に色素をもつツメガエル由来の成熟した受精卵から核を取り除き，そこへアルビノ変異（色素生成ができず体色が白い個体となる）をもったオタマジャクシの小腸上皮細胞から単離した核成分を移植すると，その細胞核由来のアルビノクローンカエル個体が発生してくることを示した．同様の核移植実験は哺乳類のヒツジ卵においても成功（いわゆるクローンヒツジ，ドリーの誕生）し，分化した細胞の核は受精卵の核と等価であり，受精卵に戻すことで初期化（リプログラミング）されることが明確となった．ここで，山中伸弥（Yamanaka, S., 1962- ）らは2006年，たった4つの遺伝子（**山中因子**）を分化した細胞に強制発現させるだけで受精卵同様の多能性が獲得される現象を報告し，これまでほぼ一方通行と考えられていた細胞分化の方向

も容易に初期化可能であることを示した。山中因子によって多能性を取り戻した**iPS細胞**（induced pluripotent stem cell）は，初期胚細胞から樹立された細胞株である**胚性幹細胞**（ES細胞, embryonic stem cell）と同様，細胞分化のプログラムに呼応して機能細胞・組織を形成誘導可能である（例えば人工的に神経誘導のシグナルを入れることで神経細胞への分化を方向づけできる）ことも確認されており，再生医療への応用が期待されている。

3.3　差次的細胞接着

動物組織を構成している細胞は，いったんバラバラにされても元通りの組織構築様式を再現しようとする性質，**自己組織化能**をもっている。例えば，前世紀初頭，ウィルソン（Wilson, H. V. P., 1863-1939）は異種のカイメンをガーゼで濾してバラバラにした後で混和したところ，それぞれの細胞が選別し合い，種ごとに別々の集合体を形成することを見いだしている。また，1955年に，タウンズ（Towens, P. L., 生没年不詳）とホルトフレーター（Holtfreter, J., 1901-1992）は，両生類の胚から様々な組織を分離してバラバラにし，色々な組合せで混和培養したところ，混ぜた細胞の種類に応じた多細胞体制が再構築されることを示している。例えば，外胚葉の中でも将来は神経になる神経板領域と将来は表皮になる組織をバラバラにして混和すると，本来の胚と同様，神経板由来の細胞群が選別集合してつくった管状組織を表皮になる細胞群がすっぽりと覆うような細胞塊が得られることがわかった（図3.4(a)）。これらの結果から，タウンズとホルトフレーターは各細胞には組織特異的な表面分子が存在し，それらが互いに認識・相互作用することによって細胞選別や組織構築が起こるとする仮説を提唱している（図3.4(b)）。

このように，細胞群がランダムではなく，特定の

(a) タウンズとホルトフレーターの実験（1955）　　(b) タウンズとホルトフレーターの仮説（1955）

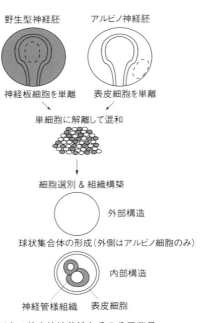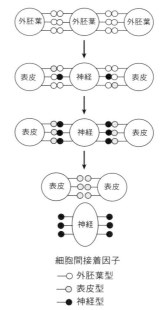

図3.4　細胞がもつ差次的接着性とその分子背景
　（a）1955年にタウンズとホルトフレーターは両生類の異なる胚（野生型およびアルビノ）からそれぞれ神経板および表皮を単離して1細胞にまでバラバラにしてから混和培養すると，胚本来の組織がそうであるように，管状の神経様組織を表皮が取り囲むような構造体が再構築されることを見いだした。
　（b）(a)の実験結果をもとに，タウンズとホルトフレーターは神経板由来の細胞と表皮由来の細胞にはそれぞれ異なる表面分子が存在し，それらが同種親和的に互いを認識することで組織再構築が可能になっていると予測した（Towens & Holtfreter, 1955を改変）。後に発見された細胞接着分子カドヘリンサブクラスはこの仮想分子群と酷似する発現様式をもつことが示された。

3.3 差次的細胞接着

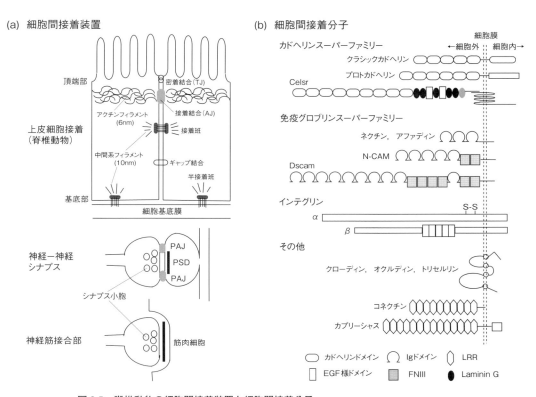

図 3.5 脊椎動物の細胞間接着装置と細胞間接着分子
(a) 脊椎動物にみられる様々な細胞間接着構造体，(b) 多種多様な細胞間接着分子

相手を選んで集合・接着する現象のことを，**差次的細胞接着** (differential cell adhesion) とよび，前世紀後半にはそのような現象を担う分子実体の探索がなされた。この中で，竹市雅俊 (Takeichi, M., 1943-) は 1977 年，接着細胞組織を単細胞へと解離させるのにモスコーナ (Moscona, A. A., 1921-2009) らによって従来用いられていたタンパク質分解酵素トリプシンで様々な細胞を色々な条件でバラバラにして接着能を検討する実験を行い，差次的細胞接着はカルシウムイオン依存的な仕組み (calcium dependent cell-cell adhesion system: **CDS**) とそうでない (calcium independent cell-cell adhesion system: **CIDS**) に二分できることを報告した。すなわち，トリプシンをカルシウムイオン存在下で作用させた場合に限って，細胞間に強固な接着を促す表面分子がトリプシン分解から免れて残存し，これら分子群によって差次的細胞接着が説明できることを発見した。後に，竹市らはこれら表面分子による細胞間接着を阻害するモノクローナル抗体の作出に成功し，その抗原分子のトリプシン分解様式がカルシウムイ

オンの有無によって変わること，異なる細胞種から作出した同様のモノクローナル抗体がアミノ酸配列の似通った異なる分子を認識すること，これら抗原アミノ酸配列をもとに単離した全長 cDNA を細胞間接着性がまったくない線維芽細胞由来の培養細胞株に導入すると接着能を獲得して上皮様の細胞シートをつくることを確認し，この CDS の主要成分である分子ファミリータンパク質を calcium + adherence から，**カドヘリン** (cadherin) と命名した。カドヘリンは 1 回膜貫通型の糖タンパク質で脊椎動物種あたり異なる遺伝子にコードされた 20 種類前後のサブクラスが存在することがわかっており，それぞれのサブクラスが細胞に同種親和的な接着特異性を賦与することが実験的に示されている。なお，カドヘリンタンパク質の細胞外領域には特徴的な繰り返しモチーフが 5 個存在するが，このモチーフを含む分子はカドヘリンの他にも数多く存在し，いわゆる，**カドヘリンスーパーファミリー**を形成している (図 3.5)。その中には，プロトカドヘリン (6〜11 個の繰り返しモチーフをもつ) や 7 回膜

貫通型ドメインをもつ Celsr/Flamingo（9個の繰り返しモチーフをもつ）などの接着-シグナリング分子群も含まれているので，CDS の主要成分として同定されたカドヘリン（細胞質領域に β カテニンと相互作用するドメインをもつ古典的なもの）を特に，**クラシックカドヘリン**（classic cadherin）と区別してよぶこともある（図3.5）。

一方，CIDS の実体としては，CDS 同様の方法論を用いて**免疫グロブリン**（**Ig**）**スーパーファミリー**に属する1回膜貫通型タンパク質 N-CAM が，エデルマン（Edelman, G. M., 1929-2014）らによって別個に単離同定され，これら分子も同種親和的に相互作用することで細胞を集合・接着させる役割を担っていることが示されている。この Ig スーパーファミリーは免疫グロブリンの抗原分子認識にかかわる Ig ドメインを1つでももっていることが分類条件のため，実に多種多様なメンバーから構成されており，Ig ドメインのみをもつもの，Ig ドメインとファイブロネクチン様リピートを組み合わせてもつもの，Ig ドメインと細胞内にレセプター型キナーゼドメインやフォスファターゼドメインをもつものなどがサブグループをつくっている（図3.5）。

以上に加えて動物細胞間の差次的接着にかかわる分子群は数多くある。例えば，セレクチンファミリーは，1回膜貫通型の糖タンパク質セレクチンを発現する細胞が接着相手の細胞表面にある糖鎖リガンドを認識することによって選択的な相互作用を促し，炎症反応に応じて白血球が血管内皮細胞に沿ってローリングする際に必須となる弱い細胞間認識に中心的な役割を果たしている。また，神経細胞どうしの機能接着部位であるシナプスの初期誘導には，シナプス前にある1回膜貫通型タンパク質ニューロリジンとシナプス後にある1回膜貫通型タンパク質ニューレキシンによる異種親和的な相互作用が関与することが知られており（3.4節参照），ヒトにおいてこの認識過程が破綻するとシナプス形成バランスが崩れ自閉症スペクトラム障害の発症に繋がる症例が報告されている。これと同調して，より選択的な神経間シナプス結合を形成・維持する局面においては，CDS, CIDS に属する多種多様な細胞間接着分子がシナプス前後の膜でも差次的に発現することがわかっており，これらの特異的認識が神経間結合の特異性表出に深く関与することが示されている。また，神経と筋肉間の選択的シナプス結合の形成・維持にも数多くの細胞間接着因子がかかわっている。例えば，ショウジョウバエでは疎水性ドメイン LRR（leucine-rich repeat）を14個もった1回膜貫通型の接着分子カプリーシャスおよび LRR を10個もった膜結合型の接着分子コネクチン（図3.5）は同種親和的に相互作用することが示されているが，胚発生期にそれぞれが将来選択的に結合する特定の筋肉表面と運動神経軸索末端の成長円錐に限局して強く発現している。このような発現様式を人為的に撹乱すると精緻な神経筋結合パターンに破綻をきたすことから，これら LRR をもった接着分子群が神経と筋肉の結合様式を決定する際に重要な働きをする因子の1つであることが示唆されている。

以上とは異なり，細胞と**細胞外基質**（**細胞外マトリックス**，extracellular matrix: **ECM**）との差次的接着に必須の分子群として**インテグリンスーパーファミリー**がよく研究されており，発生過程において細胞が様々な足場を用いて移動する局面で重要な役割を果たすことがわかっている。脊椎動物のインテグリン機能分子は2つの異なる遺伝子にコードされている1回膜貫通型タンパク質（α鎖：19種 / β鎖：8種）が様々な組合せでヘテロ二量体を形成することにより構成されており，β鎖の細胞外領域が細胞外基質タンパク質のファイブロネクチンやコラーゲン，ラミニン，ビトロネクチンなどの最小結合アミノ酸配列（RGD など）を認識することによって相互作用することが知られている（図3.5）。一方，移動中の細胞で接着分子として機能しているインテグリン細胞内領域にはテーリンやビンキュリンなどを介してアクチン系フィラメントが集積し，**フォーカルアドヒージョン**（focal adhesion）という巨大タンパク質複合体が形成されることによって，細胞骨格動態の再編成や細胞増殖の制御を担っている。

細胞の差次的接着を制御する分子は以上にまとめたように多種類同定されてきたが，動物個体内ではそれらが同調して機能するため，たとえ人為的にこれらの中から単一分子の機能をブロックしても形態形成に大きな影響が及ばないことが知られている。これは重要な形態形成の局面においては多様な分子ファミリーが重複して（同じ分子ファミリーに属するものも複数のサブクラスが同時に）同じ場所で発現することによって多重に接着機能を補償しあう**機能的冗長性**（functional redundancy）が多細胞動物体制進化の過程で備わってきたためであると考えられ

3.4 細胞接着と形態形成

動物組織を構成する細胞と細胞の間には複数の物理的接着構造が存在しているが，それぞれが隣接する細胞膜の間で大きな**接着分子複合体**(junctional complex)をつくっており，電子顕微鏡レベルであれば電子密度が極めて高い特徴的な構造物として明確に分類可能となっている。例えば，脊椎動物の上皮細胞シートにおける細胞間接着部位には細胞の頂部から基底部へ向かって順に，**密着結合**(tight junction: TJ)，**接着結合**(接着帯，adherens junction: AJ)，**接着斑**(デスモソーム，desmosome)，**ギャップ結合**(gap junction)が配置されている(図3.5)。また，細胞基底部と細胞外基質の間には**半接着斑**(**ヘミデスモソーム**，hemidesmosome)が認められることもある。ここで，接着結合にはアクチン系フィラメント(**アクチン骨格**)が，接着斑や半接着斑には中間径フィラメントがそれぞれ裏打ちされており，いわゆる**細胞骨格**(cytoskeleton: CSK)の支点としてこれら接着装置を配備することによって細胞そのもの，さらには細胞集団の形態的特徴を表出するのに重要な役割を果たしている(図3.5)。例えば，接着結合の裏打ちを構成するアクチン骨格系は上皮細胞シートの頂端部においていわゆるハチマキ状に存在しており，この**接着帯**(adhesion belt)とよばれるハチマキが縮むことによって細胞頂端部が引き締まったボトル状に細胞形態が変化する。こうした細胞形態の変化は原腸陥入の起点となったり(図3.2)，上皮細胞シートの陥入や管状組織構築の基盤となる褶曲を引き起こす原動力となったりすることが知られている。また，TJは隣接上皮細胞最頂端部の膜どうしを強く密着させ，細胞外に存在する物質拡散のバリアとして機能することが示されている。とりわけ脳内の血管内皮細胞どうしがつくるTJは，**血液脳関門**(blood brain barrier)として脳組織内への細胞や細菌，ウイルスの移入はもちろん，血液成分の漏出をも制限している。

以上とは別に動物の神経組織においては，**シナプス**(synapse)という特殊な細胞間接着部位が存在している(図3.5)。シナプスは神経細胞どうしがつくるもの(neuron-neuron synapse)と神経細胞と筋肉細胞の間に形成されるもの(神経筋結合部，neuromuscular junction: NMJ)の2種類に大別され，前者は非対称な構造をもち多くが興奮性のGray I型と対称な構造をもち多くが抑制性のGray II型に分類される。電子顕微鏡レベルで神経細胞間のシナプスにはシナプス小胞が融合する**アクティブゾーン**(active zone)と，アクティブゾーンを囲むように存在する電子密度の高い接着帯(puncta adherens junction: PAJ)があり，PAJには上皮細胞にみられるAJとほとんど同等の分子複合体(クラシックカドヘリンなど)により接着基本構造が維持される。同時に，アクティブゾーンにおいてはニューロリジンとニューレキシンなどの接着因子とともにシナプス前膜のシナプス小胞から放出された情報素子を受け取る各種イオンチャネルがシナプス後膜に密集して**シナプス後肥厚**(post-synaptic density: PSD)をつくっており，電気信号を伝達していることが知られている(図3.5)。また，成熟したNMJは通常細胞の接着装置や神経どうしのシナプスと比較すると細胞膜間の距離が格段に大きく，シナプス間隙には細胞外基質(s-lamininなど)が存在し，それらに対して神経，筋肉細胞それぞれに存在する分子複合体が相互作用することで安定なシナプス接着が維持されることがわかっている(図3.5)。

一方，無脊椎動物の上皮細胞における接着分子複合体は脊椎動物の構成と大きく異なっており，頂端部から順に接着結合と**隔壁結合**(septate junction: SJ)のみが電子顕微鏡で同定可能な構造体となっている。無脊椎動物のAJは脊椎動物のAJと同様にアクチン骨格系の支点となり，カドヘリンを主要接着分子としている。また，SJは脊椎動物の密着結合(tight junction: TJ)のように物質拡散を制限する機能をもつとされているが，SJの構成分子はTJと異質でインテグリン分子群を接着の基盤としており，AJより頂端側に脊椎動物のTJを構成する分子群と一部相同なものが細胞質に集積した**亜頂端複合体**(subapical complex)が別途存在するとの報告がなされている。

以上で述べた細胞間接着構造の機能制御は動物組織の形づくりや体制の維持に多大な影響を与える。以下に脊椎動物の接着分子複合体ごとにそれら構成分子と組織構築における役割を概説する。

(1) 密着結合

密着結合TJの構成因子の1つクローディンは4回膜貫通型タンパク質である(図3.5)が，20種類以

上のサブクラスが存在し，それぞれが臓器や組織で異なる発現様式をとっている。クローディンサブクラスは細胞外ドメインどうしが同種もしくは異種親和的に相互作用し，分子サイズも小さいため細胞膜どうしを近接させ，密着融合させることができると考えられている。なお，クローディンの細胞質領域においてはAJにも存在するZO-1分子が相互作用し，常にAJの近傍にTJが構築される仕組みになっているとともに，他のTJ構成因子である4回膜貫通型の接着分子オクルディン（図3.5）やIgドメインを2つもつ1回膜貫通型の接着分子JAM-AがTJの特徴的な接着構造の安定化に寄与していることがわかっている。これに加えて4回膜貫通型の接着分子トリセルリン（図3.5）は上皮細胞シートに必ず存在する3つの細胞の接点に特異的に局在し，同種親和的に相互作用することで特殊構造（三細胞結合装置，tricelluar junction）を構築し，TJと連続して上皮細胞シートを完全にシールする役割を担っている。

(2) ギャップ結合

ギャップ結合においては主要構成タンパク質であるコネキシンが六量体をつくってイオン透過性のチャンネルコネクソンを形成し，これらが細胞間で結合して巨大ギャップ結合複合体となることによって隣接細胞どうしの迅速なイオン交換を可能としているが，それらは心筋の拍動や隣接神経細胞群の活動を同調させるのに必須であることがわかっている。ここで，コネキシンに対する機能阻害抗体を発生初期のカエル胚に注入すると，正常発生が著しく攪乱されることが知られている。また，ゼブラフィッシュでは初期胚後脳部に認められる発生の基本ユニット，**ロンボメア**（rhombomere）の境界は，細胞が互いに混和しないコンパートメントの境界となっているが，境界部の細胞においてのみギャップ結合による細胞間の物質交換が遮断されることも示されている（上流シグナル機序は3.5節参照）。

(3) 接着斑

接着斑デスモソームの主要接着分子はカドヘリンスーパーファミリーに属する1回膜貫通型タンパク質デスモグレインで同種親和性をもって相互作用することが知られているが，ヒトにおいてこの遺伝子に変異が入ると天疱瘡（pemphigus）を引き起こすことから皮膚組織の形態・機能維持に中心的な役割を果たすことが示唆されている。同じくカドヘリンスーパーファミリーに属する1回膜貫通型タンパク質デスモコリンもデスモソームの細胞間接着分子として機能し，これらデスモソームカドヘリン分子群の細胞質側にはデスモプラキンやプラコグロビン（γカテニン），プラコフィリンなどのタンパク質が集積することによって，ケラチンやデスミンなどからなる中間系フィラメントの支点となっている。いずれのタンパク質も機能不全により上皮細胞シートや心筋における細胞間接着や細胞の増殖・分化様式に影響が及ぶことがわかっている。

(4) 半接着斑

分化し安定化した組織上皮細胞と基底膜との間に認められる半接着斑ヘミデスモソームの主要接着分子はヘテロ二量体からなるインテグリン $\alpha6\beta4$ であるが，移動中の細胞と基底膜間に形成されるアクチン骨格系がインテグリンの細胞質領域に集積した動的な接着装置フォーカルアドヒージョン（3.3節参照）とは異なり，ラミニン，VII型コラーゲンからなる基底膜と相互作用するとともに，その裏打ちではプレクチンやBP320が相互作用し，おもに中間系フィラメントケラチンが集積している（図3.5）。半接着斑の構成タンパク質に異常が生じると上皮細胞が基底膜からはがれ，異常増殖してしまうことがわかっており，ヒトでは水泡症など様々な遺伝的皮膚病の原因が半接着斑の構成分子の変異と連関することが示されている。

(5) 接着結合

接着結合AJの主要構成タンパク質はクラシックカドヘリン（3.3節）であるが，その細胞質領域にはカテニンとよばれる一連のタンパク質が相互作用し，アクチン骨格系と連動して細胞接着動態を制御する場を形成している（図3.5）。ここで，クラシックカドヘリンの神経管形成時における発現様式を調べたところ，形態形成運動に合致してサブクラスのスイッチが起こることがわかった。すなわち，外胚葉（1層の上皮細胞）の中で将来神経板になる領域が神経誘導で決定される時期を同じくして上皮全体で発現していた表皮型カドヘリン（E-cadherin/Cdh1）が消失し，それにかわって神経型カドヘリン（N-cadherin/Cdh2）の発現が認められるようになる。また，神経板と表皮との境界部では，さらに神経型カドヘリンの発現が消失し，かわってカドヘリン6（Cadherin-6/Cdh6）の発現が認められるようになるが，この境界領域からはカドヘリンサブクラス

の発現変化と合致して神経堤細胞の遊走が促されるとともに，神経板が巻き上がってできた神経管も表皮からくびれきれて体内へ陥入するに至る。このカドヘリンの発現様式とタウンズとホルトフレーターらの実験結果から想定された細胞表面物質の発現変化（図3.4）は極めてよく一致しており，細胞がもつ自己組織化能の一端をクラシックカドヘリン分子群が担っていると考えられている。これら発現スイッチにかかわる機序の解明は多細胞動物体制の進化や再生医療の観点からも重要であるが，クラシックカドヘリン遺伝子座は平均的な遺伝子と比較するとかなり巨大かつ複雑なため解析が立ち後れており，今後，これら遺伝子の発現制御機序の体系的解明が待たれる。

3.5 発生におけるシグナル分子
——種々の相互作用因子など

　動物発生におけるシグナル分子は，細胞間の接触や接着に依存するものとそうでないものに大別される。脊椎動物の中軸中胚葉から分泌されて神経組織の一次誘導（神経誘導）に深くかかわるBMP拮抗阻害分子群は後者に属するが（3.1節参照），このように分泌性の因子が届くか届かない，もしくは届いた分子数に応じて細胞に異なるシグナルが伝達される発生局面は数多く知られている。例えば，同じく中軸中胚葉から分泌されるソニックヘッジホッグ（sonic hedgehog: Shh）は神経管の上皮幹細胞へ濃度依存的に働きかけ，脊椎動物神経管の背腹軸に沿って底板細胞や多種多様な運動神経細胞群を生み出すことに一役を買っている。また，Shh は脊椎動物胚肢芽の前後軸に沿っても濃度勾配をつくっており，それぞれの指の骨に特徴的な形態形成が起こる局面においても，**モルフォゲン**（morphogen）の役割を果たしている。さらに，発生が進み小脳の原基や哺乳類に特異的な大脳皮質の領域性が決定される局面においても，分泌性因子 FGF8 の前後軸に沿った濃度勾配がモルフォゲンのように作用することが示されている。このように，動物発生途上に形成される軸に沿って濃度勾配をもって発現している分泌性因子を，本来濃度が低いところで異所性に強制発現させる実験を行うとすべての事例において鏡像対称な組織構築様式が誘導される（一次誘導による双頭胚も同様）ことから，これら分子シグナルメカニ

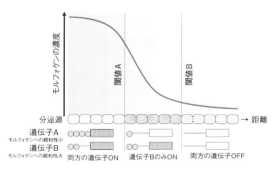

図3.6　ウォルパートの位置情報モデル
ウォルパートは1978年，単一モルフォゲン濃度勾配が複数の細胞分化形質を生み出すモデルを発表した。実際このモデルに合致する例が発生過程に数多く認められている。

ズムは普遍的な発生原理の1つと考えることができる。なお，これら分子実体の発見に先立ってウォルパート（Wolpert, L., 1929-　）は，1978年に濃度勾配による**位置情報モデル**（positional information model）を提唱していた（図3.6）。すなわち，分泌性シグナル分子（モルフォゲン）がある一群の細胞から産生放出されると，そこからモルフォゲンが拡散して濃度勾配がつくられ，受け手側の細胞に異なる数のシグナル分子が届く（図3.6の丸）。ここで，想定されたシグナル分子受容物質は直接核に移行し，標的ゲノムDNA配列と相互作用して転写を制御しようとするが，標的DNA配列にシグナル分子受容物質が届くかどうかは，それらの親和性に依存するため，高い親和性をもった標的DNA配列にはシグナル分子濃度が低くても受容物質が相互作用可能で転写が優先的に活性化されるのに対して，低い親和性をもった標的DNA配列には受容物質が届きにくい状況となる（図3.6では遺伝子A, Bの上流に親和性に応じてモルフォゲンが相互作用する様子を示している）。これによって，下流標的DNA配列をもった遺伝子群の発現様式にも濃度勾配に応じたバリエーションが生じ，シグナル分子が与える位置情報に従って異なる分化形質が生み出されるというのがこのモデルの骨子となっている（図3.6では3種類の形質が生み出されている）。実際，BMPシグナルの下流ではSmad, Shhシグナルの下流ではGliとよばれる転写因子群が核へ移行し，様々な下流標的遺伝子の転写を制御することが知られている（図3.7）。これら転写因子がゲノムDNAと相互作用す

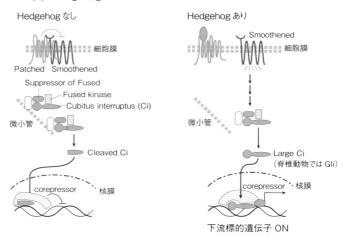

図 3.7 発生にかかわる様々なシグナル経路
（a）TGFβ シグナル経路では，分泌性のリガンド二量体が細胞外で受容体と相互作用することをきっかけとして，細胞質内でタンパク質のリン酸化が順次進み，最終的に Smad 複合体が核内へ移行することで下流標的遺伝子を ON にする。
（b）Wnt シグナル経路では，分泌性のリガンドが受容体複合体と相互作用することをきっかけとして，細胞質内にあるタンパク複合体の安定様式が変化し，最終的に β カテニンが核内へ移行することで下流標的遺伝子を ON にする。Dishevelled は，ショウジョウバエでは Dsh，脊椎動物では Dvl と略される。
（c）ショウジョウバエの Hedgehog シグナル経路では，分泌性のリガンドが 7 回膜貫通型受容体 Patched と相互作用することで同じく，7 回膜貫通型受容体 Smoothened に対する抑制が解除され，リガンド存在化と非存在化の細胞質内では異なる制御タンパク質が微小管から遊離・活性化される。なお，脊椎動物では Hedgehog ホモログ Shh との相互作用により Patched からの抑制が外れた Smoothened の細胞膜上での局在が変化（おもに一次繊毛へ移行）し，細胞質内では SuFu（supressor of fused）と複合体を形成していた Gli が遊離・核移行することで下流標的遺伝子が ON となることがわかっている。

る親和性は下流標的遺伝子制御領域の配列や転写補助補因子（cofactor）によって異なることも実験的に示されており，まさにウォルパートのモデルに合致するような様式で多様な細胞分化形質がシグナル濃度勾配に応じて生み出されていることが明確となった．

一方，細胞どうしの接触・接着に依存する細胞表面レセプター/リガンドも数多く同定されている．例えば，ノッチシグナルを基本とする側方抑制機序（3.2 節参照）は一定の間隔で神経細胞を産生するのに極めて重要で（図 3.3），脊椎動物ではカドヘリンを基盤とした AJ に局在することが知られている．また，受容体型チロシンキナーゼ Eph ファミリーとそのリガンド ephrin（エフリン）ファミリーは，それらの相互作用が接着分子として働く活性があるのみならず局面によっては細胞反発性のシグナルを伝えることがわかっている．その一例が脊椎動物の初期胚神経管後脳部位において，前後軸に沿って形成されるユニット，ロンボメアの形成過程で，これらレセプターとリガンドがロンボメアに対応する様式で交互に発現しており，シグナルが入った細胞群ではアクチン骨格系の動態が負に制御されることで AJ の細胞接着力が弱められ，ギャップ結合による細胞間相互連絡も遮断されることがゼブラフィッシュを用いた実験により示されている．このような分子機序の連携によって細胞系譜が制限された発生ユニット，ロンボメア境界が形成・維持される一面は説明可能である一方，それらメカニズムはロンボメア以外の神経系のコンパートメント（**神経分節**, neuromeres）やショウジョウバエ胚のコンパートメント境界形成の局面には必ずしもあてはまらず，コンパートメントの表出を支える共通原理の解明が待たれている．なお，脊椎動物の眼の網膜神経細胞からは中脳視葉に向けてトポグラフィックな神経投射・結合様式（**レチノトピックマップ**, retinotopic map）が形成されることが古くから知られており，スペリー（Sperry, R. W., 1913-1994）は，その仕組みを説明する化学親和性仮説（chemoaffinity hypothesis）を自身の実験結果を考察する過程で提唱しているが，その分子実体としては網膜と中脳部で表出される Eph 受容体/ephrin リガンド分子の濃度勾配が鍵となることが近年明らかとなっている．すなわち，Eph 分子発現数が多い網膜神経細胞の軸索末端は反発性相互作用の結果として ephrin 分子発現数のより少ない中脳視葉領域へ，同様に Eph 分子発現数が少ない網膜神経細胞の軸索末端はより ephrin 分子発現数の多い中脳視葉領域へ投射してシナプス結合をつくるため，それら発現濃度勾配が規定されただけで網膜上の位置情報に応じた投射パターンが再現されることとなる．脊椎動物の遺伝子の総数は多くても 3 万個程度であるのに対し，ヒトであれば約 1,000 億個の神経細胞が存在しており，それら結合様式の数ともなると無限に等しい．これら神経細胞結合様式のすべてをそれぞれ特定の遺伝子産物の相互作用で規定することは数的に不可能な一方，それらが世代を越えて再現性よく構築されるのは事実で，このように濃度勾配をもった Eph 受容体/ephrin リガンド遺伝子の発現機序（中脳や網膜で濃度勾配をもった発現様式はモルフォゲンの下流でつくられる転写因子の濃度勾配に起因していることがわかっている）が，濃度勾配をつくる Shh や FGF8 などの分泌因子同様，遺伝子の数的限界を補う重要な発生原理の 1 つとなっている．

以上で紹介した細胞間接触・接着に依存するシグナル伝達・コミュニケーションの仕組みとそうでない機序のバランスを精妙に保つ分子メカニズムも近年次第に明らかになりつつある．例えば，細胞接着分子カドヘリンの細胞質領域と強固に相互作用しその接着機能の発動に必須の役割を果たす分子 β カテニンは，分泌性シグナル分子（Wnt canonical pathway）の中心的要素でもあり，核に安定移行することができれば転写因子 Tcf/LEF1 と協同し，遺伝子転写様式を変化させる機能も有することが知られている（図 3.7）．つまり，β カテニンが細胞間接着を保って分化状態を安定化するのか，核に移行して Wnt シグナルを伝え，転写制御様式を変換して細胞増殖を促すのかが密接に連関しており，がん細胞ではこれらバランスが破綻しているという報告もなされている．一方，分泌性のモルフォゲンを受け取るために，遠く離れた細胞群がアクチン骨格を基盤とした細く長い突起**細胞膜ナノチューブ**（cytoneme）を分泌源に向かって伸ばしているという報告がなされており，単純な濃度勾配モデルで説明可能と考えられていた局面も実はそれら細い突起が届くか否か，届いたとしてどれだけ届いたのかという接触依存性と連関する可能性が示唆されはじめている．さらには**エクソソーム**（exosome）とよばれる微小分泌顆粒が内包するマイクロ RNA や

mRNA，タンパク質を通して細胞間コミュニケーションをとる事例が明らかになりつつあり，実際エクソソームが細胞膜ナノチューブに沿って動くとの報告もある。いずれにしても動物発生過程において細胞どうしが頻繁にコミュニケーションを行い，遺伝子発現様式，さらには分化形質の多様性や精緻な組織構築様式を生み出す仕組みは様々なレベルで安定に表出される必要があり，進化の過程で多重に補償されていると考えることができる。

■ 演習問題

3.1 1924年シュペーマンとマンゴルトによって報告され，後にノーベル医学生理学賞受賞の対象となった，神経誘導の分子実体を説明せよ。

3.2 1962年ガードンによって報告され，後にノーベル医学生理学賞受賞の対象となった業績で，分化した細胞も受精卵と同じ全能性を保持していることを示した実験を概説せよ。

3.3 細胞がもつ差次的細胞接着性を示した古典的実験を1つ例示せよ。

3.4 脊椎動物の細胞間接着装置を列挙し，それら分子構成を概説せよ。

3.5 1978年にウォルパートによって提唱された濃度勾配による位置情報モデルを説明し，それが実際にあてはまる発生現象を1つあげよ。

4 生殖細胞の形成

　動物の体はもとをたどれば1個の受精卵からつくられる。受精卵のもつその能力を全能性（totipotency）とよぶ。受精卵は**生殖細胞**（germ cell）から形成される**精子**（spermatozoon）と卵，**卵子**（ovum）が融合（**受精** = fertilization）したものであり，精子と卵は**配偶子**（gamete）とよばれる。受精卵は分裂を繰り返しながら発生し，個々の細胞は次第に形態や機能が異なる状態へと分化していく。動物の細胞には**体細胞**（somatic cell）と生殖細胞の2種類があり，体細胞は体を構成してその生命を維持し，個体の死とともに消滅する細胞であり，生殖細胞は個体の死を越えて子孫へと DNA を継承する細胞である。例えば，細胞に遺伝子変異が導入された場合，次世代にその変異を反映させられるのは生殖細胞だけである。

　動物の胚において最初に確認される生殖細胞は，胚発生の早期に出現する**始原生殖細胞**（primordial germ cell: PGC）である。始原生殖細胞は将来，雄では**精原細胞**（spermatogonium）を経て精母細胞（spermatocyte）へと分化し，雌では**卵原細胞**（oogonium）から**卵母細胞**（oocyte）へと分化する。生まれた個体が成長して性成熟に達すると，精母細胞は精子となり，雌の卵管内で受精の準備が整った卵母細胞（成熟卵）と融合する。受精後，卵は速やかに**減数分裂**（meiosis）を完了することによって体細胞と同じ二倍体の受精卵ができる（図 4.1 (a)）。精子と卵に分化する細胞はすべて始原生殖細胞に由来し，それらを生殖細胞系列（germline）とよぶ。生殖細胞系列があることで図 4.1 (a) のサイクルが繰り返されることから，生殖細胞は不死の細胞と考えることができる。

　哺乳類は有性生殖（sexual reproduction）を行い，減数分裂の際に父方と母方の DNA が巧妙にミックスされる。また，別々の個体に由来する精子と卵が融合することで新たな父方と母方のペアがつくられる。したがって，哺乳類の個体が誕生するときには必ずゲノムの多様性が維持されることになる。

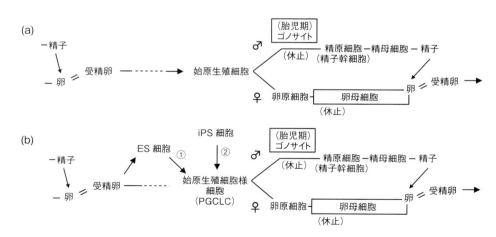

図 4.1　生殖細胞系列の流れ
(a) 自然での受精，胚発生から生殖細胞の出現を経て配偶子が形成され，再び受精卵に戻るサイクル．
(b) 胚性幹細胞（ES 細胞）あるいは人工多能性幹細胞（iPS 細胞）から作出した生殖細胞

4.1 始原生殖細胞の形成

4.1.1 始原生殖細胞の出現・移動・増殖

線虫, 魚, ショウジョウバエ, カエルなどの生物の受精卵では, 細胞質の一部に母方由来の**生殖質**(germ plasm)が存在し, 卵割の際に生殖質を受け継いだ細胞が生殖細胞となる。生殖質にはリボヌクレオタンパク質(ribonucleoprotein: RNP)を含む**生殖顆粒**(germ granule)が存在する。例として, ショウジョウバエのOskar RNPや線虫のP顆粒などがあり, P顆粒を取り除かれた線虫の細胞からは生殖細胞が形成されない。一方, 哺乳類の受精卵にはそのような生殖質は存在しないとされている。生殖細胞となる細胞が決定されないまま胚発生が進み, マウス胚では6.5日齢頃に尿嚢基部付近(胚体外中胚葉部位)に数個の始原生殖細胞がはじめて認められる。胚発生の段階では原腸形成(囊胚形成, 原腸胚形成ともいう, gastrulation)にあたる(図4.2)。始原生殖細胞が生じる過程はマウスを使った研究で詳細に調べられている。始原生殖細胞を誘導する因子は胚体外外胚葉が分泌するBMP4(bone morphogenetic protein 4)であり, その刺激を受けた近位エピブラストでは多能性関連遺伝子の発現が維持される一方, 他の細胞で起こる体細胞性遺伝子の発現は起こらず, 生殖系列特異的遺伝子が発現されるようになる。出現した少数の始原生殖細胞は増殖しながら後腸を経由して頭部方向へ背側腸間膜の中を移動し, 将来の**精巣**(testis)や**卵巣**(ovary)になる**生殖隆起**(genital ridge)に到達する(図4.2)。

始原生殖細胞の誘導因子が明らかにされたことで, マウスでは体外培養で胚体外胚葉から始原生殖細胞を誘導することが可能となった。そればかりか, マウスの胚性幹細胞(ES細胞, embryonic stem cell)(図4.1(b), 矢印①)や人工多能性幹細胞(iPS細胞)(図4.1(b), 矢印②)から, エピブラスト様細胞を誘導したうえでさらに, 始原生殖細胞様細胞(primordial germ cell like cell: PGCLC)を誘導する技術が開発された。PGCLCから機能的な精子や卵が形成されることも証明されている。PGCLCは将来の生殖細胞の供給源として有望であるだけでなく, ヒトや希少動物など自然では始原生殖細胞の採取が困難な場合に, PGCLCを使った新しいアプローチによる生殖細胞研究の道を拓くものである(14章, 15章参照)。

4.1.2 始原生殖細胞の特徴

始原生殖細胞の特徴の1つとして無限の増殖能があり, その能力には**テロメラーゼ**(telomerase)とよばれる酵素が関係している。テロメラーゼによって細胞の寿命(分裂回数の限界)がリセットされ, 世代を越えたDNAの継承が可能となる。また, 始原生殖細胞では細胞の分化状態もリセットされる。哺乳類の初期胚はあらゆる細胞に分化できる多能性(pluripotency)をもつが, 発生とともに分化する細胞の種類は次第に狭まっていく。多能性を失うのはゲノムDNAの一部が修飾されてしまう**エピジェネティック修飾**によるものであり, その分子機構はおもにDNAのメチル化である。出現時の始原生殖細胞がもっていたそれまでの古い修飾は大規模なDNAの脱メチル化によって消去される。そのうえで, 配偶子の形成過程で次の世代での父由来ゲノムと母由来ゲノムの遺伝子発現の違い(**ゲノムインプリンティング**, genome imprinting)をもたらすエピジェネティック修飾が行われる。

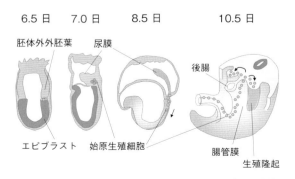

図 4.2* マウスにおける始原生殖細胞の出現・移動・増数

4.2 精原細胞と卵原細胞

始原生殖細胞は生殖隆起へ移動した後に急激に増殖する。同じ頃，生殖隆起は生殖腺（gonad）へと発達し，性による表現型の違いによって精巣と卵巣が判別できるようになる。哺乳類の性はXとYの**性染色体**（sex chromosome）の組合せで決定され，XXの組合せでは雌，XYでは雄となる。始原生殖細胞は精巣では精原細胞へ，卵巣では卵原細胞へと分化して増殖を続ける。雄の生殖腺を精巣へ分化させるのはY染色体上の*Sry*（Sex determining Region on the Y chromosome）遺伝子の発現であり，*Sry*遺伝子産物の働きがなければ，遺伝的な性がXYであっても生殖腺は卵巣となり，内部では卵が形成される。

生殖細胞の形成には，雌雄ともに「始原生殖細胞→生殖細胞の形成開始→休止→形成再開→配偶子の完成」の段階がある（図4.1（a））。生殖細胞形成の「休止」は胎児期にはじまり，動物の性成熟まで続く（胎児は，家畜などの哺乳類の場合，胎子や胎仔と示すこともある）。雄では胎児期の体細胞分裂期の生殖細胞であるゴノサイトの段階で休止が起こり，出生後に精原細胞として再開される。その中には無限の増殖能をもつ**精子幹細胞**（spermatogenic stem cell）が含まれる。一方，雌では卵母細胞の段階で休止する。一見わずかな違いでも，雄では増殖性を残しているのに対し，雌では増殖能をもたない卵母細胞となっている点で異なる。具体的には，ヒト精子の生産数が生涯で1兆を超えるのに対し，卵の生産数は数百個にとどまる。

雌の胎児ではわずかな期間に生殖細胞が活発に増殖して数十～数百万という数に達した後，減少に転じる。そして，ほぼ一斉に減数分裂を開始して卵母細胞となり，それ以降は増数しない。したがって，両生類や魚類でみられるような，卵原細胞が増殖しつつ卵が生産される状況は哺乳類では存在しない。雌の生殖細胞数が最大に達するのは胎児期であり，出生時のその数はピーク時よりも大幅に減少している。さらに，生涯において受精可能な卵となるものはその一部にすぎない。近年，性成熟後の哺乳類の卵巣において「卵幹細胞」の存在が確認されたとする研究報告もあるが，それらの生殖細胞としての能力や実際の生殖活動における意義についてはまだほとんど解明されていない。

4.3 減 数 分 裂

4.3.1 減数分裂と有糸分裂（体細胞分裂）との違い

精原細胞と卵原細胞は体細胞と同様に父方と母方のゲノムDNAをもつ二倍体（diploid, 2n）の細胞であり，体細胞型の有糸分裂（mitosis）を行う（図4.3（a））。一方，減数分裂では2回の連続した**減数第一分裂**と**第二分裂**（図4.3（b））の結果，DNAは半数体（haploid, 1n）となり，2つの半数体が受精することによって二倍体に戻る。減数分裂がDNAを分配する分子メカニズムは精母細胞と卵母細胞で共通しているが，卵母細胞には体細胞の500～1000倍の体積となって不均等分割する点や，実際の分裂までに長い休止期をはさむなど，精母細胞とは異なる特徴がある。

減数分裂で働く分子の多くは有糸分裂でも働いている。図4.3（a）に示すように，有糸分裂ではまず

コラム：生殖細胞の不死性

生殖細胞の特徴の1つに世代を越えたDNAの継承がある。一般的な動物細胞には増殖回数の限界が訪れるが，それは染色体の末端にあるテロメア（telomere）配列が細胞分裂の度に失われることによる。テロメアには染色体を保護する役割があり，保護に支障をきたすレベルまで短くなると細胞分裂を止めるメカニズムが働く（ヘイフリック限界）。一方，DNAを次世代へと継承し続けるためには細胞の分裂回数に限界があってはならない。始原生殖細胞はテロメラーゼ（telomerase）を発現してテロメアを伸長し，分裂回数をリセットすることによって無限の増殖を可能としている。動物種や臓器による違いはあるものの，体細胞ではテロメラーゼの発現が抑制されているため同様のリセットは起こらない。胚性幹細胞やある種のがん細胞など，無限の増殖を示す細胞ではテロメラーゼが発現されて分裂回数の限界が回避されている。

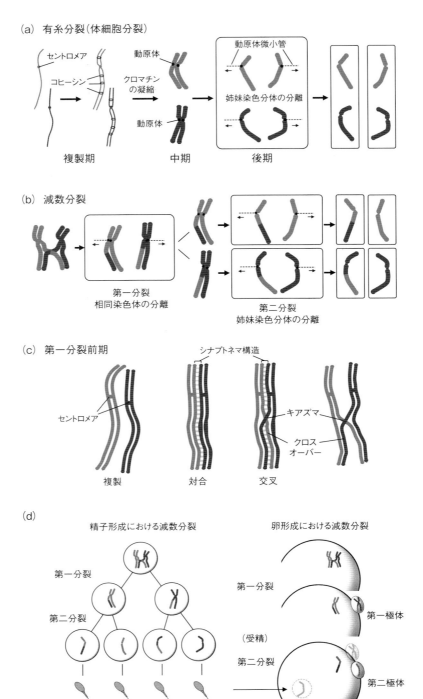

図 4.3* 減数分裂
(a) 体細胞における有糸分裂の流れ，(b) 減数分裂における2回の連続する分裂，(c) 第一分裂前期における遺伝子の乗換え，(d) 精子形成と卵形成における減数分裂

核内にクロマチン (chromatin) として存在する DNA が複製され（複製期 = S 期），その結果できる姉妹染色分体 (sister chromatid) はコヒーシン (cohesin) とよばれるタンパク質複合体で繋がれる．細胞分裂に先立って核膜が消失し，クロマチンは凝縮して染色体 (chromosome) となる．分裂期 (M 期) では，染色体の動原体 (kinetochore) に微小管 (microtubule) が接続し，紡錘体 (spindle) の中央（赤道面）で両側から引っ張られるように染色体が並び，コヒーシンが外れることによって姉妹染色分体の分離が起こる．姉妹染色分体が完全に分離されるとそれらの中間を切り分けるように細胞そのものが分断され，クロマチンは再び脱凝縮し，核膜が形成される．

精原細胞や卵原細胞において減数分裂の開始を制御するのはレチノイン酸 (retinoic acid) 応答遺伝子である *Stra8* (stimulated by retinoic acid gene 8) の発現であることが知られている．減数分裂では染色体の複製の後，まず染色体の数を半分 (1n) にする第一分裂と，複製で 2 倍となった DNA 量を半分にする第二分裂が行われる（図 4.3 (b)）．減数分裂では有糸分裂と異なり，父方と母方の**相同染色体** (homologous chromosomes) が対合し，互いの一部を入れ換える**乗換え** (crossover) が起こる（図 4.3 (b), (c)）．その時 2 本の相同染色体は 4 本の染色分体からなる**二価染色体** (bivalent chromosomes) を形成する．相同染色体が繋がる部分は**交叉**（キアズマ，chiamsa）とよばれる（図 4.3 (c)）．第一分裂によって相同染色体は完全に分離し，染色体数は半分となるが姉妹染色分体は分離しない（図 4.3 (b)）．細胞は相同染色体のうち父方か母方のいずれか 1 つをもつことになるが，その分配はランダムに起こる．第一分裂の後，染色体の脱凝縮や核膜の形成がないまま第二分裂へと続く．染色体が半数しかないことを除けば，第二分裂は有糸分裂と同じ様式で行われる（図 4.3 (a), (b)）．

4.3.2 減数分裂における遺伝子の乗換え

減数分裂の第一分裂は前期 (prophase), 中期 (metaphase), 後期 (anaphase), 終期 (telophase) で構成される．そのうち前期が長く，雄では数日，雌では数十年に及ぶ場合もある．すなわち，卵形成に要する時間の大部分は減数分裂の第一分裂前期における休止状態にある．第一分裂前期はさらに，レプトテン期 (leptotene), ザイゴテン期 (zygotene), パキテン期 (pachytene), ディプロテン期 (diplotene) に分けられる．レプトテン期では相同染色体が並びはじめ，ザイゴテン期で対合を行う（図 4.3 (c)）．パキテン期では相同染色体が密着してシナプトネマ構造をつくり，相同染色体間で乗換えが起こる（図 4.3 (c)）．ディプロテン期になると交叉部分を残してシナプトネマ構造は消え，相同染色体は一部で繋がった状態（交叉）となる（図 4.3 (c)）．精母細胞の X 染色体と Y 染色体ではその大きさがまったく異なるが，小さな相同領域で対合し，そこで交叉が起こる．卵母細胞が長い休止期に入るのもディプロテン期である．

4.3.3 雌雄で異なる減数分裂の完了時期

減数分裂を休止させたまま卵母細胞は発育（成長 = growth）をはじめ，最終段階まで発育を続けた卵母細胞だけが減数分裂を再開できる．減数分裂の第一分裂が終わり，染色体の半数を含む第一極体を放出した卵母細胞は第二分裂中期 (metaphase II) へと進んで再び休止する（図 4.3 (d)）．2 度目の休止を解除するのは受精の刺激であり，卵母細胞からは姉妹染色分体を含む第二極体が放出される（図 4.3 (d)）．このように，哺乳類の受精は，すでに半数体となっている精子と減数分裂を完了する直前の卵母細胞との融合である．また，図 4.3 (d) が示す通り，減数分裂でつくられる機能的な配偶子の数が精子は 4 個であるのに対し，卵は 1 個であり，卵母細胞の残りの DNA は小さな極体として放出される．

4.4 精子形成

4.4.1 精子形成の摘要

精子は膨大な数の集団となって雄から雌へと移動し，父方のゲノムを卵管内の卵にまで届けることができる唯一の細胞である．**精子形成** (spermatogenesis) は**精子発生** (spermatocytogenesis) と**精子完成** (spermiogenesis) の 2 つのプロセスで達成される．精子発生では精原細胞から精母細胞を経て**精子細胞** (spermatid) がつくられ，精子完成では**円形精子細胞** (round spermatid) から**伸長精子細胞** (elongated spermatid) を経て，特徴的な形態と機能を備えた精子がつくられる．精子発生で「父方ゲノム」が準備され，精子完成で「卵まで届ける」能力が備わると

いうこともできる。

4.4.2 精子形成を支える組織

精子形成は精巣内に屈曲して収まっている精細管（seminiferous tube）の中で行われる（図4.4(a)）。精細管は直径が150〜350 μmの管であり，大型の動物種ではその長さの合計は数百メートルに及ぶ。IV型コラーゲン，ラミニン，フィブロネクチンでできた基底膜が管を形成し，管内では生殖細胞と**セルトリ細胞**（Sertoli cell）が精上皮（seminiferous

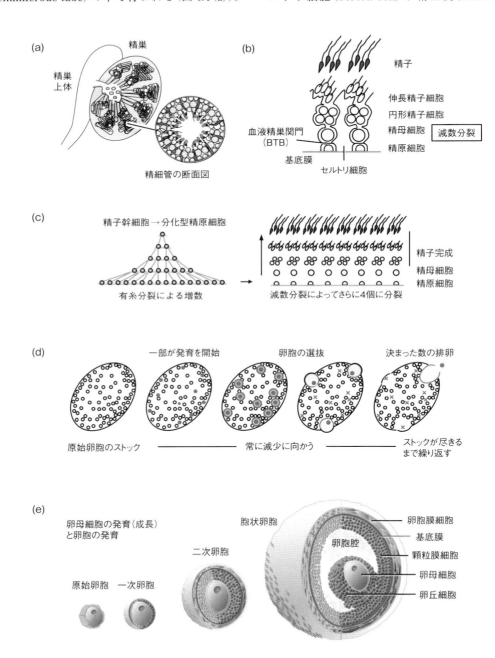

図4.4*　精巣における精子形成と卵巣における卵形成
(a) 精巣の構造．精細管が凝縮されている．(b) 精細管内における精子の分化過程．(c) 増数に向かう精子形成．
(d) 卵母細胞のストック（原始卵胞）の減少で成り立つ卵形成．(e) 卵母細胞を包む卵胞の構造と発育過程

4.4 精子形成

epithelium）をつくる．精子幹細胞を含む精原細胞は基底膜上に位置し，形成の進んだ段階の細胞が精細管の中央に向けて順に配置される（図4.4(a), (b)）．

莫大な数を生み出す精子形成の特徴は，性成熟に達して精子の生産がはじまっても，一部が精子幹細胞として維持されることにある．精子幹細胞が精子へと分化する細胞を生産し続けることによって，雄はほぼ生涯にわたって精子をつくることができる．ただし，そのためには精子幹細胞が自己複製的な細胞分裂を行って未分化状態を維持しながら，分化型の精原細胞も生産しなければならない．そのような精子幹細胞の維持と分化のバランスを保つのは精細管内の**ニッチ**（niche）とよばれる特殊な微小環境であり，その制御は精子幹細胞に隣接する体細胞（ニッチ細胞）が分泌する因子によって行われている．

精子幹細胞の維持に必要なニッチは，複数の細胞によってつくられているが，その中でも重要なものが**セルトリ細胞**である（図4.4(b)）．セルトリ細胞由来の**GDNF**（glial cell-derived neurotrophic factor）は精子幹細胞の自己複製に必要な，主要なニッチ因子である．また，*Nanos2* 遺伝子の産物なども精子幹細胞の維持に必要であることが知られている．*Sry* を発現した細胞はセルトリ細胞へ分化して増殖するが，その増殖は性成熟までに終わり，その後はセルトリ細胞が増えることはない．セルトリ細胞は生殖細胞への物理的サポートと，成長因子（増殖因子ともいう，growth factor）や必要なタンパク質を運ぶ生化学的なサポートを行う．分化型の精原細胞へと進んだ細胞は増殖した後，減数分裂を開始する（図4.4(c)）．精原細胞と精母細胞の間には，隣接するセルトリ細胞によって**血液精巣関門**（blood-testis barrier: BTB）が形成されるため，血液由来の成分が管内側に直接侵入することはない（図4.4(b)）．精母細胞はレプトテン期までにBTBを通過してそれ以降のステージの細胞が管内側に位置するようになる．マウスでは幹細胞の段階から数えて10回の分裂を経て減数分裂に入るとされている．減数分裂が完了すると精子完成の段階へと進む（図4.4(c)）．

4.4.3 精子形成の最終段階

減数分裂の第二分裂の完了によって，1つの精母細胞から4個の円形精子細胞ができる（図4.4(c)）．

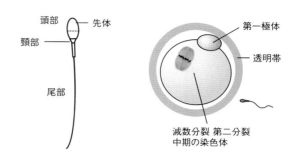

図4.5 精子形成と卵形成の最終産物

X精子とY精子がそれぞれ2個である．円形精子細胞は伸長精子細胞へと分化し，精子細胞は最終的に頭部・頸部・尾部からなる精子へと変態する（図4.4(c), 図4.5）．その過程で精子細胞は細胞質の大部分を失うとともに，精子の運動に必要な尾部・ミトコンドリア鞘などを形成する．また，核内ではクロマチンの凝縮が進み，クロマチンをまとめるタンパク質のヒストンがプロタミンへと置き換わる．なお，プロタミンは受精後の卵細胞質内で再びヒストンに置換される．以上のように，セルトリ細胞との接触を維持したまま精子形成が進み，それらが管の中央に向かって配置される結果，精細管では精子幹細胞から完成した精子までの分化段階が並ぶことになる．精細管はすべて精巣網（rete testis）と繋がっており，さらに，精巣外の精巣上体管へと繋がる．精子細胞の後期からセルトリ細胞との結合が弱くなり，変態を終えた精子となって離れると（その現象を排精（spermiation）とよぶ），精子は精細管から精巣網へと運ばれていく．

精子形成には精細管の外からもたらされる因子も働く．精細管の外側の間質には**ライディッヒ細胞**（Leydig cell）が存在し，**アンドロゲン**（androgen）を産生する．アンドロゲンの1つである**テストステロン**（testosterone）は精子完成の段階で重要な役割をもつ．また，脳下垂体からの**卵胞刺激ホルモン**（follicle stimulating hormone: **FSH**）は精子形成の多くの段階で促進的に働く．卵胞刺激ホルモンは精子形成自体よりも，十分な数の精子を作り続けるために必要と考えられている．その他，ビタミンAの欠乏によっても精子形成は損なわれる．また，精子形成に適した温度は通常の体温よりも低いことから，精巣は体腔内を下降して陰嚢内に位置するようになる．

4.4.4 精子を使った技術と体外で精子をつくる技術

精子は「父方ゲノム」を「卵まで届ける」細胞であると述べた。ところが，1990年代にマイクロマニピュレーターを使った顕微操作が発達し，細胞質内顕微授精(intra-cytoplasmic sperm injection: **ICSI**)で精子を卵細胞質に直接注入できるようになると，必ずしも精子が卵まで移動する必要がなくなった。顕微授精技術の進展とともに，マウスやヒトでは円形精子細胞卵内注入(round spermatid injection: ROSI)によって受精卵が得られるようになり，さらには凍結乾燥させたマウス精子から産子が得られるまでになっている。このように，顕微授精は体外受精の常識を根本から変えることになった。また，X精子とY精子がもつDNA量のわずかな違いを利用して分布を偏らせることが可能となっている。ウシ胚の生産現場ではすでに性判別精液による雌雄産み分けが実用のレベルにある。

哺乳類の精子形成を体外で再現しようとする研究も進められている。未分化の精子幹細胞を維持しながら，同時に精子完成までの分化を制御しなければならない困難な作業である。しかし近年，幼若マウスの精細管を体外培養することによって精子がはじめて作出された。体外でつくられた精子とマウス卵からICSIによって受精卵がつくられ，産子が得られている。

4.5 卵形成・卵成熟

4.5.1 卵形成の摘要

ネコやブタなど一部の動物種を除いて，雌の生殖細胞は出生時にはすべて卵母細胞となっており，減数分裂は第一分裂前期のディプロテン期で休止した状態にある。その数は卵原細胞の段階からすでに減少を続けており，出生時にはピーク時の1%にも満たないほどの数となっている。それでも卵巣1個に蓄えられている卵母細胞のストックは，マウスでは数千，ヒトやウシでは数万とされている。出生後，減少は比較的緩やかとなり，一部の卵母細胞は発育を開始する。しかし，幼若期に発育期に入った卵母細胞はすべて卵巣内で死滅する。性成熟に達した後，ようやく成熟卵が排卵されるようになり，その後は周期的に数十～数百個の発育途上卵母細胞の集団が卵巣内に現れ，その都度ほぼ全滅しながら，生き残ったごく少数の卵母細胞が成熟卵となって排卵される。卵胞の死滅や選抜は，視床下部―下垂体―卵巣系(hypothalamus-pituitary-gonadal axis)の制御のもとに調整される。成熟卵の数は，単胎動物のヒトやウシでは1回の排卵で1個，多胎動物のブタで6～10個，マウスでは10～14個程度である。卵形成はこのようにして少数の成熟卵をつくりながら卵母細胞のストックが尽きるまで繰り返される(図4.4(d))。

4.5.2 卵形成を支える組織

精子形成にセルトリ細胞が必要なように，卵形成には**顆粒膜細胞**(顆粒層細胞ともいう，granulosa cell)の協力が必要である。卵母細胞は**卵胞**(follicle)の中で発育するが，最初に胎児の卵巣内で卵母細胞が複数繋がったシスト(cyst)が個々の卵母細胞へと離れる現象(cyst breakdown)が起こる。卵母細胞を扁平な卵巣上皮細胞(ovarian epithelial cell)が包んだ状態を**原始卵胞**(primordial follicle)とよび，その状態で卵母細胞は卵巣に蓄えられる。卵母細胞が発育を開始すると卵巣上皮細胞は厚みを増して立方状となり，それが顆粒膜細胞である。顆粒膜細胞が1層の卵胞を一次卵胞(primary follicle)，2層以上となったものを二次卵胞(secondary follicle)とよぶ(4.4(e))。顆粒膜細胞層の外側は基底膜によって包まれている。顆粒膜細胞がさらに増数し，卵胞液を含む卵胞腔(follicular antrum)を形成するようになると三次卵胞(tertiary follicle)あるいは胞状卵胞(antral follicle)とよばれる(図4.4(e))。排卵直前まで発達した胞状卵胞はグラーフ卵胞(Graafian follicle)とよばれることもある。

基底膜の外側には**内卵胞膜**(theca interna)が発達する。内卵胞膜は内卵胞膜細胞(inner theca cell)や血管によって構成されており，そのさらに外側はコラーゲンや線維芽細胞からなる**外卵胞膜**(theca externa)が包んでいる。内卵胞膜細胞は性ステロイドホルモンやサイトカインを分泌して卵胞発育や中枢へのフィードバックを調節する役割をもつ。おもなものとして，内卵胞膜細胞においてコレステロール(cholesterol)から**プロゲステロン**(progesterone)を経てアンドロゲンがつくられ，基底膜を通過したアンドロゲンは顆粒膜細胞のもつアロマターゼ(aromatase)によって**エストロゲン**(estrogen)へと変換されて利用される。

4.5.3 卵形成の最終段階

卵母細胞の直径は，マウスでは発育開始前の約 15 μm から約 75 μm（卵細胞質の直径）へ，ヒトやブタ，ウシなどでは約 30 μm から約 125 μm まで増大する。マウスの卵母細胞は実に体積で約 125 倍にもなる。このような極端なサイズの増大は，卵母細胞そのものの活発な転写活性だけでなく周囲の顆粒膜細胞の協力によって支えられている。卵母細胞と顆粒膜細胞の間には**ギャップ結合**（gap junction）が形成され，卵母細胞は顆粒膜細胞から様々な低分子物質を受け取って発育する。ギャップ結合を構成するコネキシン（connexin）の遺伝子を欠損させた卵母細胞は十分に発育できない。また，卵母細胞は単にサイズを増大させるだけでなく，受精後にゲノムが活性化するまでの間で胚の活動を支える mRNA やタンパク質を蓄える。ゲノムが活性化される時期は動物種によって異なり，マウスでは 2 細胞期，ヒトやブタでは 4 細胞期，ウシでは 8 細胞期である。

卵母細胞はまた，細胞膜の外側に糖タンパク質マトリックスである**透明帯**（zona pellucida）を形成する。透明帯によって卵母細胞と顆粒膜細胞は離れてしまうが，顆粒膜細胞は透明帯を貫通する突起を伸ばし，卵母細胞表面でギャップ結合を形成する。透明帯は受精直後に硬化し，複数の精子の侵入（多精子受精）を防ぐ役割をもつ。

哺乳類では精子と卵でそれぞれゲノムインプリンティングが確立されることが必須であり，受精を伴わない卵の発生（単為発生 = parthenogenesis）は必ず頓挫するため，個体の誕生には至らない。卵のインプリンティングは卵母細胞の発育中に徐々に確立され，その数は精子側の遺伝子よりも多い。

4.5.4 卵成熟

卵母細胞は最終的な直径の約 80 %，すなわち体積では約 50 % に達すると減数分裂を再開して**卵核胞崩壊**（germinal vesicle breakdown: GVBD）を起こす能力を獲得し，90 % に近づくと第一極体を放出する能力を獲得する。ただし，それらの能力が獲得された後も，生体内の卵母細胞では減数分裂は再開されない。減数分裂の再開は細胞内情報伝達物質であるサイクリック AMP（cyclic adenosine monophosphate: cAMP）の濃度が高く保たれることによって抑制されている。cAMP 濃度を維持しているのは同じく細胞内のサイクリック GMP（cyclic guanosine monophosphate: cGMP）である。自然では脳下垂体からの性腺刺激ホルモンである LH（luteinizing hormone）のサージ（LH サージ）を卵胞膜細胞が受け，そこから発せられたシグナルを合図に cGMP と cAMP の濃度が順に低下して減数分裂が再開される。ほとんどの動物種では減数分裂の第二分裂中期で排卵され，精子の侵入を待つ。成熟期の卵母細胞では，減数分裂だけでなく，細胞質でも次々と重要な変化が起こる。細胞質の成熟が十分でなければ受精できたとしても胚発生の途中で死滅する。成熟した後，受精に最適な時間帯は通常は数時間と短い。精子と受精直前の卵母細胞の最終形態を図 4.5 に示す。

4.5.5 卵を体外でつくる技術

始原生殖細胞から成熟卵に至る変化を再現する体外培養系があれば，卵資源の拡大や，卵研究の強力なツールとなる。卵母細胞の体外発育はマウスを中心に 1970 年代から研究が進められ，培養技術の構築が積み重ねられてきた。2016 年になってはじめて，マウスの始原生殖細胞から減数分裂の開始，原始卵胞の作成，卵母細胞の発育，卵成熟，体外受精のすべてを体外で再現する培養系が開発された。胚移植によって産子も得られており，完全体外卵形成であることが証明された。さらに，始原生殖細胞（PGC）の代わりに，よく似た始原生殖細胞様細胞（PGCLC）を使った完全体外卵形成も達成されている（図 4.1(b)）。

生殖細胞の培養技術だけでなく超低温保存の技術開発も進み，未成熟卵や成熟卵の超低温保存が様々な動物で可能となっている。精子の保存はすでに実用化されており，これから卵の超低温が実用化されれば，任意の組合せの精子と卵から，任意の時間に受精卵を作成することができる。本章で述べたすべての技術を組み合わせれば，将来，超低温保存されていた体細胞から精子形成と卵形成を行って活用する時代が到来する可能性もある。

■ **演習問題**

4.1 哺乳類の胚で最初に確認される生殖細胞は始原生殖細胞であり，後に子孫へとDNAを継承することのできる唯一の細胞であるが，次世代への継承を可能にするために始原生殖細胞の段階で2つの初期化が行われる。それらは何かを答えよ。

4.2 ヒトの生涯で生産される精子の数が1兆を超えるのに対し，成熟卵の数は数百個に止まる。雌雄で細胞数に著しい違いが生じる理由を述べよ。

4.3 減数分裂と有性生殖があることによって，哺乳類の個体が誕生する際には必ずゲノムの多様性が維持されるようになっている。その理由を述べよ。

4.4 精子は，「①膨大な数の集団」となって雄から雌へと移動し，「②父方のゲノム」を「③卵にまで届ける」ための細胞である。精子形成過程において①～③の達成にかかわる現象をそれぞれ述べよ。

4.5 減数分裂の第一分裂前期で休止したまま発育（成長）を進める卵母細胞では，成熟卵となるためにどのような変化が生じているか。また，魚やショウジョウバエと異なり，哺乳類では卵数に関してどのような調整が行われているかを述べよ。

5

受精──個体発生のはじまり

　本章では、個体発生の始まりである**受精**(fertilization)について解説する。すなわち、受精を成功させるために精子がどのような能力を獲得するのか、また、ほとんどの動物種では、受精できるのは1匹の精子だけであるが、それがどのような機構により守られているのかなど、受精の場で生じている事象について、ウニ・ホヤ、カエル、哺乳類の知見について記述する。

5.1 ウニ・ホヤの受精と多精拒否

　ウニをはじめとする海産無脊椎動物は、その多くが体外受精を行い、体内受精を行うものも多くは交尾を伴わず、雄が体外に放出した精子を雌体内に取り込んで受精に至る場合が多い。このように、精子は、海という多数の種の配偶子が入り乱れる媒体の中で同種の卵（卵子ともいう）を見つけ出す必要があり、動物によって様々な戦略を行っている。ここでは、古くから研究が進むウニと、海産無脊椎動物で最も早くゲノムが解読され近年盛んに発生研究に用いられているホヤを中心に、海産動物の受精のメカニズムを概説する。

5.1.1 精子運動開始・走化性

　雄の体内に蓄えられている精子は静止状態にあり、多くの動物の精子は放精と同時に運動を開始する。ウニ精子も放精と同時に運動が起きる。これは、精子の周辺環境が**精漿**から海水に切り替わる際に生じる pH の上昇と Na^+ 濃度の増加が引き金になっている。多くの海産魚類でも同様の精子運動開始が知られており、浸透圧の上昇が引き金になっている。

　一方、ホヤの精子は海水に放精された際はほとんど運動能をもたず、卵から放出される精子活性化・誘引物質 SAAF (sperm-activating and -attracting factor) によって運動が活性化される。このような精子運動を活性化する雌性因子は、ニシンなど汽水域で生殖を行う魚類などでも知られている。一方、ウニ精子は、海水中への拡散だけで運動を開始するが、低 pH で抑制した精子運動を活性化する物質 SAP (sperm-activating peptide) が卵ゼリー層にあることが知られている。これらの物質は、下記に示す**精子誘引物質**としても働いていることが知られている。

　さらに、海の中で同種の卵を見つけ出す戦略の1つとして、卵に対する精子の化学走性（**精子走化性**）がある。精子走化性は、海産動物のみならず哺乳類などにおいてもみられる現象で、卵かその付随物から精子誘引物質が放出され、その物質の濃度勾配に従って精子が導かれる。体外受精をする多くの動物では精子走化性は種特異的な反応であり、精子が同種の卵を認識する道標となっている。精子誘引物質も動物によって多様で、ホヤでは卵細胞自体から放出されるステロイド誘導体が、ウニではゼリー層にあるペプチドがその実体であることがわかっている。

5.1.2 先体反応

　哺乳類と同様、多くの海産無脊椎動物でも受精直前に**先体反応**(acrosome reaction)がみられる。ウニやヒトデをはじめとした棘皮動物の**先体**(acrosome)は哺乳類と比して小さいが、先体反応時にアクチンの重合による**先体突起**を形成し、先体内膜の表面積を著しく増やし、卵膜との融合にかかわっている（図 5.1）。特に、ヒトデは先体反応前の精子はゼリー層内には侵入できず、ゼリー層の表層にて先体反応を引き起こして、先体突起だけが卵表に到達して**卵黄膜**と結合し、その後に精子本体が卵へと導かれる。ホヤにおいても先体様の構造があることが電顕レベルで観察されているが、あまりにも小さいため、生理的環境で先体反応を起こしているかは明らかとなっていない。

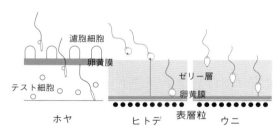

図 5.1 受精時における精子侵入の様式

先体反応の分子機構は，棘皮動物において研究が進んでいる．まず先体反応誘起分子として，ヒトデにおいてゼリー層を構成する糖タンパク質 ARIS (acrosome reaction-inducing substance) が同定されている．先体反応の誘起には ARIS の糖鎖が必須であるが，それだけでは十分ではなく，補因子としてやはりゼリー層に含まれるステロイドサポニン Co-ARIS とペプチド asterosap が必要である．一方，ウニでも，ゼリー層を構成する多糖類であるフコース硫酸が先体反応を誘導する．このフコース硫酸の糖鎖配位は種によって異なっており，先体反応の種特異性に繋がっている．

5.1.3 精子と卵との融合

ウニでは，まずは卵表面直上にある卵黄膜と先体反応した精子の結合が起き，その後に卵細胞膜と融合する．まず，精子側の結合タンパク質として，先体内膜にある bindin が同定されている．また，卵黄膜にある bindin 受容体として，EBR1 という種特異的タンパク質が同定されている．

一方，ホヤは雌雄同体であり 1 つの個体から精子と卵の両方がとれるが，基本的に自家受精を行わない．この自家不和合性の原因として，Themis とよばれる多型の多いタンパク質がかかわることがカタユウレイボヤ (*Ciona intestinalis*) で明らかとなっている．興味深いことに，卵黄膜上に存在する v-Themis の遺伝子は精子膜上に存在する s-Themis の遺伝子の第一イントロンに逆向きにコードされており，組換えによって両遺伝子が分離することがないようになっている．この Themis が自己非自己の認証にかかわることは間違いないが，この両者の分子の相互作用はまだ明らかでない．

5.1.4 受精後の反応 / 多精拒否

海産無脊椎動物も，卵に侵入する精子は 1 つであることが多い（単精受精）．単精受精を成立させるための多精拒否機構は，古くからウニで調べられている．まず，早い多精拒否機構として，卵の膜電位の変化がある．未受精卵の膜電位は -70 mV ほどであるが，精子との結合を引き金に卵細胞膜は脱分極し，精子との膜融合が阻害される．この膜電位の変化はおそらく他の動物でもみられる共通の機構である．しかし，膜電位の変化による精子の拒絶は不完全であり，その後に物理的に卵細胞膜が変化する遅い**多精拒否**が生じる．ウニやヒトデでは，遅い多精拒否として，**受精膜**が形成される．精子と卵が膜融合したことをきっかけに，卵細胞内で一過的なカルシウムイオン濃度の上昇が起き，それが引き金となって表層粒の開口放出が起きる（表層反応）．表層粒の内容物はおもに多糖類で，開口分泌によって囲卵腔（卵黄膜と卵細胞膜の間）に内容物が放出され，膠質浸透圧が上昇することで外部より水が流入し，囲卵腔が膨潤することで，受精膜を形成する．これによって卵黄膜上にある精子は物理的に卵から隔離され，多精拒否が完成する．また，表層粒に含まれるトリプシン様プロテアーゼが卵黄膜にある精子受容体タンパク質を分解し，新たな精子結合を阻害している．

一方，ホヤでは電顕レベルにおいて確認できるような表層粒はなく，受精膜も形成しない．しかし，受精後には卵の精子誘引はみられなくなり，さらに精子が卵より離れていくことから，何らかの物質が卵から放出されている可能性がある．また，受精後に表層下にあるアクチン系細胞骨格が収縮して一過的に卵の形が大きく変化し，卵細胞質分離とよばれる細胞質の再配置が起きる．この際に，卵表面に接着していた精子も植物極側に隔離される．これも何らかの多精拒否機構であろう．

5.2 カエルの受精

「蛙の子は蛙」という故事ことわざがある．いくつかの意味をもつこの言葉について，生命に連続性があること，生物がその種ごとに遺伝という仕組みをもつことを見抜いた先人の知恵が表されていることなどを本節でみてみよう．

5.2.1 アフリカツメガエルはどのような生物か？なぜモデル生物なのか？

表題のテーマ「カエルの受精」では，両生類無尾目ピパ科（ピパは舌がないことを意味する）の一種アフリカツメガエル（英語名 African clawed frog, 学名 *Xenopus laevis*）の受精に関する実験科学的な知識・経験が最も豊富である．さらに言えば，本書で扱う発生生物学の全領域において，アフリカツメガエルはモデル生物の一種として膨大な量・数の知見を提供している．例えば，2012 年に山中伸弥（Yamanaka, S., 1962- ）とノーベル医学生理学賞を同時受賞したガードン（Gurdon, J.B., 1933- ）の業績は，このカエルの体細胞核移植実験によりクローン技術の開発に成功したことである．

さて，このアフリカツメガエルというカエルは，両生類というのは名ばかりで，実際には一生を水の中で過ごすサカナみたいなカエルである．水中でのみ生息する生活環をもつアフリカツメガエルは両生類無尾目，すなわちカエルの中で進化的に最も古い種の1つである．両生類にはイモリやサンショウウオなどの尻尾のある有尾目もいる．サカナすなわち魚類から，あるいは魚類との共通祖先から両生類が進化したときに有尾目と無尾目に分かれ（現在，有尾目でも無尾目でもない両生類の存在は知られていない），それぞれがさらに進化した結果（途中経過といえるかもしれない），現世のごとくカエル，イモリ，サンショウウオなどが生きて存在している．

アフリカツメガエルが水中でのみ暮らすことは，この生物がモデル生物として重用されていることと大いに関係する．淡水（水道水も塩素が除去されていれば問題ない）の入った水槽に適切な密度（1匹あたり1〜2L）で維持し，週に2〜3回の割合で給餌と水替えを行うだけで何年間も飼育ができる．給餌も「生き餌でなければならない」というハードルはなく，浮き餌といわれる安価な合成飼料で事足りる．後は空調設備などで気温と水温の管理（年間を通して摂氏20〜23℃）ができる空間が確保できていれば飼育施設のセットアップは完了したことになる．

5.2.2 アフリカツメガエルの卵形成と成熟
——受精と発生開始に向けての準備

受精研究のモデル生物としてのアフリカツメガエルの特徴は，1個体から未成熟卵母細胞（immature

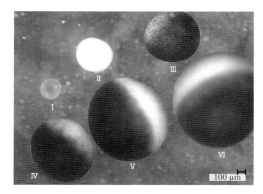

図 5.2 アフリカツメガエル卵巣内の未成熟卵母細胞
メス成体から卵巣組織を外科的に摘出しピンセットでほぐし，コラゲナーゼ処理により濾胞細胞層を除去した．その大きさおよび形態から，未成熟卵母細胞は6つの卵形成ステージ（Ⅰ〜Ⅵ）に分類できる．（写真提供：三宅彩加氏）

oocyte），未受精卵（unfertilized egg），受精卵（fertilized egg），胚（embryo）を大量に調製できるという点である．未成熟卵母細胞はメス成体1匹の卵巣組織から少なくとも数千〜数万個を摘出・調製することができる．これは，6つの大きさの異なる細胞成長段階（ステージI, II, III, IV, V, VI）にある細胞集団で，最も小さなステージI卵母細胞の直径は 0.3〜0.4 mm，最も大きなステージVI卵母細胞の直径は 1.2〜1.3 mm である（図 5.2）．その大きさに関係なく，これらはすべて第一減数分裂前期で細胞周期を停止しており，まだ受精可能ではないという意味で"未成熟な"状態である．

メス成体に対するヒト絨毛性ゴナドトロピン皮内投与，あるいは体外に摘出・調製されたステージVまたはVI卵母細胞に対するプロゲステロン処理により，第一減数分裂周期を再開させ，かつ第二減数分裂中期で再び停止した状態にある成熟卵母細胞（mature oocyte）が生成する．どちらの場合も，メス成体1個体から一度に数千個以上を調製することができる．このとき"成熟（maturation）"という表現は，卵母細胞の内部が受精可能な状態にあること，すなわち細胞周期やその制御にかかわるタンパク質の発現や機能などの諸条件が整っていることを意味する．一方，"成熟"卵母細胞の外部の状態は必ずしも受精可能ではないことに注意が必要である．

メス成体に対するホルモン投与により生成する成

熟卵母細胞は，卵巣組織を出て輸卵管を通り総排泄口から体外に排出（排卵）される。この排卵されたものを別名として未受精卵といい，"成熟"卵母細胞として外部の状態も受精可能である。この未成熟卵母細胞が未受精卵になる過程では，その卵形質膜（egg plasma membrane）の外側を覆う卵膜（卵黄膜，vitelline envelope）の構成タンパク質であるgp41，gp64/69 および dialacin の発現状態／立体構造の変化，輸卵管に入ってすぐの pars recta とよばれる部位での先体反応誘起物質（acrosome reaction-inducing substance in *Xenopus*: ARISX）の付与が起こると考えられている。すなわち，卵膜の構造変化が複数生じるのである。輸卵管ではさらに卵膜の外側にゼリーとよばれる半透明の物質が層構造をつくるように付加され，ゼリー層が形成される。これら卵膜の構造変化とゼリー層の付加は，精子と卵のあいだ（配偶子間）の接着（adhesion）と膜融合（membrane fusion），すなわち，"自然な受精"に必須の要件である。

他方，プロゲステロン処理により体外で"成熟"した成熟卵母細胞の方は，卵巣組織から輸卵管，総排泄口に至る移動の過程で起こる卵膜の構造変化とゼリー層の付加がないために受精可能ではない。人工授精実験（後述）で高濃度の精子を与えても受精は起こらず，発生は開始されない。その解決策としては，成熟卵母細胞をメス成体（元々のホストでなくてもよい）の腹腔内に戻してやり，そのホストが実行する排卵過程に合流させて卵膜の構造変化とゼリー層付加を完了させる"ホスト・トランスファー法"が使われている。最近では，ヒトやマウスなどの哺乳類種で人工生殖技術の1つとして使われている顕微授精／卵細胞質内精子注入法（inracytoplasmic sperm injection）によって，プロゲステロンによる成熟卵母細胞をそのまま発生開始に導くことが可能であることも報告されている。ただし，この場合は"自然な受精"の過程，すなわち配偶子間接着と膜融合を省略していることに注意する必要がある。

"自然な受精"では，メス成体から水中に産卵された未受精卵に，同メス成体背後に包接していたオス成体から放出された精子が速やかにアプローチしてゼリー層と卵膜を通過し，最終的には卵形質膜に接着し，その後に膜融合を経て接合子がつくられ受精が完了する。他方，受精前後（秒～分単位）の諸現象（配偶子間接着，膜融合，細胞内シグナル伝達など）を解析するために行う"自然な受精"に近い人工媒精実験環境下では，以下の過程を経て受精が成立する。まず，メス成体へのホルモン投与により産卵を誘起する。産卵が確認できたら，メス成体を捕まえて腹部を圧迫し，ペトリディッシュなどに未受精卵を回収する。この未受精卵に，オス成体から調製した精子懸濁液を与えて行うのが最も簡便な人工媒精実験であり，多くの発生生物学研究に活用されている。しかし，この方法では，生化学的手法をとるための細胞分画や各種イメージング解析などを行うために卵細胞からゼリー層を除去する処理（5分程度かかる）が必要となり，受精後数分以内の諸現象の詳細な解析が困難である。そのため，あらかじめゼリー層を除去した未受精卵で人工媒精実験を行うことがある。ゼリー層には精子誘引物質アルーリン（allurin）が存在している。そこで，精子懸濁液にあらかじめゼリー層水溶液（ゼリー水：未受精卵に一定量の等張緩衝液を与えてゼリー層の水溶成分を抽出したもの）を与えておき，未受精卵の方もあらかじめ還元環境下（弱アルカリ性システイン水溶液などを使う）でゼリー層を除去しておいたものを使う。この条件下で行った人工媒精実験では，媒精数分以内の受精卵のサンプリング（凍結保存を含む）が速やかに行える。

5.2.3　アフリカツメガエル卵の受精と発生の活性化

受精の瞬間にどのような現象が，精子，卵，この両者が融合・合体した受精卵に起こっているかを解説する。

オス成体から水中に放出された，あるいは精子懸濁液の中にある精子は，どちらの場合も減数分裂を完了したゲノム一倍体の，かつ形態分化を完了した細胞である。しかし，受精を全うするためには，さらに少なくとも2つの過程を経て精子は"活性化"する必要がある。1つは鞭毛運動性の獲得である。これは淡水のような低イオン濃度環境下で実行可能となる。"自然な受精"環境では水中に放出されることで，精子懸濁液の場合は媒精の際に低イオン濃度緩衝液に曝されることで実行される。もう1つは先体反応である。これは未受精卵の卵膜にあるARISX が誘導原であると考えられている。すなわち，水中で運動性を獲得した精子はアルーリンが存在するゼリー層を通過し，卵膜上の ARISX との相互作用により先体反応を実行する，という流れが考

5.2 カエルの受精

えられる。精子細胞膜上の糖タンパク質 SGP（sperm glycoprotein）に卵膜タンパク質との結合能があることも知られている。そうして精子はいよいよ未受精卵の形質膜にアプローチする。精子と卵形質膜の接着は電位依存性（voltage-sensitive）であることが知られている。すなわち，卵形質膜がマイナスに帯電しているときにのみ，精子は接着することができる。この分子基盤に，SGPとの物理的相互作用により精子細胞膜上に存在しているマトリクス・メタロプロテイナーゼ2（matrix metalloproteinase-2: MMP-2）が貢献していることが最近明らかにされた。MMP-2 のポリペプチド配列中にはディスインテグリン領域があり，ここが卵形質膜上のガングリオシド GM1（ganglioside GM1）と物理的に相互作用することで精子と未受精卵の接着が成り立っている可能性が指摘されている。GM1 は卵形質膜上のコレステロールが比較的密集した膜マイクロドメイン（membrane microdomain: MD）に偏在し，他の MD 局在分子とともに精子受容と卵活性化（egg activation）を担う未受精卵側の鍵分子の1つと考えられている。

未受精卵との接着までたどり着いた精子に残されたタスクは，膜融合と卵活性化である。前者についてはマウスなどの哺乳類種で知られている IZUMO1 タンパク質（のホモログ）の関与が考えられるが，まだ明らかではない。後者については3つの可能性が考えられている。1つ目は，MMP-2 がもつディスインテグリン領域が卵形質膜上のインテグリンあるいはその他の膜タンパク質に結合して卵活性化を起こす可能性（精子リガンド仮説）。2つ目は，マウス卵などの哺乳類（ホスホリパーゼCζ）や両生類のアカハライモリ（クエン酸合成酵素）で知られている，精子タンパク質の卵細胞質内への導入が引き金となる可能性（精子ファクター仮説）。3つ目は，精子細胞膜上のプロテアーゼにより卵形質膜上のタンパク質が消化/切断されることが引き金となる可能性（精子プロテアーゼ仮説）である。以降では，3つ目の精子プロテアーゼ仮説について解説する。

未受精卵はその細胞周期が第二減数分裂中期で停止した状態にある。すなわち，減数分裂を完了していないという意味では"不完全な"配偶子である。しかし，この状態で未受精卵は受精可能な受精能を獲得した状態に達している。第二減数分裂の完了は，受精の成立と同時進行で起こるのである。同じことは哺乳類を含む，ほとんどの脊椎動物でもみられる。ただし，ウニの未受精卵は，減数分裂を終えた状態で受精を待つなど，多様性があることも事実である。未受精卵が精子との合体・融合により発生を開始することを卵賦活または卵活性化という。"活性化"という表現の，精子（運動能獲得と先体反応）と未受精卵（受精による発生開始）それぞれでの使われ方の違いに注意してほしい。

カエルに限らず，精子と卵の合体融合により発生を開始する生物種のほとんどで，受精後数秒から数分以内に卵細胞質カルシウム濃度が一時的に上昇する（transient calcium release）あるいは上下動を繰り返す（calcium oscillation）カルシウム波（calcium wave）という現象が起こる。この反応は，卵活性化と総称される受精依存的な諸反応（多精拒否，細胞周期の再開）の引き金となる。アフリカツメガエルでは，このカルシウム波を引き起こす卵タンパク質システムとして，チロシンキナーゼ Src の活性化，活性化された Src による PLCγ（ホスホリパーゼ Cγ）のリン酸化/活性化，IP$_3$（イノシトール3リン酸）の産生亢進の流れがあることが示されている。Src が形質膜受容体シグナル伝達の下流因子として細胞内カルシウム濃度を制御するシステムは，哺乳類の体細胞（リンパ球，神経細胞など）でよく知られている。アフリカツメガエルの受精に伴う Src 活性化を制御する形質膜因子，すなわち精子受容体の候補として，1回膜貫通型タンパク質であるウロプラキン III（uroplakin III: UPIII）が同定されている。UPIII は，卵形質膜 MD に局在し受精時にチロシンリン酸化を受けるタンパク質として同定され，さらには精子プロテアーゼの標的としても機能することが明らかにされた。これが受精に伴う卵活性化の「精子プロテアーゼ仮説」を支持する実験的根拠となっている。すなわち，精子と未受精卵の接着と膜融合，卵活性化という受精コア過程において，精子 SGP/MMP-2 と卵 GM1 の相互作用，精子プロテアーゼによる卵ウロプラキン III の部分消化，卵 Src-PLCγ-IP$_3$ システムの活性化，カルシウム波の発生，といった流れがあることが考えられている。

マウスをはじめとする哺乳類の未受精卵では，精子 Izumo-1 タンパク質の相互作用パートナーとして Juno/葉酸受容体4が，精子との膜融合に必須のタンパク質として4回膜貫通型タンパク質（テトラス

パニン）のCD9がそれぞれ遺伝子ノックアウト法などを用いて同定されている。アフリカツメガエルではこれらのタンパク質（ホモログ）の受精における機能は不明である。

　カルシウム波の発生した受精卵では，2個以上の精子が卵内に侵入し発生異常が起こることを回避するために，多精拒否というシステムが速やかに作動する。これには卵形質膜の電位が一時的に正に帯電することで精子の接着を妨げる"早い，一過的な多精拒否"と，卵膜の構成タンパク質に構造変化が生じ物理的に精子が透過できない硬い膜（受精膜）をつくることで成り立つ"遅い，永続的な多精拒否"の2つの反応がかかわる。卵成熟時にプロテインキナーゼmosを起点として構成され，活性化状態のまま維持されていた細胞周期停止因子CSF（cytostatic factor）の活性がカルシウム依存的に低下／消失し，その結果として終期開始複合体APC（anaphase-promoting complex）が逆に活性状態になることで第二減数分裂中期での停止状態が解除されて減数分裂を完了し，精子核と卵核が接合子核をつくることで胚発生が開始される。

5.3　哺乳類の受精

　哺乳類の新たな生命体の形成は受精ではじまる。受精とは，雌性生殖道の卵管膨大部において卵に精子が侵入することで受精卵が形成される現象をさす。この現象を培養液中で再現することは可能であるが，これを体外受精（*in vitro* fertilization: IVF）と区別することが多い。体外受精は実験動物では受精実験の手法として，家畜では胚移植用の初期胚を作出する手法として利用されている。また，ヒトでは不妊症患者のための生殖補助医療技術として利用されている。

5.3.1　受精に至るまでの精子の変化
（1）受精能獲得

　交配時に雌の体内に放出される哺乳類の精子は，雄性副生殖腺分泌液や雌性生殖道分泌液の成分の作用を受けて直ちに鞭毛運動を開始して前進運動を示す。しかし，この段階で精子は卵と受精できず，受精を開始するためには子宮および卵管狭部において，受精能獲得（キャパシテーション，capacitation）とよばれる一連の多様な変化を経ることが必要である（図5.3）。このような精子での受精能獲得は，1951年にチャン（Chang）とオースチン（Austin）によってそれぞれ別々に発見されたが，現在では受精能獲得時に精子で起こる変化（鞭毛超活性化運動や先体反応が発生するまでの変化）は，細胞表面での変化および細胞内での変化に大別される。また，鞭毛超活性化運動や先体反応は上述の変化に引き続いて起こる現象として，受精能獲得の一部であると定義されることも少なくない。

　細胞表面での変化は，おもに受精能獲得抑制因子（decapacitation factor: DF）の解離であり，受精能獲得の初期段階で起こると考えられている。受精能獲得抑制因子には，細胞膜上の受容体分子を覆う被覆タンパク質と細胞膜成分のコレステロールがあげられる。後者の分子の解離には，雌性生殖道液成分（体外受精の場合は培養液成分のアルブミンまたはシクロデキストリン）との複合体形成による可溶化反応やオキシステロールの産生が必要である。一方，細胞内での変化の中心は，細胞内シグナル伝達機構の環状アデノシン1リン酸（cAMP）-タンパク質キナーゼ-タンパク質リン酸化反応系の活性化である。このシグナル伝達機構の活性化因子は細胞外

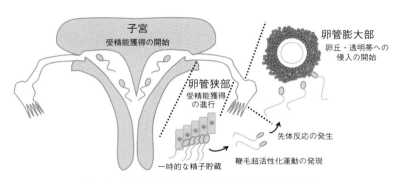

図5.3　哺乳類の雌性生殖道の通過に伴う精子の変化

の炭酸水素イオンである．細胞内にイオン運搬体の作用で取り込まれたこのイオンは，精子のcAMP合成酵素の主要なアイソフォームである可溶化型アデニル酸シクラーゼ（ADCY10）を直接刺激することが知られている．また，細胞内ではカルシウムイオン濃度の上昇，pHの上昇や活性酸素類の産生，膜電位の変化も観察され，これらの精子での変化が複雑に相互作用することで，受精能獲得が進行する．なお，受精能獲得の完遂に要する時間は動物種により異なり，概して家畜やヒトは実験動物よりも長時間を要する．

交配後の雌動物の子宮内には多数の精子が存在するが，卵管狭部まで到達できるのはそのうちのごく一部である．これは子宮や子宮卵管接合部による精子選抜に起因すると考えられているが，その機構には未解明な点が多い．また，卵管狭部には精子を一時的に貯蔵する機能があり，管上皮細胞に精子が頭部を接着させる様子が観察されている．

(2) 鞭毛超活性化運動

卵管狭部において精子は，鞭毛の主部および中片部での運動様式を超活性化とよばれる振幅の大きい，左右非対称性の運動に変化させる．これにより精子は粘液中でも前進できるような大きな推進力を獲得する．この推進力により精子の卵管狭部の管上皮細胞からの解離，卵管膨大部への移動，および卵丘や透明帯の通過が促進される．なお，粘性の低い培養液中に浮遊させた鞭毛超活性化精子は激しい8の字運動や旋回運動などを示す．このような鞭毛超活性化運動（ハイパーアクチベーション，hyperactivation）の発生には鞭毛での急速な細胞内カルシウムイオン濃度の上昇が必要であるが，これには細胞外および細胞内ストア（頸部の余剰核膜）に由来するカルシウムイオンが関与している．

(3) 先体反応

精子頭部には先体とよばれる袋状の構造物が存在する．先体部は辺縁部，主部，赤道節に区分される．それらの微細構造はいずれの部位も三重膜構造（外側から順に細胞膜，先体外膜，先体内膜）という特殊な様式を示し，先体外膜と先体内膜の間には先体内容物を格納している（図5.4(a)）．先体反応は，受精能獲得を完了した精子においてみられる先体内容物の特殊な開口分泌反応（エキソサイトーシス）であり，細胞内カルシウムイオン濃度の急速な上昇に呼応して，先体部の辺縁部および主部の細胞

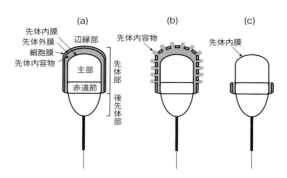

図5.4　哺乳類精子の先体反応に伴う形態変化

膜と先体外膜が部分的断裂と融合を行うことで反応がはじまる（図5.4(b)）．開口分泌により放出される先体内容物にはヒアルロニダーゼおよびプロテアーゼ（アクロシン，PRSS21など）が含まれるが，これらの酵素は卵丘内のヒアルロン酸や透明帯糖タンパク質を分解することで精子の卵への接近や侵入を促進する．先体反応を完了した精子の先体部の辺縁部と主部では先体内膜が露出しているが，赤道節では三重膜構造が維持され，先体外膜と先体内膜との間には先体内容物が保持されている（図5.4(c)）．また，透明帯通過後に卵細胞膜と接着して膜融合する際に機能する分子（IZUMO1）は先体反応とともに赤道節の表層に移動するが，このような機能性分子の精子上での再配置も先体反応の役割であると考えられている．

体内受精の際に受精能獲得精子が先体反応を起こす部位については，長年にわたり「透明帯上」であると信じられ，マウスでは透明帯糖タンパク質ZP3が先体反応の誘起因子であると考えられてきた．しかし，最近，ライブイメージング技術を用いた雌性生殖道内のマウス精子の動態観察により，多くの精子が卵管膨大部に到達する前に（卵管狭部上部において）先体反応を起こすとの報告がなされている．なお，先体反応には自発的反応およびリガンド誘起反応の2種類が存在するが，後者の先体反応のリガンドとしてはプロゲステロンが有名である．

先体反応の発生には精子頭部での細胞内カルシウムイオン濃度の上昇が必須であるが，これには鞭毛超活性化運動の場合と同様に，細胞外および細胞内ストア（先体外膜）に由来するカルシウムイオンが関与している．このイオン濃度上昇後に精子では細胞膜と先体外膜の部分的断裂と融合が起こるが，この過程におけるSNAREタンパク質の機能が最近注

目されている。

先体反応を完了した精子（図5.4（c））の卵への侵入能力は，先体内容物放出後の短時間で低下すると推測されてきた。しかし，先体反応後の経過時間が長い精子でも依然として卵丘や透明帯の通過能力を保持し，卵との受精を完遂できることが示されて以来，先体反応精子の受精能力は比較的長時間にわたり維持されるとの見方が有力になっている。

5.3.2 精子と透明帯との相互作用

卵管膨大部に到達したマウス精子はすでに先体反応を完了していることから，少なくともマウスの体内受精において，透明帯と強く接着して相互作用するのは先体反応精子である。マウス精子の透明帯への接着において，以前には糖タンパク質 ZP3 の糖鎖が重要であるとの説が有力であったが，現在では別の糖タンパク質（ZP2）の役割が必須であると考えられている。また，受精後に ZP2 はプロテアーゼの作用により切断されるが，この切断反応が起きた透明帯は精子との強い接着能力を消失している。

5.3.3 精子赤道節と卵細胞膜の接着および融合

囲卵腔に侵入した精子は赤道節において卵の細胞膜と接着する。この際に機能する精子の分子は IZUMO1 であり，卵細胞膜上の受容体分子 JUNO と結合する。接着した精子の赤道節では卵細胞膜との膜融合反応がはじまり，やがて精子が卵の細胞質に取り込まれる。

5.3.4 多精子受精の拒否機構

1個の卵に2個以上の精子が侵入する異常受精を**多精子受精**とよぶ。このような多精子受精をした卵は発生を途中で停止して産子に至ることはない。哺乳類では多精子受精を防止するために，以下のような雌動物の機能が存在している。（1）受精の場である卵管膨大部まで到達できる精子の数を制限する雌性生殖道，特に子宮および子宮卵管接合部の機能，（2）受精後に透明帯を硬化させてさらなる精子侵入を阻止する卵の機能，（3）受精後に透明帯糖タンパク質（ZP2）を切断することで透明帯の精子接着能力を消失させる卵の機能，（4）受精後に IZUMO1 受容体 JUNO を細胞膜から解離させる卵の機能があげられる。

5.3.5 受精と発生のはじまり

受精卵は，精子から解離される分子（精子因子，sperm factor）により卵割を開始するための活性化刺激を受ける。精子因子として最も有力視されている分子として，精子核の周辺に存在するホスホリパーゼCζがあげられる。ホスホリパーゼCζが解離された受精卵では，細胞内ストア（小胞体）の機能に変化が生じ，その結果，周期的な細胞内カルシウムイオン濃度の上昇と低下の繰り返し反応（カルシウムオシレーション）が誘起されるが，この現象が受精卵の活性化に重要であるとみられている。しかし，最近では，卵の活性化に精子由来のホスホリパーゼCζは必須ではないとの報告があり，他の精子因子の関与を考慮することが必要となっている。

卵に侵入した精子の頭部は脱凝縮されて膨化する。ついでこの膨化精子頭部は雄性前核になるが，その際に雌性前核も形成される。精子由来の遺伝子を含む**胚性ゲノム活性化**（zygotic gene activation: ZGA）は胚の初期発生の特定のステージではじまるが，その時期は動物種により異なる。なお，多くの動物種では受精時に精子の鞭毛も卵に取り込まれるが，精子中片部に由来するミトコンドリアは受精卵により分解されるために，産子には受け継がれない。

■ 演習問題

5.1 哺乳類において，体内受精が起こる雌性生殖道の部位を以下から選べ。
（1）卵管膨大部　（2）卵管狭部　（3）子宮卵管接合部
（4）子宮

5.2 体外受精を示す英語の略称を以下から選べ。
（1）AI　（2）IMF　（3）IVF　（4）IVM

5.3 射出された直後の哺乳類精子が示す運動の様式を以下から選べ。
（1）旋回運動　（2）前進運動　（3）超活性化運動
（4）振動運動

5.4 哺乳類において，貯精機能を備える雌性生殖道の部位を以下から選べ。
（1）卵管膨大部　（2）卵管狭部　（3）子宮卵管接合部
（4）子宮

5.5 哺乳類において，先体反応時に放出される先体内容物の成分で，卵丘を部分的に分散させることで精子の卵への接近を促進する分子を以下から選べ。
（1）アクロシン　（2）セリンプロテアーゼ
（3）トリプシン　（4）ヒアルロニダーゼ

5.6 哺乳類において，先体反応時に細胞膜と先体外膜の部分的な断裂・融合反応が認められない部位を以下から選べ。
(1) 先体部辺縁部　(2) 先体部主部
(3) 先体部赤道節　(4) 後先体部

5.7 哺乳類において，透明帯通過後の先体反応精子の赤道節が卵細胞膜と接着する際に機能する分子を以下から選べ。
(1) ADCY10　(2) cAMP　(3) IZUMO1　(4) JUNO

5.8 哺乳類において，多精子受精の拒否にかかわる機能を以下から選べ。
(1) 受精の場である卵管膨大部まで到達できる精子の数を制限する雌性生殖道，特に子宮および子宮卵管接合部の機能。
(2) 受精後に透明帯を硬化させてさらなる精子侵入を阻止する卵の機能。
(3) 受精後に透明帯糖タンパク質を切断することで透明帯の精子接着能力を消失させる卵の機能。
(4) 受精後にIZUMO1受容体JUNOを細胞膜から解離させる卵の機能。

6

卵割と胞胚形成

　本章では，受精卵が**卵割**（cleavage）とよばれる分裂を繰り返して**胞胚**（blastula）を形成するまでのプロセス，および胞胚の特徴について解説する。なお，この時期の発生プロセスについて，これまでに詳細な研究がなされている無脊椎動物のショウジョウバエ，脊椎動物のアフリカツメガエル，そして脊椎動物の中でも特に哺乳類としてマウスおよびヒトについての知見をおもに記述する。

減していき，その一方で胚全体の体積はほぼ一定に保たれる。このような分裂を行う理由は，受精後の運動性をもたない無防備で危険な時期を可能な限り短くするためと考えられている。すなわち，一般の体細胞分裂では，分裂して生じた娘細胞は次の分裂までにもとの親細胞と同じ大きさまで体積を増やす必要があり，そのための時間が必要となるが，あらかじめ大きな体積をもつ受精卵がこのような時間を必要としない卵割を行うことで，胞胚期までの発生に要する時間を短縮しているものと考えられる。

6.1 卵割の様式

6.1.1 卵割の特徴

　卵割の特徴は，分裂した後に生じた**割球**（blastomere）がその後，体積を増加させることなく次の分裂を行うことである。したがって，卵割を行っている間は，分裂するたびに各割球の体積が半

6.1.2 卵割の様式

　卵割の様式は種により大きく異なる。それらは大別して**全割**と**部分割**に分けられる。さらに，全割は**等割**（equal cleavage）と**不等割**（unequal cleavage）に，部分割は**盤割**（discoidal cleavage）と**表割**

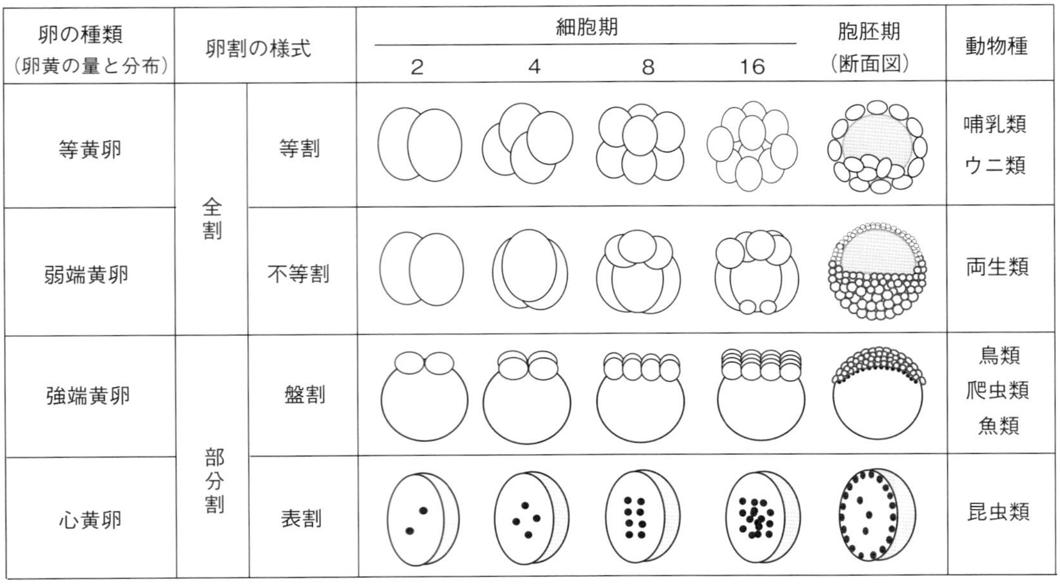

卵の種類 （卵黄の量と分布）	卵割の様式		細胞期				胞胚期 （断面図）	動物種
			2	4	8	16		
等黄卵	全割	等割						哺乳類 ウニ類
弱端黄卵		不等割						両生類
強端黄卵	部分割	盤割						鳥類 爬虫類 魚類
心黄卵		表割						昆虫類

図 6.1　卵割様式
　各動物種の卵割様式を図示する。胚の上方を動物極，下方を植物極として描く。哺乳類では胞胚期は存在しないが，これに相当する発生時期として胚盤胞期があるため，胞胚に代わって胚盤胞期胚を示す。

(superficial cleavage)に分類される（図6.1）。等割を行う動物としては哺乳類・ウニ類，不等割は両生類，盤割は鳥類・爬虫類・魚類，表割は昆虫類などが知られている。ただし，等割と不等割については，発生時期によって変化する。例えば，ウニ類は8細胞期までは等割であるが，16細胞期以降は不等割となり，両生類では4細胞期まで等割で8細胞期以降に不等割となるが，便宜上ウニ類は等割，両生類は不等割に分類されている。以下にそれぞれの卵割様式について概説する。

・**等割**：受精後，極体が放出される側を動物極，その反対側を植物極とよぶが，動物極から植物極に向かう（経線方向）軸に沿って第1卵割が起こり2細胞期胚となる。さらに，第2卵割，第3卵割と続き8細胞期胚となり，この時期まで各割球の大きさはほぼ均等であるが，ウニ卵においてはその後，植物極側の割球が大きくなる不等割に変化する。一方，哺乳類では8細胞期以降も等割が続き，各割球の大きさはすべてほぼ同じ大きさとなる。哺乳類では，8細胞期まで割球どうしの結合が弱く，胚を覆っている透明帯が外れると割球が分離することがあるが，16細胞期頃に割球どうしの結合が強くなるコンパクション（compaction）という現象が起こり，外見上，割球間の境目が不明瞭となる。この時期の胚は桑実胚（morula）とよばれる。その後，胚内に液体を含む腔（胚盤胞腔）が生じ，胚盤胞（blastocyst）となる（図6.2）。

・**不等割**：両生類ではまず経線方向の軸に沿って2回の等割が起こる。その後，経線方向に垂直である緯線方向の軸に沿って第3卵割が起こるが，その卵割面は動物極寄りとなり不等割に変わる。

・**盤割**：魚類などでは，動物極側の表層部分でのみ1層で卵割が進行し，胚盤（blastodisc）を形成する。

64細胞期以降は細胞層が増すが，依然として動物極側の表層部分での卵割が続く。

・**表割**：昆虫の卵割様式の特徴は，細胞質分裂を伴わない核分裂を行うことである。すなわち，通常の細胞分裂では，M期に染色体が2つに分離した後，それぞれの染色体を含むように細胞質が2つに分裂するが，昆虫の卵割では染色体が分離した後，細胞質の分裂が起こらず，染色体は脱凝集してそのまま核を形成し，いわゆる多核の状態となる。卵割の初期には，核は胚の内部に位置して分裂を繰り返すが，やがて表層部に移動し，それぞれの核が細胞質膜で区切られるようになる。

上記のように卵割の様式が異なる理由として，受精前の卵に蓄積された卵黄の量と分布が関与していると考えられている。つまり，卵黄の存在は分裂の弊害となるため，卵黄の量が少ない部位で分裂が進行しやすくなるというものである。卵における卵黄の量と分布については，**等黄卵**（isolecithal egg），**端黄卵**（telolecithal egg），**心黄卵**（centrolecithal egg）の3つに大別され，それらと卵割の様式との関連は次のようになっている。

・**等黄卵**：卵黄の量が少なく卵内に均等に分布することから卵割の様式は等割となる。

・**端黄卵**：卵黄の量が多く植物極側に偏在しているが，その量の違いで不等割あるいは盤割に分かれる。すなわち，端黄卵の中では卵黄量が比較的少なく植物極側に偏在している場合（弱端黄卵）は，全割ではあるが植物局側が分裂しにくくなって不等割となる。また，卵黄量比較的多い場合（強端黄卵）は，植物局側が分裂しないことから盤割となる。

・**心黄卵**：卵黄が卵の中心に分布していることから，細胞表面のみが分裂する表割となる。

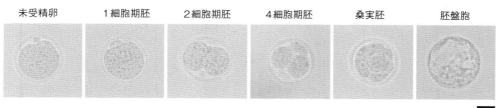

40 μm

図6.2 マウス胚の発生
受精後，1細胞期胚（8時間），2細胞期胚（28時間），4細胞期胚（45時間），桑実胚（72時間），胚盤胞（96時間）の胚発生の状態を示す。

6.2 卵割と細胞周期

6.2.1 細胞周期の長さ

一般の体細胞分裂周期は，DNA 複製期（S 期）と分裂期（M 期）の前にそれぞれ DNA 合成の準備期（G1 期）と分裂の準備期（G2 期）が存在するが，卵割ではこれらの準備期が存在せず，S 期と M 期を交互に繰り返す。しかし，卵割が進行し胞胚期に達するとこれらの準備期がみられるようになる。その時期は動物種によって異なり，例えば，ショウジョウバエでは受精後 13 回の分裂を終えた後であり，アフリカツメガエルでは 12 回の分裂の後である（表 6.1）。なお，これらの時期までは各割球が同調して分裂しているが，これ以降はその同調性が失われることが知られている。さらに，その時期には，転写活性の著しい上昇が起こり，これらの変化を総称して**中期胞胚変移**（mid-blastula transition: MBT）とよぶ。

S 期と M 期を交互に繰り返す時期では 1 細胞周期に要する時間は極端に短いが，G1 期と G2 期が加わるようになるとこの時間が大幅に延長される。例えば，ショウジョウバエでは，受精後の最初の 9 回の分裂までは 1 細胞周期が約 8 分であり，それ以降はやや長くなるが相変わらず十数分程度と短く，約 150 分で 13 回の分裂が終了する。その後，細胞周期が長くなり，次の分裂を終えるまで約 1 時間を要するようになる。また，アフリカツメガエルも，1 回目の分裂が終了するまでは約 90 分を要するが，それ以降 12 回目の分裂までは 1 細胞周期を約 35 分で終了する。その後，13 回目の分裂を終えるまでに約 45 分，14 回目の分裂終了まで約 70 分と次第に細胞周期が延長していく。

一方，哺乳類では他の動物とは異なって，受精直後から G1 期と G2 期が存在する。ただし，G1 期については，1 細胞期を除いて 2 細胞期から胚盤胞期においては極端に短い。例えば，マウス胚では，2 細胞期を終えるのに約 20 時間を要するが，その中で G1 期はわずか 1〜2 時間であると報告されている。さらに，G1 期は S 期がはじまる前までの時期として決定されるが，その S 期のはじまりを厳密に見定めるのは難しい。一般に，S 期の検出にはトリチウムや臭素 Br などで標識したデオキシヌクレオシドが用いられる。すなわち，胚を in vitro で培養する際にこれらのデオキシヌクレオシドを培養液に加えておくと，S 期には新たに複製された DNA にこれらが取り込まれることから，その取り込みを検出することにより S 期であると決定する。しかし，S 期の開始時は DNA 合成速度が遅く，開始直後では DNA に取り込まれた標識核酸の量が検出できる閾値以下であることが考えられる。この場合，実際は S 期がはじまっているのにまだ G1 期であると判定され，G1 期が長く見積もられることになる。したがって，2 細胞期以降の S 期は 1 時間よりもさらに短く，実質的には哺乳類以外のものと同様にほとんど存在しない可能性もある。

6.2.2 細胞周期のチェックポイント

真核生物のほとんどの細胞において，細胞周期が

表 6.1 受精後における細胞周期と転写活性化の時期

	ハエ[a]	カエル[b]	ヒト	マウス
G1，G2 期を含む細胞周期の始まり	サイクル 14（13 回の核分裂後）	4048 細胞期（12 回の分裂後）	1 細胞期[c]	1 細胞期[c]
DNA 損傷のチェックポイント機能獲得	サイクル 14（13 回の核分裂後）	4048 細胞期（12 回の分裂後）	胚盤胞期	胚盤胞期
転写開始（minor ZGA）	サイクル 6（5 回の核分裂後）	64-256 細胞期（6-8 回の分裂後）	1 細胞期	1 細胞期
転写量の顕著な増加（major ZGA）	サイクル 14（13 回の核分裂後）	4048 細胞期（12 回の分裂後）	4-8 細胞期	2 細胞期

a) ショウジョウバエ
b) アフリカツメガエル
c) 2 細胞期から胚盤胞期までは G1 期が非常に短い。

正常に進行することを担保するために，細胞周期のチェックポイントとよばれるメカニズムが存在する。このメカニズムは，細胞周期中に異常があった場合，それを検知していったん細胞周期を停止させるというものである。例えば，DNA 複製の完了をチェックするメカニズムは，複製が完了しないかぎり分裂期に入らないようにするものであり，また，分裂期には正常な紡錘体が形成されていることをチェックするメカニズムがあり，これがなされていないと染色体の分離が起こらないようになっている。

このような細胞周期のチェックポイントは多数存在するが，卵割中の胚においてはその中のいくつかのメカニズムが機能していない可能性が示されており，特に，DNA 損傷を監視するチェックポイントが卵割中には機能していないことを示す実験結果が数多く報告されている。一般の細胞では，DNA 損傷は紫外線や放射線への暴露，あるいは細胞内で生成された活性酸素種など様々な要因によって引き起こされるが，この損傷がチェックポイント機構によって認知されると細胞周期が停止する。そして，その停止期間中に DNA の損傷部位が修復され，それが完了すると細胞周期が再開する。しかし，損傷の程度が大きく完全には修復できない場合，その細胞はアポトーシスを起こして死滅することになる。ところが，アフリカツメガエルでは卵割期に γ 線を照射してもその時点では卵割が停止することなく胞胚期まで発生し，MBT 後に発生が止まる。さらに，MBT 前にはアポトーシスが起こらない。また，マウスにおいては，着床前の初期発生時には放射線への感受性が高いことが古くから知られているが，このことは DNA 損傷が起こった際にその修復が十分になされずに発生が止まったことを示唆するものである。

さらに，1 細胞期に γ 線を照射してその卵割への影響を詳細に調べた実験では，十数時間遅れて 2 細胞期への分裂が起こるが，その後に胚盤胞期に到達する前に発生が止まってしまったという結果が得られている。この結果は次のように解釈できる。まず，γ 線で DNA の損傷が起こったことに対して，DNA 損傷のチェックポイント機構が働いて細胞周期を停止させたが，それが十分に機能しておらず DNA 損傷部位が完全に修復される前に 2 細胞期に分裂してしまったため，それ以降の発生に異常が生じたというものである。また，マウス胚でもアフリカツメガエルと同様に，胚盤胞期まではアポトーシスが起こらない。このように，DNA 損傷のチェックポイント機構は，細胞周期の停止や損傷部位の修復など複数のメカニズムがすべて正しく働くことで機能するものであるが，卵割期の胚ではこれらの異常が認められる。卵割期でチェックポイント機構が機能しないことの生物学的意味は明らかになっていないが，DNA 損傷が起こった胚はその修復に時間を要するため発生が遅れることを考慮すると，アフリカツメガエルでは胚は多数の集団となっていることから，一部にこのような胚が存在してもそれらは不要のものであり，もはや修復をする必要がないのかもしれない。また，哺乳類では，損傷修復によって発生が遅れると，母体側で着床準備を整えた最適な時期に胚盤胞への発生が間に合わない可能性がある。さらに，多胎の動物では，損傷修復によって発生が遅れた胚は，他の胚と着床および出産の時期にずれが生じて妊娠の継続あるいは母体に悪影響を及ぼすことも考えられ，そのような胚は DNA の損傷を修復することなく，着床前の胚盤胞に到達する前に発生を停止する方が好ましいのかもしれない。

6.3 卵割と遺伝子発現

6.3.1 胚性遺伝子の活性化

受精直前の卵母細胞では，転写が停止しており，さらに受精後も転写が停止した状態がしばらく続く。その後，胚のゲノムからはじめての転写が起こるが，この転写の開始は**胚性ゲノム活性化**（zygotic gene activation: ZGA）とよばれている。ZGA が起こる時期は動物種によって大きく異なるが，そのパターンはほぼ同じである。まず，低レベルの転写が起こり，続いて高レベルの転写が起こる。そこで，前者は minor zygotic gene activation（minor ZGA）あるいは the first wave of ZGA，後者は major zygotic gene activation（major ZGA）あるいは the second wave of ZGA とよばれている。ショウジョウバエでは minor ZGA は 5 回の核分裂後，major ZGA は 13 回の核分裂後に起こる。アフリカツメガエルでは minor ZGA は 6〜8 回の分裂後，major ZGA は 12 回の分裂後に起こる（表 6.1）。

6.2 節で，細胞周期の変化と転写活性の大きな上昇が同時期に起こる現象を MBT と記したが，この転写活性の大きな上昇とは major ZGA のことをさ

している．このように，major ZGA が MBT の時期に起こることは，ショウジョウバエやアフリカツメガエル以外にも魚類であるゼブラフィッシュでも観察されることから，major ZGA と細胞周期の変化との関連性は広く生物種に保存されているものと考えられる（表 6.1）．ただし，哺乳類ではそもそも MBT として認められる時期が存在しないことから，その例外となっている．マウスは，これまでに ZGA について調べられた動物種の中では最も早い発生時期に，minor ZGA および major ZGA が起こることが明らかにされており，それぞれ 1 細胞期および 2 細胞期となっている．ヒトでは，これらが 1 細胞期および 4～8 細胞期である（表 6.1）．また，受精後の 1 細胞期胚においては，精子由来のゲノムと卵由来のゲノムはそれぞれ独立して核を形成し，精子由来の核は**雄性前核**（male pronucleus），卵由来の核は**雌性前核**（female pronucleus）とよばれている．この両者は，例えば雄性前核の方が雌性前核よりも転写活性が高いなどの特徴に加えて，その制御機構など転写にかかわる性質が様々な面で異なっていることが明らかとなっている（図 6.3）．

ところで，minor ZGA では転写レベルが低いことから，この時期の胚では，胚のゲノムから転写された mRNA よりも，受精前の卵に由来する mRNA（**母性 mRNA**）の量が圧倒的に多く，そこから翻訳されたタンパク質によって発生が調節されている．実際に，受精直後から転写を抑制する試薬を作用させても，発生は major ZGA が起こる時期（ショウジョウバエやアフリカツメガエルでは胞胚期，マウスでは 2 細胞期後期，ヒトでは 4～8 細胞期）まで進行する．しかし，major ZGA がはじまると転写レベルが上昇し，胚のゲノムから転写された mRNA の量が増加する．一方，母性 mRNA は分解が進むことから，新しく合成されるタンパク質は胚ゲノム由来の mRNA から翻訳されたものがその大部分を占めるようになる．したがって，この時期まで転写が抑制された場合は，そこで発生が停止することになる．このように，発生の調節を支配するものが母性 mRNA から胚ゲノム由来の mRNA に移ることを**母性・胚性転移**（maternal to zygotic transition: MZT）とよぶ（図 6.4）．

6.3.2 胚性遺伝子活性化の調節機構

胚性遺伝子の転写活性化を調節する機構については，現在までのところ十分には明らかにされていないが，アフリカツメガエルを用いた実験により，受精前に蓄えられたヒストンの DNA 複製による消費が発現開始の引き金となっているという仮説が提唱されている．すなわち，DNA とヒストンによって構成されるクロマチンの構造は，転写因子が DNA に結合するのに障壁となり，遺伝子発現には抑制的に働くと考えられている．実際に，活発に転写されている遺伝子の転写開始領域では，ヒストンが抜け落ちていることが知られている．ところで，アフリ

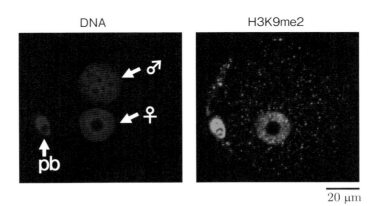

図 6.3* 1 細胞期胚における H3K9me2 の免疫染色像
マウス 1 細胞期胚の DNA と H3K9me2 の二重染色を行っている．H3K9me2 はヒストン H3 の N 末端から 9 番目のリジンがジメチル化されたものであり，遺伝子発現の調節に重要な役割を果たす修飾である．右の写真は修飾されたヒストン H3 を特異的に認識する抗体で免疫染色を行ったものである．左の写真は DNA を 4,6-diamidino-2-phenylindole で染色したものである．♂は雄性前核，♀は雌性前核，pb は第 2 極体を示す．H3K9me2 は 2 つの前核のうち雌性前核にのみ検出される．

6.3 卵割と遺伝子発現

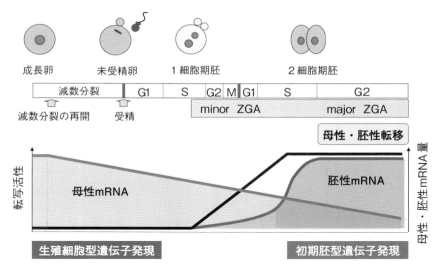

図 6.4* **胚性遺伝子の活性化と母性・胚性転移**
マウス胚の転写活性（黒色線），胚性ゲノムから転写された mRNA 量（赤色線），蓄積された母性 mRNA 量（青色線）を示している。受精直後は胚性ゲノムからの転写が起こっていないが，1 細胞期中期に低いレベルの転写（minor ZGA）が起こり，次いで高いレベルの転写（major ZGA）が起こる。この間に母性 mRNA は分解されて次第にその量が減少し，発生の調節を母性 mRNA が担っていた状態から胚性 mRNA が担う状態に変化する。この変化は，母性・胚性転移とよばれている。

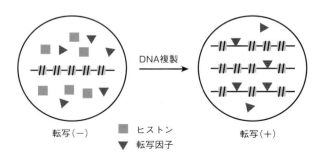

図 6.5* **転写開始機構に関する仮説**
アフリカツメガエルの胚を用いた実験に基づいて，Newport と Kirschner によって提唱された転写開始機構に関する仮説。ヒストンは DNA とともにクロマチンを構成するが，その構造は DNA への転写因子のアクセスを阻害し，転写に対して抑制的に働く。一方，受精前の卵には多量のヒストンが蓄えられており，このヒストンによってクロマチン構造が形成されるが，12 回の卵割後には，蓄えられたヒストンが枯渇し完全なクロマチン構造が形成されない領域が生じる。その結果，転写因子のアクセスを許すようになり，転写が開始される。

カツメガエルの未受精卵には，多量のヒストンが蓄えられており，それは 15,000～20,000 個の核の中にある DNA と結合してクロマチンを構成するのに十分な量となっている。しかし，受精後に卵割を繰り返して DNA を複製するごとにこのヒストンは消費され，12 回の複製の後についに枯渇する。その時，ヒストンと結合していない DNA の領域が生じ，そこに転写因子が結合するようになり，それが転写開始の引き金になるというのである（図 6.5）。しかし，この仮説に対する反証もあり，現在においても未だ転写活性化を調節する機構は完全には解明されていない。さらに，マウスではこの仮説で提唱されているような機構は働いていないことを示す実験結果がある。すなわち，DNA 複製を阻害しても転写の活性化が起こること，単為発生によって DNA 量を半減させてもやはり 1 細胞期での転写開

始がみられることなどが示されている。したがって，アフリカツメガエルとは異なった機構で転写が活性化されていることになるが，その機構については明らかとなっていない。

また，マウス胚においては，2細胞期の後期に起こる major ZGA の制御機構についても数多くの研究がなされている。その中で重要なことの1つは，遺伝子発現に抑制的に働くクロマチン構造が2細胞期の後期に完成することである。すなわち，1細胞期および2細胞期の初期までは，まだクロマチン構造が完成されたものになっておらず，体細胞でみられるような遺伝子発現に抑制的に働く機能を十分にもたない。しかし，2細胞期の後期になると，抑制的クロマチン構造が完成し特定の遺伝子を選択的に発現する機能が強化されるというものである。実際にクロマチン構造を調べる実験において，1細胞期ではクロマチンが緩んでおり，2細胞期にそれが締まった構造に変化することが示されている。

6.4 胞胚の特質

卵割が進行し，割球が桑の実のような塊状になった胚は桑実胚とよばれるが，さらに発生が進むと胚の内部に液体を含む腔（**胞胚腔**，blastocoel）が形成され，1層あるいは数層の細胞に囲まれた中空の構造をもつ胞胚となる。胞胚期は，初期発生過程において様々な劇的変化が起こる時期である。まず，MBT が起こり，G1 期と G2 期が欠落した細胞周期からこれらを含む4つのフェイズからなる細胞周期に変化するとともに，各割球の分裂の同調性が失われていく。また，major ZGA により活発な転写が起こる。

哺乳類では，胞胚は形成されないが，桑実胚の後に胞胚と似た構造をもつ**胚盤胞**が形成される。胚盤胞期では，桑実胚期に分化をはじめた細胞が明確に2つの細胞群として分かれる。すなわち，胚盤胞は，胚の外側を1層の細胞で包む**栄養外胚葉**（trophoectoderm，**栄養膜**（trophoblast）ともいう）と胚の内部に位置する**内部細胞塊**（inner cell mass）の2つの細胞群で構成される（図 6.6）。栄養膜は後に胎盤に分化する。一方，内部細胞塊は**胚盤葉上層**（epiblast）と**原始内胚葉**（primitive endoderm）で構成されているが，胚盤葉上層は三胚葉すべてに分化できる能力（**多能性**，pluripotency）を有しており，

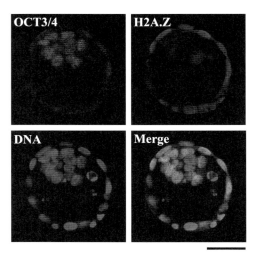

図 6.6*　マウス胚盤胞の免疫染色像
哺乳類の胚盤胞は，胚の外側を1層の細胞で包む栄養膜と胚の内部に位置する内部細胞塊の2つの細胞群で構成されている。写真は，内部細胞塊および栄養膜にそれぞれ多く局在する OCT3/4 と H2A.Z の免疫染色に DNA 染色を加えた三重染色である。

胚体を形成する組織に分化する。また，原始内胚葉は卵黄嚢に分化する。なお，胚盤葉上層の細胞を胚盤胞から取り出して体外で培養することにより，多能性を維持した**胚性幹細胞**（**ES 細胞**，embryonic stem cell）を樹立することができる。

■ 演習問題

6.1 動物の未受精卵は，卵黄の量とその分布によって次の4種類に分類される。
(a) 等黄卵　(b) 弱端黄卵　(c) 強端黄卵　(d) 心黄卵
これらについて以下の問いに答えよ。
(1) このような種類の卵をもつ動物種をそれぞれ1つあげよ。
(2) これらの卵が受精した後の卵割が，それぞれどのような分割様式になるかを記せ。
(3) (2) のような分割様式になる理由を，卵黄と関連させて50字程度で説明せよ。

6.2 DNA 損傷への応答に関する以下の問いに答えよ。
(1) 一般の細胞では，強い放射線に暴露されるなどの原因で DNA が損傷した場合，それを感知して，損傷が修復し終えるまで細胞周期を停止させておく機構が存在する。その機構は何とよばれているか。また，損傷の度合いが大きく修復

演習問題　　　　　　　　　　　　　　　　　　　　　　　　　　　　　　　　　　　　55

不能となった場合にどのような現象が細胞に起こるかを記せ。
(2) アフリカツメガエルの胚が2細胞期に強い放射線に暴露された場合，どの時期で発生を停止するかを記せ。また，その時期で発生を停止する理由を説明せよ。

6.3 受精直後の胚には受精前に生成されたmRNAが含有されているが，このようなmRNAは何とよばれているか。

6.4 受精後の転写活性化は大別して2段階で進行するが，それぞれどのようによばれているか。また，マウスで2段階目の転写活性化が起こる発生時期を記せ。

6.5 哺乳類の胚盤胞期には，発生運命の異なる2つの細胞集団に分化するが，このことに関連した以下の問いに答えよ。
(1) それぞれの名称とその発生運命の違いを記せ。
(2) 胚性幹細胞は2つのうちのどちらの細胞集団から作成されるか。
(3) 胚性幹細胞がもつ，三胚葉すべてに分化できる能力は何とよばれるか。

コラム：受精後に最初に転写される遺伝子

　受精直後の胚では転写がまったく行われていないが，その後発生が進む過程ではじめての転写が起こる（6.3.1参照）。この時期は動物種によって異なるが，マウスでは1細胞期の中頃である。このことは1990年代に明らかにされていたが，実際にどのような遺伝子が転写されるのかについてはほとんど明らかにされていなかった。その理由として，受精前に転写されて卵の細胞質に蓄積されたmRNA（母性mRNA）が受精後の1細胞期胚にも大量に残存しており，それに対して受精後に新しく転写されるmRNAの量が非常に少ないためにこれを独立して検出することが困難ということがあった。しかし，2010年代になってRNAシーケンスという網羅的に転写産物を解析する手法により，マウスの1細胞期胚で転写される遺伝子が明らかにされた。その結果は驚くべきもので，ほとんどの遺伝子が転写されており，さらにタンパク質をコードしていない遺伝子間領域も広く転写されているというものであった。また，このような転写が，次の2細胞期における大規模な遺伝子の活性化を引き起こすのに必要であることが明らかとなっている。

7

原腸形成と三胚葉の由来

7.1 原腸形成とは

私たちを含めた脊椎動物の体は表皮に囲まれ、その内側に筋肉や骨、中心に消化管という三層構造でできている(図7.1(a))。この体の基本構造は、初期発生において形づくられる。初期胚では、これらの層はそれぞれ**外胚葉**(ectoderm)、**中胚葉**(mesoderm)、**内胚葉**(endoderm)とよばれる。葉は、英語で"derm"といい、皮のように覆うもの、包むものという意味である。成体の器官では、表皮、脳・神経系、目・耳などの感覚器が外胚葉に由来し、筋肉、骨、心臓、血管、血液、腎臓は中胚葉に由来し、消化管、呼吸器官、肝臓、膀胱などの臓器は内胚葉に由来する[1]。

三胚葉の基本構造は、発生の最初からこのように配置しているのではない。両生類の卵(卵子ともいう)を例にとると、卵が卵割を経て多くの細胞の塊である胞胚(blastula)を形成する。この段階での予定外胚葉、中胚葉、内胚葉は、カエルの場合、上(動物極)からこの順に配置されている(図7.1(a))。このように、将来どんな細胞に分化するかを、胚の部位ごとに示した図を**予定運命図**(fate map)という。ニワトリやヒトの場合、原腸形成前の胚は円盤状で、1層の細胞のシート上に、三胚葉になる細胞が半円状に分布している(図7.1(b))。このような状態から、外胚葉・中胚葉・内胚葉の三層構造を正

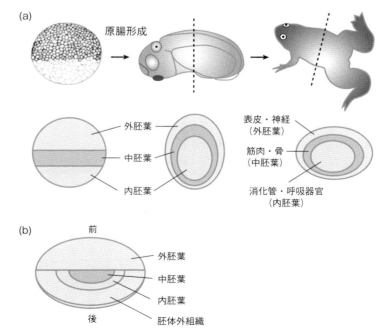

図7.1* 三胚葉の基本体制を形成する原腸形成
(a) アフリカツメガエル発生過程での、外胚葉・中胚葉・内胚葉の配置。左は胞胚(原腸形成前)、中央は原腸形成後の尾芽胚、右は成体。破線で切った断面図を下に示した。
(b) ニワトリやヒトの胚での、原腸形成前の各胚葉の予定運命図。これらの種では、胚をつくる細胞は1層の円盤状をしている。

7.2 様々な動物における原腸形成

しく配置するための運動が，**原腸形成**（gastrulation）である。

原腸形成を行うのは脊椎動物だけではない。ウニなどの棘皮動物，クラゲ・イソギンチャクなどの刺胞動物，さらに線形動物，節足動物など，胚葉構造を形成するすべての動物が原腸形成を行う[2]。すなわち，原腸形成は多細胞化した動物の体づくりの基本ということができる。原腸形成による体づくりが，いかに進化してきたかを考えながら，その原理とメカニズムについて述べていく。

7.2 様々な動物における原腸形成

7.2.1 刺胞動物

刺胞動物の胚は，表皮や神経に分化する外胚葉と，消化管を形成する内胚葉からなる二胚葉構造である。原腸形成は，内胚葉細胞が胚の内側に入って原腸（消化管のもと）を形成し，そのまわりを外胚葉が覆う体制を形づくる組織の運動である（図7.2

（a）〜（c））。内胚葉細胞が内側に入る方法は，種類によってバラエティーに富んでいる。**移入**（ingression）では，中に入っていく内胚葉細胞が，隣の細胞との接着性を失って，内側に入っていく。**陥入**（invagination）は，中に入る細胞のグループが，接着性を保ったまま，形を変えることによって内側に入り込む。**覆被せ**（epiboly）は，外胚葉の層が広がって内胚葉を包み込む。これらの組織の動きは，さらに進化した動物の原腸形成でもみられる基本的な運動である。

7.2.2 ショウジョウバエ

二胚葉動物と，さらに進化した三胚葉動物との大きな違いは，後者で筋肉，骨格，血管系などをつくる中胚葉が出現したことである。三胚葉動物の発生の例として，まずショウジョウバエの原腸形成を取り上げる。

ショウジョウバエ胚は，受精後12回の分裂では細胞質分裂を伴わず，**多核性胞胚**を形成する。13

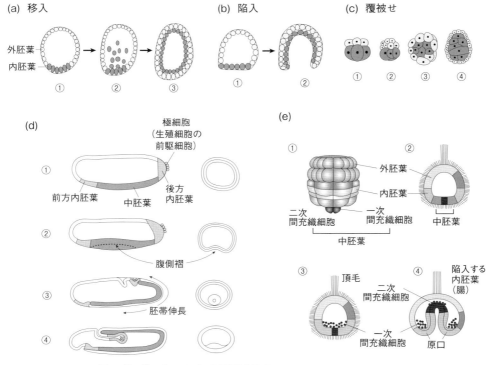

図7.2*　様々なタイプの原腸形成運動
(a)〜(c) 刺胞動物でみられる原腸形成での組織運動。
(d) ショウジョウバエの原腸形成。左は縦断面，右は横断面。
(e) ウニの原腸形成。

回目の核分裂の後に細胞質分裂が起きて**細胞性胞胚**となり，原腸形成はその後開始される．胞胚期の予定運命図（図 7.2(d) ①）をみるとわかるように，中胚葉が腹側にあり，内胚葉は前方と後方に分かれて存在している．

発生開始後約 3 時間で原腸形成運動がはじまる．最初に起きるのは，腹側の中胚葉の陥入である．中胚葉は前後軸に沿って縦に陥入することによって腹側に溝をつくる．この溝を**腹側褶**という．中胚葉はさらに陥入して管状構造を形成する（図 7.2(d) ③）．前方と後方の内胚葉もそれぞれ陥入し，やがて融合して 1 本の消化管となる．中胚葉を含む腹側の組織（胚帯）は後方に伸び，後端で折り返して背側にまで到達する（図 7.2(d) ③〜④）．この運動を**胚帯伸長**という．管状構造をつくっていた中胚葉細胞は分散し，外胚葉の内側を覆って中胚葉層を形成して，筋肉などに分化する．このような各組織の形態形成運動によって，三胚葉構造を形成する．

7.2.3 ウ　ニ

棘皮動物であるウニの発生過程を図 7.2(e) に示す．64 細胞期の予定運命図（図 7.2(e) ①）では，上から外胚葉，内胚葉，中胚葉性の間充織細胞[3]）の順に並んでいる．胞胚（図 7.2(e) ②）は，約 1000 個の上皮細胞からなる単層構造をもっている．

最初に，中胚葉性の細胞である**一次間充織**が，移入によって胚の内側に入り込む（図 7.2(e) ③）．これらの細胞は，後の幼生期には骨片をつくり，骨格構造を形成する．間充織細胞の内側への移入においては，それまで隣どうしで規則正しく強固に接着していた上皮細胞が，その性質を変えて接着性を弱めることで上皮の層から外れて内側に入り込む．このような細胞の性質の変化を**上皮間葉転換**（epithelial mesenchymal transition: EMT）という（7.3.2 参照）．

一次間充織の移入に続いて，原腸が陥入する（図 7.2(e) ④）．陥入した原腸の先端の細胞は**二次間充織**に分化し，糸状仮足を胞胚腔表面に伸ばして原腸を引き上げる役割を果たし，その後，体腔（体の内壁），筋細胞，色素細胞，免疫細胞などに分化する．原腸形成を終えたウニ胚の断面も，やはり外胚葉，中胚葉，内胚葉の三層構造である．

原腸が陥入した入口の部分を**原口**といい，将来の肛門になる．口は，原腸が胚の反対側に到達して開口部をつくることで形成される．原口が肛門となり，口が後からできる発生様式は，棘皮動物から脊椎動物まで共通しており，これらをまとめて**新口動物**（後口動物）という．逆に，口がはじめに形成される動物を**旧口動物**（前口動物）といい，節足動物や軟体動物などがここに分類される．しかし，旧口動物と分類されても，肛門と口が同時にできるものや，口が後からできるものも報告されており，原腸形成の様式には多様性がある．

7.2.4 脊索動物

棘皮動物から系統樹をたどると，ホヤなどの原索動物や脊椎動物を含む脊索動物が現れる．脊索動物では体が細長く，筋肉を使って体全体を使って泳ぐことが可能になり，運動能力が飛躍的に進化した（ホヤも成体は固着性だが幼生は細長い形をして泳ぐ）．体の伸長を可能にしたのが，中胚葉由来の**脊索**（notochord）の出現である．図 7.3(a) は，原腸形成期から尾芽胚期までのカエル胚において，脊索の位置を模式的に示したものである．脊索は，体の背側，神経板の直下にあり（図 7.3(b)），両側には体節中胚葉（筋肉）がある（10.1 節，10.2 節参照）．この構造は，体の軸（＝体軸）をつくる構造であり，ホヤからヒトまで保存された脊索動物の基本形である．

脊索の伸長は，**収斂伸長**（convergent extension）とよばれる細胞運動によって起きる（図 7.3(c)）．最初は横方向に広がって分布していた細胞が，互いに細胞の間に入り込む**相互挿入**（intercalation）を行い，その結果として組織全体が細長くなる．収斂伸長は，脊索形成だけでなく，多くの組織の伸長において使われる普遍的な細胞運動のメカニズムである．

（1）　ゼブラフィッシュとアフリカツメガエル

ゼブラフィッシュは，メダカとともに発生学で最もよく研究されている魚類の 1 つである．その胚では植物極側に大きな卵黄細胞があり，その上にある胚盤の細胞が胚の体を形成する．原腸形成前の予定運命図をみると，アフリカツメガエルと同様に，上から外胚葉，中胚葉，内胚葉の順に並んでいる（図 7.4(a)）．図 7.4(b) は，原腸形成における組織の動きを断面図で示している．胚の本体をつくるのは**内部細胞層**である．内部細胞層は，覆被せによって卵黄を覆っていく．それと同時に，胚盤の周縁部では，中胚葉と内胚葉の細胞が胚の内側に入っていく

7.2 様々な動物における原腸形成

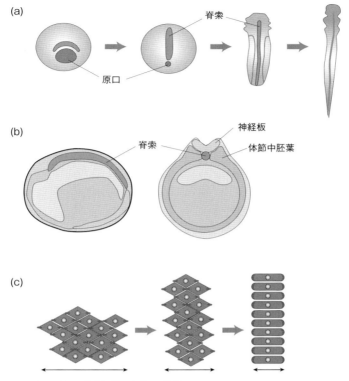

図 7.3* アフリカツメガエル胚の脊索組織・細胞の運動
(a) アフリカツメガエルの発生における脊索（赤色）の伸長。
(b) 神経胚期の脊索の配置。左は縦断面，右は横断面。
(c) 収斂伸長の原理。横に広がった細胞が相互挿入することにより，組織が縦方向に伸長する運動である。

（図 7.4 (b) ②）。この運動は，組織が巻き込まれるように中に入るので，**巻込み**（involution）とよばれている。その結果，**胚盤葉上層**と**胚盤葉下層**の 2 層の細胞層を形成する。上層は外胚葉となり，下層は中胚葉と内胚葉の 2 層に分かれる[4]（図 7.4 (b) ①，④）。これらの組織運動によって体の三層構造ができる。

アフリカツメガエルの原腸形成の過程はゼブラフィッシュ胚とよく似ており，中胚葉は巻込みによって胚の内部へ入っていく。この巻込みの起こる場が原口である（図 7.4 (c)）。最初に現れた原口の上側（動物極側）の中胚葉領域を**原口背唇部**（dorsal lip, 背側中胚葉）とよぶ。原口背唇部は，収斂伸長運動によって胚の中を伸びて脊索を形成する。外胚葉は覆被せによって原口を閉じ，胚全体を覆う。

(2) ニワトリ

原腸形成期前のニワトリ胚は，**胚盤葉上層**と**胚盤葉下層**の 2 層に分かれて卵黄の上に乗っている（図 7.5 (b)）。2 層の細胞層のうち，胚の本体（胚体）を形成するのは胚盤葉上層の細胞であり，下層の細胞は胚体には寄与せず，線維芽細胞成長因子 FGF（fibroblast growth factor）などの分泌タンパク質を放出することによって，上層の細胞分化や細胞運動を制御する。

図 7.5 (a) は胚を上からみたもので，明域が胚になる部分である。後方の中軸に**原条**（primitive streak）という構造ができ，前方に向かって伸長する。両生類の場合，中胚葉が胚の内側に入り込む場は原口であったが，ニワトリ胚でそれに相当するのが，原条である。原条は，胚盤葉上層の細胞が増殖しながら左右両側から中軸に向けて細胞移動することによって形成される。原条形成の開始は，胚盤後方にある**後方帯域**（posterior marginal zone）とよばれる領域から分泌される Wnt と Vg1 というシグナル分子によって制御されている。

原条の中央には**原溝**という溝状のくぼみがあり，

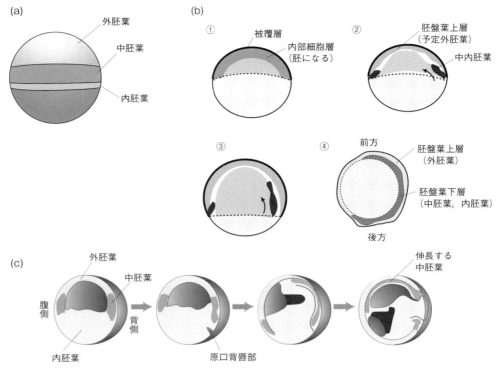

図7.4　ゼブラフィッシュとアフリカツメガエルの原腸形成
(a) ゼブラフィッシュ胞胚の予定運命図。
(b) ゼブラフィッシュの原腸形成における細胞運動。内部細胞層（胚になる細胞）が覆被せを行う。同時に胚盤の周縁部（卵黄との境界）で，中胚葉・内胚葉細胞の巻込みが起こり，胚盤葉上層と下層の2層の細胞層をつくる。
(c) アフリカツメガエルの原腸形成。

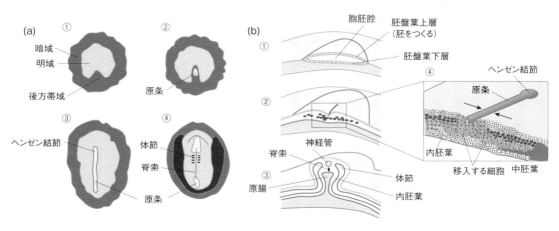

図7.5*　ニワトリ胚の原腸形成
(a) ニワトリの原腸形成期の胚での原条形成（上面図）。
(b) ニワトリ胚の断面図（④：原条の拡大図）。

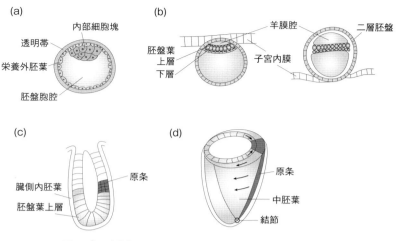

図7.6*　哺乳類胚の原腸形成
(a) 胚盤胞の構造。
(b) 胚盤胞が着床し、二層胚盤を形成する過程 (ヒト)。
(c) マウス胚の卵円筒。
(d) 原腸形成における細胞移動。

この部分でシート状の上皮細胞が、上皮間葉転換によって運動能を獲得し、胚盤葉上層と下層の間の空間 (胞胚腔) へと移入する (図7.5(b))。移入した細胞は、内胚葉や中胚葉へと分化する。内胚葉細胞は胚盤葉下層の細胞を周辺部に追いやって置き換わり、中胚葉細胞は上層と下層の間を広がり、三胚葉構造を形成する。押し出された下層細胞はその後、卵黄嚢などの胚体外組織となる。原条の前端は**ヘンゼン結節** (Hensen's node) とよばれ、脊索など体軸を形成する中胚葉を形成する。両生類胚の原口背唇部に相当する組織である。原条の後方領域から生まれる中胚葉は、体節、心臓、腎臓などをつくる。前方に移動した中胚葉が脊索や体節の形成を行い伸長することによって胚体が後方へ伸び、原条は退縮する (図7.5(a)④)。

(3) 哺乳類

哺乳類胚は卵管で受精し、数日で胞胚 (胚盤胞) となる (図7.6(a))。**胚盤胞** (blastocyst) は、外側の**栄養外胚葉**と**内部細胞塊**に分かれている。胚をつくるのは内部細胞塊の細胞であり、栄養外胚葉の細胞は胎盤など、胎児の保持に必要な組織に分化する。内部細胞塊は、胚盤胞腔に面する胚盤葉下層と胚盤葉上層に分化する (図7.6(b))。胚盤胞は子宮内膜に着床し、二層胚盤という構造をつくる。

ヒト胚の場合は、ニワトリ胚と同様に円盤状の形をしており、発生様式もよく似ている。ニワトリ胚のヘンゼン結節にあたる部位を、哺乳類の場合は**結節**という。マウスの胚は形が異なり、**卵円筒**とよばれるカップ状である (図7.6(c))。これは、胚盤葉の中心が下に落ち込んだ形と考えるとわかりやすい。形は違うがそれ以外の形態的特徴や中胚葉・内胚葉の細胞の基本的な動きはマウス、ヒト、ニワトリで共通している。例えば、卵円筒も2層の細胞層でできており、内側が胚盤葉上層、外側が胚盤葉下層に相当する臓側内胚葉である。臓側内胚葉は胚体には寄与せず、卵黄嚢に分化する。胚盤葉上層の後方で原条が出現し、前方 (遠位側) に伸長しながら中胚葉・内胚葉を上皮間葉転換によって生み出していく点も哺乳類とニワトリで共通である (図7.6(d))。

7.3　原腸形成の分子レベルでの制御機構

ここでは、原腸形成の制御に働く分子機構として、中胚葉・内胚葉の誘導と、上皮間葉転換にかかわる分子を取り上げる。

7.3.1　中胚葉・内胚葉の誘導
——シグナル分子ノーダルの役割

発生における細胞分化の制御には、細胞から分泌されるシグナル分子が重要な役割を果たしている。脊椎動物の中胚葉・内胚葉の誘導においては、ノー

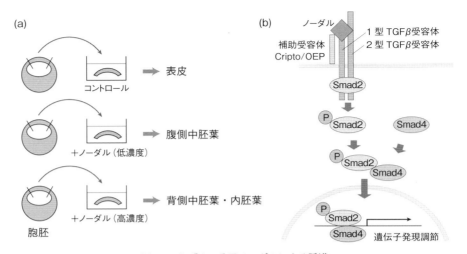

図7.7 シグナル分子ノーダルによる誘導
(a) アニマルキャップ・アッセイ。
(b) ノーダルのシグナル伝達経路。

ダル（nodal）というシグナル分子がかかわっている。アフリカツメガエルの胞胚期の動物極側の細胞（**アニマルキャップ**，animal cap）は，将来は外胚葉になるように運命づけられた細胞群（予定外胚葉）である。アニマルキャップはそのまま培養すると外胚葉に分化するが，ノーダルを作用させると，内胚葉や中胚葉を誘導することができる。このようにしてシグナル分子の誘導能を検定する方法を**アニマルキャップ・アッセイ**（animal cap assay）という（図7.7 (a)）。

さらに，アフリカツメガエル胚のノーダル遺伝子の機能を，アンチセンスオリゴヌクレオチドによって阻害することにより，胚における中胚葉・内胚葉の誘導が抑制され原腸形成も阻害される。すなわち，ノーダル遺伝子は，原腸形成に必須の遺伝子といえる。ゼブラフィッシュやマウスにおいても，ノーダル遺伝子の変異体では中胚葉・内胚葉ができない。これらの研究から，ノーダルが中胚葉・内胚葉の誘導シグナルとしての活性を有し，これら組織の誘導に必須であることが明らかにされた。カエルやゼブラフィッシュの胞胚では，ノーダルは植物極側で産生・分泌され，より動物極側の胚組織の中胚葉・内胚葉への分化に重要である。また，マウス胚においては，後方領域で発現して原条形成に必須の役割を果たす。ノーダルは，濃度や処理するタイミングなどの条件によって，分化する細胞の種類が変化する。胚の中でもこの性質を使って分化する細胞

を精妙に調節していると考えられている。

ノーダルはTGFβ（transforming growth factor β）ファミリーに属する分泌タンパク質である。このファミリーの受容体には1型と2型があり，どちらも1回膜貫通型で，細胞内ドメインにプロテインキナーゼ（protein kinase）をもつ（図7.7 (b)）。ノーダルは，1型と2型受容体のヘテロ二量体を細胞膜上で形成させる。これにより活性化したプロテインキナーゼが，細胞内シグナル伝達タンパク質であるSmad2をリン酸化する。リン酸化されたSmad2は核内に移行し，標的遺伝子の転写調節領域に結合して転写を促進する。このようなメカニズムによって，ノーダルは中胚葉・内胚葉の分化に必要な遺伝子の発現を誘導して細胞を分化させる。

7.3.2 原腸形成における細胞運動の制御
──カドヘリンとインテグリン

ニワトリやマウス胚の原条では，上皮間葉転換によって，中胚葉・内胚葉の細胞が移入を行う。上皮間葉転換とそれに続く細胞移動はどのように制御されているのかをみていきたい。

胚盤葉上層のような上皮は，組織の外部環境と内部の境界であり，細胞どうしを強く繋ぎとめてシート状の構造をつくり，外部環境を遮断している（図7.8 (a)）。細胞の上（頂端側）と下（基底側）で極性があり，**頂端−基底極性**とよばれている。基底側は**基底膜**（basement membrane）という細胞外基質の膜

演習問題

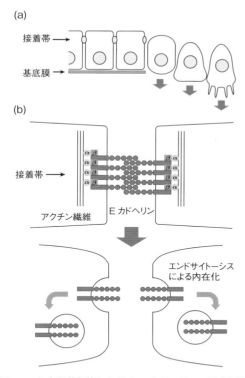

図7.8 上皮間葉転換におけるEカドヘリンの局在制御
(a) 上皮組織を側面からみた模式図。上が頂端側，下が基底側。
(b) 上皮間葉転換では，エンドサイトーシスによって細胞膜のカドヘリンを減らすことにより，接着強度を調節する。

に接着している。細胞外基質を構成するタンパク質には，フィブロネクチン，ラミニン，コラーゲンなどが知られている。頂端側の側方部には細胞接着を担う**接着帯**（zonula adherens）という構造があり，ここで中心的な役割を果たしているのが細胞膜タンパク質の**カドヘリン**（cadherin）である（図7.8(b)）。カドヘリンは，細胞外に5つのカドヘリンリピートがあり，さらに，膜貫通ドメイン，そして細胞内には，アクチン細胞骨格と結びついて細胞を強固にする配列をもっている。カドヘリンには多数の種類があり，上皮組織でおもに発現しているのはEカドヘリンである。カドヘリンは，隣接細胞が発現する同じ種類のカドヘリン分子と強く結合し，この性質によって細胞どうしが接着する。カドヘリン分子はカルシウムイオンと結合する性質があり，それがカドヘリン分子どうしの結合に必須である。

上皮間葉転換は，原条で発現するノーダルやWnt，FGFなどのシグナル分子によって制御されており，これらのシグナルを受け取った細胞で上皮間葉転換を起こす。その仕組みの1つは，移動能を獲得するためにEカドヘリンを減らし，細胞接着を低下させることである。そのために遺伝子レベルではEカドヘリン遺伝子の発現を抑制する。タンパク質レベルでは，細胞膜上にあるEカドヘリンをエンドサイトーシスにより細胞内に引き込んで低下調節する（図7.8(b)）。細胞接着を弱めた細胞が移動を開始するには，基底膜が障壁となる。そのため，細胞はマトリックス・メタロプロテイナーゼというタンパク質分解酵素を分泌して，基底膜を分解することにより通り道をつくることも知られている。

上皮間葉転換を起こして細胞どうしの接着を弱めた中胚葉・内胚葉の細胞は，細胞外基質との結合を強めて足場をつくり，移動をはじめる。この時，新たな足場として役割を果たすのが細胞膜タンパク質**インテグリン**（integrin）である。インテグリンは細胞外ドメインでフィブロネクチンやラミニンなどの細胞外基質と結合し，細胞内でパキシリン，テーリン，ビンキュリンなどの細胞内タンパク質を介してアクチン繊維に連結する。このインテグリンを中心とした足場構造体は**接着斑**（focal adhesion）とよばれている。接着斑構成タンパク質や，細胞外基質タンパク質であるフィブロネクチンは，多くの脊椎動物の原腸形成に必須であることが明らかとなっている。

■ 演習問題

7.1 外胚葉・中胚葉・内胚葉は将来どんな組織に分化するか，それぞれ2つ以上あげよ。
7.2 原腸形成において組織が内側に入る運動様式を4種類あげよ。
7.3 上皮間葉転換とは何かを説明せよ。
7.4 原腸形成において上皮間葉転換が起こる生物種と細胞の種類を2種類あげよ。
7.5 上皮間葉転換を行う細胞で起きる重要なイベントを2つあげよ。
7.6 新口動物とは何かを説明せよ。
7.7 脊索が伸長する細胞運動のメカニズムを何というかを記せ。
7.8 両生類，鳥類，哺乳類の胚において，脊索になる細胞が生じる領域をそれぞれ何というかを記せ。

■ 注釈
1) ただし，多くの臓器・器官は，単一の胚葉由来の細胞だけでできているのではなく，他の胚葉由来の細胞との相互作用により形成されていることも多い。
2) 最も原始的な海綿動物では，胚葉への分化は起こらないが，やはり原腸形成様の形態形成運動を行うことが知られている。
3) 間充織とは，由来する胚葉にかかわらず，上皮の間を充たすゆるく結合した細胞からなる組織をさし，間葉ともよばれる。
4) トリや哺乳類での同名の組織(胚盤葉上層・下層)では発生運命が異なっており，注意を要する。

8 ボディプランの確立

8.1 ボディプランとは

ボディプラン (body plan) は，ある生物群が共通にもつ体の基本的な構造をさす。例えば，左右相称で，神経は背側に，消化管は腹側にあり，前方に口，後方に肛門があるなどのことである。ボディプランは系統樹で近縁の生物では類似している。進化的に繋がりのある生物は発生過程にも類似性がみられ，ボディプランが似てくるのである。ボディプランをつくるうえで，胚の前後軸形成と背腹軸形成はとりわけ重要である。本章では，ショウジョウバエにおける軸形成の仕組みを説明しながら，脊椎動物との類似性についてもふれる。

8.2 ショウジョウバエの卵母細胞における極性化

ショウジョウバエの卵巣内では，**卵原細胞** (oogonium) が4回分裂して，1つの**卵母細胞** (oocyte) と15個の**哺育細胞** (nurse cell) とに分かれる。これら16個の細胞はリングキャナルとよばれる連絡によって細胞質が繋がっている。卵母細胞と哺育細胞のまわりには体細胞性の**濾胞細胞** (follicle cell) があり，この濾胞細胞，卵母細胞，哺育細胞からなるまとまりを**卵室** (egg chamber) とよぶ（図8.1）。卵室内では卵母細胞は後側に，哺育細胞は前側に位置している。

胚の前後軸や背腹軸形成においては，**母性遺伝子群** (maternal genes) が重要な働きをする。母性遺伝子は母親の卵巣において，おもに哺育細胞内で母方のゲノムから転写されて胚発生を調節する遺伝子である。母性遺伝子群の働きで，卵母細胞は**極性化** (polarization) する。極性化とは，丸く均一であった細胞が不均一となり，前後あるいは背腹などの方向性をもつことを示す。これにかかわる母性遺伝子の1つは**グルケン** (gurken) である（図8.2）。グルケンは形質転換成長因子α (TGFα) 様のタンパク質であり，卵母細胞の核で転写され，細胞質で翻訳されると，卵室後方の卵母細胞と濾胞細胞の間の空間（囲卵腔，perivitelline space）に分泌される。卵室後端部の濾胞細胞では**トルピード** (torpedo) (EGF受容体) が発現していて，そこでグルケンの受容がな

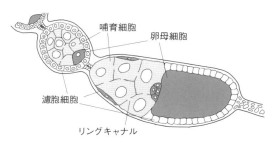

図8.1* ショウジョウバエ卵巣内の卵室形成
卵巣は様々な段階の卵母細胞を含む卵室が縦に繋がった構造となっている。

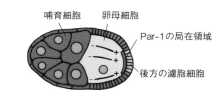

図8.2* 母性遺伝子のmRNAの局在形成
グルケンが卵母細胞後端部から分泌されると，後端部の濾胞細胞との相互作用を通じて卵母細胞後端の表層部にPar-1タンパク質の局在が生じて，これにより微小管の配向性が決まる。卵母細胞の核は伸長する微小管に押されて前方背側の角へと至る。

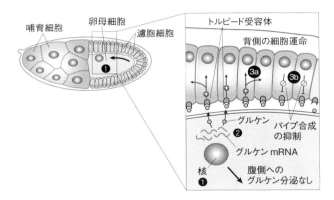

図 8.3* **グルケンによる背側形成**
グルケン mRNA は卵母細胞の核で転写され（❶），翻訳（❷）を経て前方背側領域から囲卵腔へと分泌され，濾胞細胞のトルピード受容体に受容される。このシグナル（❸a）が伝わると濾胞細胞ではパイプの合成が抑制され（❸b），これにより背側の性格を帯びるようになる。逆にグルケンが分泌されない腹側においてはトルピード受容体の活性化が起こらず，さらに，濾胞細胞ではパイプタンパク質が生産されて，これがトルピード受容体の活性化を抑制する。

される。すると濾胞細胞の後端部ではあるシグナルがつくられ，それが隣接する卵母細胞の後端の表層部にキナーゼ活性を有する Par-1 タンパク質（哺乳類では MARK3 ともよばれる微小管調節タンパク質）を局在させる。Par-1 は卵母細胞内の微小管の配向を，前端側が－端，後端側が＋端となるように調整する。この微小管の配向が母性遺伝子の mRNA の局在性を決めている。卵母細胞は成長を続け，その核も微小管に沿って前方の背側へと移動する（図8.3）。グルケン mRNA はここに蓄積し，翻訳し分泌されるので，グルケンタンパク質は前方背側の囲卵腔に限局する。これにより背側の濾胞細胞のトルピード受容体が活性化され，濾胞細胞は背側の性格を帯びるようになる。逆に，トルピード受容体の活性化が起こらない腹側の濾胞細胞では**パイプ**（pipe）タンパク質が生産され，これが囲卵腔に分泌されると，卵母細胞の腹側への分化がはじまる。背側の濾胞細胞ではグルケンの働きでトルピード受容体が活性化されていて，このときパイプの合成は起こらず腹側化しない。このように，グルケンは卵母細胞の背腹方向の極性（dorso-ventral polarity）を，濾胞細胞と卵母細胞の相互作用を通して形成する（8.5節参照）。

それでは，卵母細胞の前後方向の極性（antero-posterior polarity）はどのようにして形成されるのだろうか。卵母細胞の前方を特徴づける母性遺伝子は**ビコイド**（bicoid）である。ビコイド mRNA は哺育細胞内で合成され，リングキャナルを通して卵母細胞内へと輸送される。卵母細胞内ではビコイド mRNA は微小管のモータータンパク質である**ダイニン**（dynein）と結合する。ダイニンは微小管の－端へと運動する性質があるため，微小管に沿って卵母細胞の前端部にビコイド mRNA は運ばれる。ビコイド mRNA の局在化には 3′ 非翻訳末端近くの配列が必要である。

逆に，後方を特徴づける母性遺伝子に**オスカー**（oskar）がある。オスカー mRNA は 3′ 非翻訳領域で**キネシン**（kinesin）と結合し，キネシンは微小管の＋端へと運動する。このため，オスカー mRNA は卵母細胞の後端部に蓄積し，翻訳される。このオスカータンパク質に別の母性遺伝子である**ナノス**

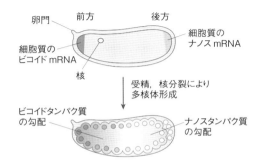

図 8.4* **ショウジョウバエの前後軸形成**
卵割期にビコイドとナノスのタンパク質が前後方向の勾配をつくり，核内に移行して前方および後方の発生をそれぞれ指令する。

（nanos）mRNAが結合する。こうして、ナノスmRNAは後端部に蓄積するのである。この後、卵母細胞は成熟し、減数分裂の再開、極体の形成、精子との受精、雌性前核と雄性前核の融合、卵割へと進むことになる（図8.4）。

8.3 ショウジョウバエ胚の前後軸形成 1 ——母性遺伝子の働き

昆虫の卵割では、はじめ核分裂が連続的に起こり、細胞質分裂は起こらないため、核が規則正しく数を増やし、細胞膜は1枚のままという**多核体**（シンシチウム、syncytium）となる。こうして**多核性胞胚**（syncytial blastoderm）が形成される。この間、核は次第に胚表層部へと移動する。核が約6000個を超える頃、すべての核は表層（cortex）にあり、細胞膜が核と核の間に落ち込みを開始する。やがて細胞膜が1つ1つの核を取り囲むことによって細胞形成が完成し、**細胞性胞胚**（cellular blastoderm）となる。胞胚が多核性から細胞性に移行する間、核分裂は次第に遅くなり、母性mRNAは少しずつ分解され、逆に接合子（胚）性のmRNAの転写は盛んになる。この母性mRNAから接合子性mRNAへの転換を**中期胞胚変移**（mid-blastula transition: MBT）とよぶ。MBTはカエルをはじめ、昆虫やその他の脊椎動物でも起きていることが知られている。

ビコイドmRNAやナノスmRNAはタンパク質へと翻訳され、多核性胞胚の時期に核内へと移行する。ビコイドタンパク質は前端部の核に、ナノスタンパク質は後端部の核に濃く分布し、それぞれが前後方向に勾配をつくっている。その後、細胞性胞胚となる。ビコイドタンパク質は転写因子であり、核内に入ると**ハンチバック**（hunchback）mRNAの転写を促す。もともとハンチバックは母性mRNAとして卵母細胞内に均一に分布していたが、接合子性mRNAが加わることで前端に濃い勾配をもつようになる。同様に、卵母細胞内に均一に分布していた**コーダル**（caudal）mRNAは、タンパク質に翻訳される際に前端に濃い勾配をもつビコイドタンパク質により抑制されるため、コーダルは後端に濃い勾配をもつようになる。また、後端に濃い勾配をもつナノスタンパク質は、均一に分布する母性のハンチバックmRNAのタンパク質への翻訳を抑制する。このため、ハンチバックタンパク質は後端には存在し

ない。これらを合計すると、胚の前端にはビコイドとハンチバックが濃く、胚の後端にはナノスとコーダルが濃い勾配をつくることになる。

卵母細胞や胚の後端部の細胞質には**生殖細胞質**（germ plasm）がある。これは電子顕微鏡で観察される特徴的な構造を示していて、実態としてはRNAやタンパク質の複合体である。胚の後端部においては、生殖細胞質を含めた核を取り囲む細胞化が先がけて進み、できた細胞が外に突出した構造となる。こうしてできた**極細胞**（pole cells）は、後に生殖細胞となる。コーダルやナノスは、胚の後ろ側の発生を導くだけでなく、極細胞の形成にもかかわっている。

8.4 ショウジョウバエ胚の前後軸形成 2 ——接合子（胚）性遺伝子の働き

母性遺伝子群に続いて発現する**ギャップ遺伝子群**（gap genes）は、接合子（胚）のゲノムから転写される最初の遺伝子群であり、胚の前後軸の中の広い領域で発現し、その機能が失われるとその発現領域が抜け落ちてギャップとなる、という形質を示す。ギャップ遺伝子は転写因子をコードしていて、そのメンバーどうしで発現を調節しあっている。例えば、**クリュッペル**（krüppel）は胚中央部に発現するが、**クナープス**（knirps）、**ジャイアント**（giant）、**テイルレス**（tailless）タンパク質による転写抑制を受けて、より狭いバンドとなる。クリュッペル、クナー

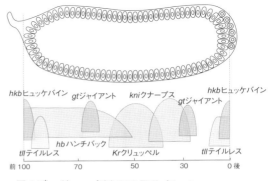

図8.5*　ギャップ遺伝子の発現パターン
上図は細胞性胞胚を、下図は各遺伝子の発現強度を示す。ギャップ遺伝子は前後軸方向の様々な部位に1つまたは2つの互いに重なり合うバンドパターンとして発現する。なお、極細胞ではギャップ遺伝子は発現しない。

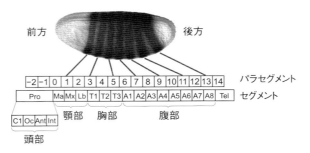

図 8.6 イーブンスキップト遺伝子の発現パターンとパラセグメント
14個のパラセグメントおよびその後に形成されるセグメントの関係を示す。パラセグメントは細胞4列で構成されていて、パラセグメントとセグメントは細胞1列分ずれている。

プス、ジャイアントもそれぞれが発現を抑制しあうネットワークを形成している。また、胚中央で発現するギャップ遺伝子は、**ターミナル**（両端部の意味、terminal）で発現するギャップ遺伝子から転写抑制を受けるため、中央のギャップ遺伝子はターミナルでは発現しない（図8.5）。このようなギャップ遺伝子どうしによる発現調節により多核性胞胚の大まかな領域で細胞分化が進行し、それとともに胸部と腹部には**パラセグメント**（parasegment）が形成される。パラセグメントは**体節**（セグメント、segment）ができる以前の分節単位であり、溝で仕切られて前後方向に全部で14個形成される。**ペアルール遺伝子群**（pair-rule genes）は、これらのパラセグメントの奇数番目あるいは偶数番目で発現し、7本の縞模様として観察される。**イーブンスキップト**（even-skipped）遺伝子は奇数番号のパラセグメントで、**フシタラズ**（fushi-tarazu）遺伝子は偶数番号のパラセグメントで発現し、その他のものも奇数か偶数番目のパラセグメントで発現している（図8.6）。この段階の1つのパラセグメントは細胞4つの幅で構成されているが、イーブンスキップトやフシタラズとは1細胞分ずれて発現する種類もある。イーブンスキップト遺伝子のゲノム上のコード領域の上流および下流には複数のエンハンサーがあり、各エンハンサー上には母性遺伝子やギャップ遺伝子の産物の結合サイトがある。それら正負の発現制御が合計されると、各エンハンサーが1本あるいは2本の特定の縞の発現を司っていると考えられている。

頭部の発生は前方ギャップ遺伝子（ハンチバック、ジャイアント）とターミナルギャップ遺伝子（ヒュッケバイン（huckebein）、テイルレス）に加え、**オルソデンティクル**（orthodenticle）をはじめとした頭部のみに特異的なギャップ遺伝子により制御されていて、パラセグメントの3番目よりも前の領域はやがて7つのセグメントに分かれる。

ショウジョウバエの幼虫は腹側表面に歯状突起（denticle）とよばれる小さな棘を多数もっていて、これが各体節の前半にあり、後半にはないという極性をもっている。**セグメントポラリティー遺伝子群**（segment polarity genes）は、この体節内の前後極性を生み出す遺伝子である。この遺伝子に変異が生じると、歯状突起がなくなったり（例えばsmoothened）、体節の全体に生えたりする（例えばhedgehog）。ギャップ遺伝子やペアルール遺伝子は多核性胞胚で発現し、すべて転写因子であったのに対し、セグメントポラリティー遺伝子は細胞性胞胚で発現していて、転写因子、分泌性因子、分泌性因子の受容体やシグナル伝達経路の因子など多様な種類を含んでいる。セグメントポラリティー遺伝子は各パラセグメントの同じ位置に発現するため、14本の縞模様として観察される特徴がある。

ペアルール遺伝子であるフシタラズとイーブンスキップトがともに発現していない領域が、各パラセグメントの後端にある。この領域の細胞が**ウィングレス**（wingless）を発現する。ウィングレスタンパク質は分泌されて、隣接するパラセグメント前端の細胞に受容されると、この前端細胞は**エングレイルド**（engrailed）を発現する。エングレイルドは転写因子であり、**ヘッジホッグ**（hedgehog）遺伝子の転写を活性化する。ヘッジホッグタンパク質は分泌されてパラセグメント後端細胞に受容され、**パッチド**（patched）受容体およびコリセプターである**スムーズンド**（smoothened）に受容され、その信号が核に

8.4 ショウジョウバエ胚の前後軸形成2

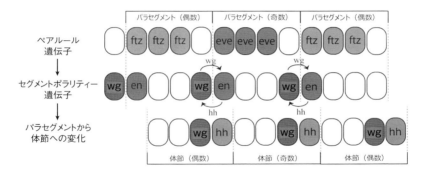

図 8.7* パラセグメント形成の分子機構
　各パラセグメントを構成する4つの細胞におけるペアルール遺伝子であるイーブンスキップ (eve) とフシタラズ (ftz) の発現パターンがセグメントポラリティー遺伝子であるエングレイルド (en) やウィングレス (wg) へと引き継がれる. パラセグメントの境界において, wg を受容した細胞は en を発現し, en を発現した細胞はヘッジホッグ (hh) タンパク質を分泌する. これが wg 発現細胞に受容されると wg 発現が増強される. なお, 実際には発生の進行に伴い細胞分裂が進行するため, 体節へと変化する頃には体節あたりの細胞数はもっと増えている.

伝わると, 再びウィングレス遺伝子が転写される. パラセグメントの後端と前端の細胞間で, こうした発現ループが形成される結果, パラセグメントの境界が明瞭化する. その後, パラセグメントから体節へと移行する際には, ウィングレスやヘッジホッグの濃度勾配や各細胞の感受性の違いが, 歯状突起の形や本数を決める (図 8.7).

　セグメントポラリティー遺伝子は各パラセグメントの同じ位置に発現するため, ここまではパラセグメントごとの違いは生じない. この後, パラセグメントは体節へと変化しながら, 各々違う構造へと分化する. この体節の違いを産む遺伝子が, **ホメオティックセレクター遺伝子群** (homeotic selector genes) または**ホメオティック遺伝子群** (homeotic genes, 英別名: Hox genes) である. この遺伝子群は体の前後軸上の位置情報を担っていて, 突然変異が起きると位置情報が不正確になるため, 体のある部位が別の部位に置き換わるという形質を示す. 100 年以上も前にこのような変異が見いだされ, **ホメオティックな変異** (homeotic mutation) と名づけられた. 例えば, **アンテナペディア** (antennapedia: Antp) 遺伝子の優性の変異においては, 触角のかわりに脚が生えてくる. 正常な Antp 遺伝子は 4 番のパラセグメントで発現して中胸の発生を指令するが, この働きが頭部で生じたためである. また, **ウルトラバイソラックス** (ultrabithorax: Ubx) 遺伝子が欠損すると通常では 2 枚の羽が生えるところ, 4 枚の羽が生じる. これは正常な Ubx 遺伝子が 5 番のパラセグメントで発現して後胸の発生を指令するところ, この働きが失われて後胸ができずに中胸が 2 つ生じたためである.

　ショウジョウバエのホメオティックセレクター遺伝子は染色体上の 2 つの領域にマップされ, 1 つをアンテナペディアコンプレックス (antennapedia complex: ANT-C), もう 1 つをバイソラックスコンプレックス (bithorax complex: BX-C), 両者を合わせて**ホメオティックコンプレックス** (homeotic complex: HOM-C) とよぶ. HOM-C には 8 遺伝子があり, すべて**ホメオボックス** (homeobox) もしくは**ホメオドメイン** (homeodomain) をもつ転写因子をコードしている. HOM-C は他の動物では**ホックス遺伝子群** (Hox genes) とよばれている (図 8.8).

　ホメオティック遺伝子は, 染色体上に並んだ順番で遺伝子の発現が胚の前後方向に並ぶという特徴があり, これを**コリニアリティー** (colinearity) とよぶ. 個々のホメオティック遺伝子は前端がくっきりと強く発現して, 後ろに行くと弱くなっていて, 後で発現するホメオティック遺伝子は, 前から発現している遺伝子と重なって発現する. 機能的には**後方優位性** (posterior dominance) があり, 後方の遺伝子の機能が前の遺伝子の機能を上回るという特徴がある. 例えば, アンテナペディアとウルトラバイソラックスが同時に 5 番のパラセグメントで発現すると, ウルトラバイソラックスの機能が優位となっ

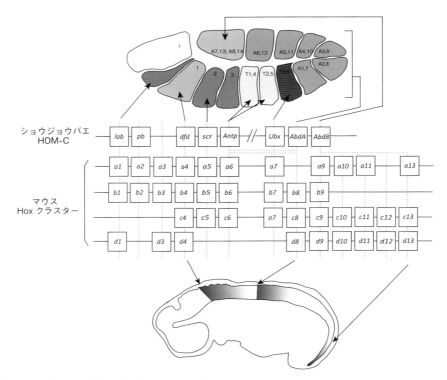

図 8.8* ホメオティック遺伝子群のゲノム上の位置
ショウジョウバエの HOM-C とマウスの Hox クラスターを並べたもの。マウスでは 4 倍に遺伝子重複していて，いくつかは偽遺伝子となっている。ショウジョウバエの Antp, Ubx, AbdA と，マウスの Hox6〜Hox8 とはいずれも相同性が高いために，対応関係は明確ではない。

て後胸の発生が起こる。

　ホメオティック遺伝子の発現はギャップ遺伝子群やペアルール遺伝子群に支配されているが，ギャップ遺伝子やペアルール遺伝子の発現している時間が比較的短いのとは対照的に，ホメオティック遺伝子は胚から蛹に至るまで長期にわたり発現する。これは**トリソラックスグループ**（trithorax group: TrxG）や**ポリコームグループ**（polycomb group proteins: PcG）のタンパク質によるエピジェネティックな制御を受けているためである。大まかには，TrxG の働きでクロマチンが開いて活性化状態となり，PcG の働きでクロマチンが閉じて抑制化状態となる。HOM-C のクロマチンの状態が細胞分裂を経ても引き継がれることでホメオティック遺伝子の発現が維持され，体節が何に分化するかが固定され，細胞分化に安定性がもたらされる。

8.5　ショウジョウバエ胚の背腹軸形成

　ショウジョウバエの背腹軸形成には，母性タンパク質である**シュペツレ**（spätzle）と，**トール**（toll）受容体がかかわっている。シュペツレは卵母細胞から分泌されて囲卵腔に存在しているが，胚の横断面を円としてみた場合，腹側約 120° の濾胞細胞から分泌される**パイプ**（pipe）タンパク質（ヘパラン硫酸スルホトランスフェラーゼ）からはじまる複雑なタンパク質活性化の経路を経て，断片化される。この断片化されたシュペツレが卵母細胞の腹側の細胞膜上のトール受容体を活性化して，シグナルを細胞内に伝える。卵母細胞内には**カクタス**（cactus）というインヒビターが結合して不活性な状態の**ドーサル**（dorsal）転写因子があるが，トール受容体の活性化が起きるとカクタスが分解される。これにより活性化したドーサルは核内へと移行して，DNA 上の応答配列と結合し，遺伝子を活性化する。ちなみに，ドーサルタンパク質は Rel/NF-κB ファミリーの転

8.6 カエル胚における中胚葉誘導と背腹パターン形成

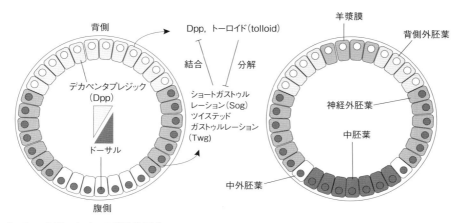

図 8.9* ショウジョウバエの背腹軸形成
背側にはデカペンタプレジック(Dpp)とトーロイド(tolloid)があり，腹側にはドーサル(dorsal)がある。神経外胚葉からはショートガストゥルレーション(Sog)とツイステッドガストゥルレーション(Twg)が分泌されてDppと拮抗する。中外胚葉は中胚葉が陥入して抜けた後に左右から合わさり，腹側正中線の神経構造をつくる。

写因子であり，ショウジョウバエや脊椎動物でも細菌やカビなどへの防御として活性化される**自然免疫**(innate immunity)のシステムを構成している。

ドーサル転写因子は**モルフォゲン**(morphogen)であり，背腹軸に沿って4通りの運命をその濃度に応じて指定(specification)している。ドーサルが発現しない最も背側の細胞は**ツェアクニュルト**(zerknüllt)を発現して**羊漿膜**(amnioserosa)という胚体外組織となる。次に，ドーサルの濃度が低い背側の細胞は，ドーサルが**グラウチョ**(groucho)というコリプレッサーを結合して転写抑制因子となっている。これらの細胞は**デカペンタプレジック**(decapentaplegic: Dpp)や**トーロイド**(tolloid)を発現し，背側外胚葉となる。Dppは脊椎動物の骨形成タンパク質4(BMP4)に相当する一方，トーロイドはプロテアーゼをコードしている（図8.9）。

その少し腹側の領域では，中程度の濃度のドーサルにより活性化されて**ロンボイド**(rhomboid)が発現して神経外胚葉となる。ロンボイドは7回膜貫通ドメインをもつ膜タンパク質であり，上皮成長因子受容体(EGFR)を活性化する働きがある。この信号系の働きで神経が細かく領域分けされる。また，神経と中胚葉の境界にあたる細い場所は**中外胚葉**(mesectoderm)となっていて，ここからは特別なグリア細胞が分化する。この領域のマーカー遺伝子は**シングルマインデッド**(single minded)である。

ドーサルが高濃度の腹側領域では**ツイスト**(twist)とスネイル(snail)が発現し，中胚葉となる。ツイストは中胚葉分化を促進するとともにスネイルの発現を活性化し，スネイルは隣のロンボイドの発現を抑制することで神経分化を抑制している。ツイストのプロモーターにはドーサルの結合配列があるが，その親和性が低いためにドーサルが高濃度で存在する中胚葉領域のみでツイストが発現する。ドーサルタンパク質の濃度勾配に応じて背腹軸に沿った細胞分化がはじまる時，細胞性胞胚が完成する。そこからは転写因子の濃度勾配に加えて，分泌性因子の濃度勾配によっても細胞分化が制御される。Dppはドーサルタンパク質が核内に存在しない背側領域で広く発現し，羊漿膜の分化を誘導する。神経外胚葉では広く**ショートガストゥルレーション**(short gastrulation: Sog)や**ツイステッドガストゥルレーション**(twisted gastrulation: Twg)が発現している。これらはDppと結合してDppの働きを抑制する分泌性因子である。一方でSogやTwgは，背側領域で発現しているトーロイドというプロテアーゼにより分解を受ける。このため，Sogは神経外胚葉で高く，羊漿膜では低い濃度勾配を形成する。

8.6 カエル胚における中胚葉誘導と背腹パターン形成

ここからは脊椎動物の例として，アフリカツメガエルの受精から背腹パターン形成までみていく。ア

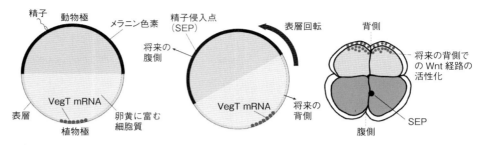

図 8.10* カエル胚の受精と背腹軸形成
受精後に起こる表層回転により,植物極付近にあった VegT mRNA を含む背側化物質が移動し,将来の背側で Wnt カノニカル経路が活性化される。精子侵入点(SEP)は動物極側にあり,黒点として観察される。

フリカツメガエル卵は,**動物半球**の表層がメラニン色素のため黒くなっていて,**植物半球側**は白い。卵黄の実体は母親の卵巣中で卵母細胞が飲作用(ピノサイトーシス)により,おもにリポタンパク質を取り込んで形成された**卵黄小板**(yolk platelet)であり,植物半球では大きいが,動物半球にも小型のものがたくさん含まれる。卵母細胞が成熟し,産卵されると動物半球側で受精が起こる。このとき,受精前までは動物極-植物極を結ぶ軸を中心に360°対称であったものが,受精により**精子侵入点**(sperm entry point: **SEP**)を通る面で左右対称となる。この対称面が将来の正中面とほぼ一致している。受精後,極体の放出による減数分裂の完了と2つの前核の融合が起こる。さらに,1細胞期の間に**表層回転**(cortical rotation)が起こる。これは細胞膜とその直下の細胞質からなる表層と,それよりも内側の細胞質との間で微小管により約30°ずれる運動である。この回転運動は胚全体で起こり,動物半球側では表層のメラニン顆粒が SEP の側へと動くとともに,植物極側では植物極底面にあった**ディシェベルド**(disshevelled)タンパク質や Wnt11 mRNA を含む**背側化物質**(dorsalizing factors)をやや上方と移動させる。背側化物質は Wnt **カノニカル経路**(canonical Wnt pathway)を活性化し,Wnt シグナルが活性化した側が将来の背側となり,将来の原腸陥入開始点となる(図 8.10)。植物極側に局在するT-box 転写因子である VegT mRNA や TGF-β スーパーファミリーの Vg1(Ser)mRNA も表層回転により背側へと移動する。

その後,卵割が起こり,桑実胚になると Wnt カノニカル経路が活性化した領域では **β カテニン**(β-catenin)が核に蓄積する。32細胞期には胚は4つの階層からなり,その最下層にあたる植物極側で最も背側の割球(D4割球),もしくはそこから発生する胞胚の領域を**ニューコープセンター**(Nieuwkoop center)とよぶ。ニューコープセンターを別の胚の腹側植物極側に移植すると完全な二次胚が発生する。ニューコープセンターは予定内胚葉でありながら,内胚葉,中胚葉,外胚葉すべてを含めた背軸を形成する能力がある。植物極やや背側へと移動した VegT mRNA は内胚葉分化の出発点となる。さらに,背側では転写コアクチベーターである β カテニンが存在するとき,ホメオボックス転写因子の**シアモア**(siamois)遺伝子とアクチビン様の分泌性因子である**ノーダル関連タンパク質**(nodal-related proteins)の遺伝子が転写される。これらがニューコープセンターの働きを担っていると考えられる。ノーダル関連タンパク質はアクチビン受容体のリガンドであり,アニマルキャップ外植体に作用すると強力な中胚葉および内胚葉誘導活性がある。胞胚期の MBT の際にもいち早く転写開始されるので,**中胚葉誘導因子**(mesoderm-inducing factors)として働いていると考えられる。

シアモアの発現とノーダル関連タンパク質の分泌が起こると,赤道面の背側の細胞が背側中胚葉へと誘導され,その領域が**シュペーマンのオーガナイザー**(Spemann's organizer)となる(オーガナイザーは形成体ともいう)。初期~中期胞胚期にかけて,胚の赤道面周辺は予定中胚葉領域にあたり,最も早期中胚葉マーカーである**イオメソダーミン**(esomesodermin)が発現する。これに続き多くのオーガナイザー特異的遺伝子の発現が起こる。例えば,**グースコイド**(goosecoid)遺伝子はショウジョウバエのビコイドと類似性のあるホメオボックス遺伝子であり,最も初期に陥入して体の前方まで移動する咽頭内胚葉の分化にかかわる。また,Xlim1 は

LIMタイプのホメオボックス転写因子であり，神経誘導に関与すると考えられる．背側中胚葉ではXnot遺伝子が発現し，このホメオボックス転写因子は，その後に発現してくるT-boxタイプの転写因子ブラッキユーリー（brachyury，またはT遺伝子）とともに脊索分化に関与する．原口背唇部ではノギン（noggin）およびコーディン（chordin）が発現する．これらは分泌性タンパク質であり神経誘導を担う中心的な分子だと考えられる．一方，胚の腹側を中心として広く発現している骨形成タンパク質4（bone morphogenetic protein 4: BMP4）は，外胚葉においては表皮分化を促進し，中胚葉においては血球様細胞，間充織，体腔上皮などの腹側中胚葉分化を誘導する．このとき，腹側中胚葉においては，Xvent1遺伝子およびXvent2遺伝子が活性化している．さらに，腹側にはゾーロイド（xolloid）というメタロプロテアーゼがあり，ノギンやコーディンを分解して腹側では働かないようにしている．ノギンやコーディンはBMP4と結合してその効果を打ち消す活性があり，外胚葉においては表皮分化を抑制して神経分化を誘導し，中胚葉においては腹側分化を抑制して筋肉，心臓，体節などのより背側の中胚葉を分化させる．これらの作用は背側化（dorsalization）とよばれ，腹側中胚葉分化誘導活性に対抗してより背側の構造を分化させる（図8.11）．脊椎動物におけるBMP4とコーディンおよびゾーロイドの関係は，ショウジョウバエにおけるDppとSogおよびトーロイドの関係と一致していて，系統分類的に遠く離れた動物間でもDppやBMP4の活性を調節する仕組みも保存されている．

8.7 脊椎動物の前後パターン形成

脊椎動物におけるHox遺伝子の発現は，ショウジョウバエのそれよりも複雑でよくわかっていない．しかし，ゲノムのDNA上で3′側に位置するもの（Hox1など数字の小さいもの）が先に発現し，5′側に位置する数字の大きいものが後から発現するという規則がある．また，原腸陥入の際には，早期に原腸陥入する細胞が3′側のHox遺伝子を発現し，後から発現する細胞はそれよりも5′側に位置するHox遺伝子を発現する．沿軸中胚葉に関しては，陥入後は未分節中胚葉として繋がっているが，さらに前方に移動して体節化が起こるとHox遺伝子の発現は固定化される．

前後軸方向の分化を決める因子は他にも知られていて，Wnt3aをはじめとするWntおよびFGF8などの線維芽細胞成長因子FGF（fibroblast growth factor）は尾芽など胚の後方で発現している．FGF濃度が尾芽より少し前方で下がってくると，未分節中胚葉が体節へと分節化を開始する．WntやFGFは頭部で発現するホメオボックス遺伝子Otx2の発現を抑制することで，後方の発生を促進する．一方，サーベラス（cerberus）やdkk1のようなWntを抑制する分泌性因子が頭部誘導を引き起こす咽頭内胚葉には複数あり，これにより神経が前方化して前脳などが分化するようになっている．原腸胚以後は，レチノイン酸（retinoic acid）は頭部でも尾部でもcyp26a1という代謝酵素の働きで分解される．こ

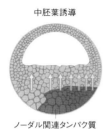
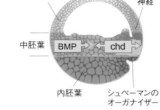

図8.11* 中胚葉誘導からシュペーマンのオーガナイザーの成立

骨形成タンパク質4（BMP4）による腹側化とコーディン（chd）を中心とした背側化が拮抗している．骨形成タンパク質は外胚葉を表皮へと分化させ，コーディンは外胚葉を神経へと分化させる．

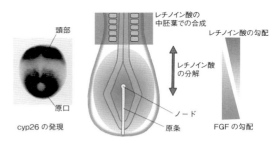

図8.12* レチノイン酸とFGFの勾配による未分節中胚葉の分節化および後方化

（左）レチノイン酸の分解にかかわるcyp26の発現領域（カエル胚）．（右）レチノイン酸は体節領域で合成され，それより後方の原口（ノード）付近ではレチノイン酸は分解される．一方，ノードを中心とした後方領域には線維芽細胞成長因子（FGF）とWntが局在して，レチノイン酸とは逆の勾配を形成している．図はニワトリ胚．

のため，レチノイン酸は後脳以降や胴体部分および体節化が進行する領域には存在して細胞分化に直接影響を与える他に，Hox遺伝子群の発現も促進している（図8.12）。

Hox遺伝子は明らかに前後軸形成に影響を与える。例えば，Hoxc8のノックアウトマウスでは第一仙椎ができずに，より前方の腰椎と同様の骨が形成される。cyp26a1のノックアウトはレチノイン酸の濃度上昇を招き，軸が短縮するとともに後方の構造が前方にも形成され，頸椎が肋骨を伴った胸部の骨へと変化するなど，ホメオティックな変化が観察される。Hox遺伝子は中胚葉や神経のみならず表皮にも必要であり，Hox1を欠損したホヤでは耳ができない。これは耳胞が神経や中胚葉の働きで誘導される際に，Hox1が表皮に対して誘導への**応答能**（コンピテンス）を与えていると考えられる。

8.8 左右軸の形成

脊椎動物において，心臓，肝臓，肺，胃，腸のねじれに左右非対称性がみられる。また，毛髪の流れや神経（間脳背側の手綱核や大脳皮質）にも左右非対称性がある。左右非対称性は**左右軸**ともよばれ，背腹軸や前後軸と並び第3の軸となっている。左右軸の形成機構は脊椎動物では概ね保存されている。マウスには左右が鏡像対称となる ***inv*** (inversion of turning) 突然変異がある。左右軸がランダム化する（ある個体では正常な対称性を示すが，ある個体では鏡像対称となる）***iv*** 突然変異も知られている。*iv* においては，**左右性ダイニン**（left-right dynein）という特別なダイニンの発現が異常となっている。また，繊毛に異常を生じる**繊毛病**（ciliopathy）においては，腎嚢胞や肝・胆管異常に加えて内臓逆位が起きていることが知られ，繊毛運動と左右軸形成には深い関連性がある。左右性ダイニンは哺乳類ではノードの腹側（内胚葉側）に存在し，通常の9＋2とは異なり9＋0本の微小管からなる**左右性繊毛**（left-right cilia）をつくる。この特殊な回転運動を行う繊毛はゼブラフィッシュのクッパー胞（Kupffer's vesicle）やアフリカツメガエルの原腸蓋（gastrocoel roof, archenteric roof）にもみられる。左右性繊毛の運動を抑えると左右軸がランダム化することが示されているが，左右性繊毛が何を運んでいるのかはまだよくわかっていない。

アフリカツメガエルでは**プロトンカリウムATPアーゼ**（H^+/K^+-ATPase）のmRNAが2細胞期の右側割球で，また4細胞期の右側腹側の割球で強くなっている。ニワトリではヘンゼン結節の右側でこのポンプの活性が強く，左側では活性が低いために膜電位が軽い脱分極状態にある。これと平行して，カエルの4細胞期の右側腹側の割球では神経伝達物質であるセロトニン（5HTともいう）の量が多い。この母性セロトニンは卵割期の間に次第に分解されていくが，一部の割球はセロトニン濃度が高い状態を維持する。このセロトニンの動的局在化にはプロトンカリウムATPアーゼの活性とギャップジャンクシ

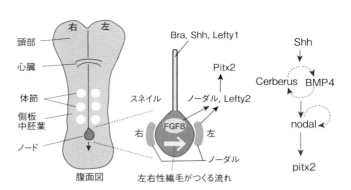

図 8.13* マウスにおける左右性形成の流れ

図は内胚葉側すなわち裏面から見ているため左右が逆転している。哺乳類ではノードの内胚葉表面に生えている左右性繊毛が液体の流れをつくり，何らかの因子が運ばれて左右差が生まれる。マウスではノードで発現するFGF8がもとになり左側側板でノーダルが，さらにはPitx2が発現する。反対に右側側板ではスネイルが発現する。左右で発現する遺伝子は動物ごとに違いがある点に注意が必要である。右はShhを起点として各遺伝子が発現する順序で想定されている例。

ョンによる細胞間コミュニケーションが必要である。セロトニン量の多い細胞はやがて中胚葉外層となり，陥入して原腸蓋の左右性繊毛を有する細胞へと分化する。この分化にはWntシグナリングが必要であり，セロトニンのシグナル伝達がWntシグナリングに必要であることが示されている。ニワトリでも同様のことがわかっている。

哺乳類ではノードにおける左右性繊毛の運動がやがては左側側板でのノーダルやPitx2の発現に繋がる。反対に右側ではアクチビンやFGF8，スネイルの発現が亢進している。これらの分泌性因子や転写因子の発現左右差はおもに側板中胚葉で生じており，この側板における差が内胚葉や外胚葉にも伝わって，内臓器官や神経系における左右差が生じると考えられる（図8.13）。

■ 演習問題

8.1 ビコイドのmRNAの卵母細胞内での局在には3′非翻訳領域が必要であるが，どのような仕組みでmRNAが細胞内の特定の場所に局在性を示すと考えられるかを説明せよ。

8.2 「たった1つの受精卵から，なぜ複雑な体ができてくるのか」とよくいわれている。この問いに対する答えを述べよ。

8.3 シュペーマンのオーガナイザーは抑制物質の宝庫だといわれる。どのような例があるかを記せ。

9

外胚葉性器官の発生

　動物の胞胚期に生じる3つの胚葉の中で，中胚葉と内胚葉は原腸形成の際に胚体内部に移動し，胚体表層に残る胚組織が外胚葉となる．この胚葉からは一般に，**中枢神経系**，**表皮組織**，**表皮派生器官**が生じる．

　脊椎動物胚の場合，予定表皮領域からは，感覚器，神経節などの外胚葉性プラコード由来器官が発生し，神経板と表皮の境界領域には，**神経堤**[1]（neural crest）とよばれる脊椎動物に特有の組織が生じる．本章では，おもに脊椎動物胚での外胚葉由来組織・器官の発生について紹介する．

9.1 中枢神経系の形成と神経細胞の分化

9.1.1 神経管の形成

　脊椎動物胚の場合，神経誘導により，背側外胚葉が**神経板**とよばれる予定神経領域に分化する（図9.1）．神経板は背側に生じる幅広の板状構造であり，その発生には **Sox 転写因子**[2]が必要である．

　神経板はその後，細胞の再配列により前後に伸長し（**収斂伸長運動**），さらに管状構造（**神経管**）を形成する．**神経管形成**の過程には2つのタイプが知られている．胚体前方では，神経板が上皮構造を保ちつつ内部に陥入し，予定表皮から分離する結果，管状構造となるのが一般的であり，これを**一次神経管形成**とよぶ．この際，神経板の両側部が隆起して襞状の**神経褶**となる一方，中軸部はU字状の溝となる（**神経溝**）．左右の神経褶は，神経溝を覆うように融合して神経管を形成する．この際には，神経板の中軸（中央屈曲部）と側方（背外側屈曲部）で起きる屈曲が重要である．神経管-表皮境界領域はその後，神経堤に分化する（9.3節参照）．

　神経管の表皮外胚葉からの分離には，細胞接着性の膜タンパク質である**カドヘリン**（cadherin）が重要である（3.3節参照）．表皮外胚葉細胞はEカドヘリンを発現するが，神経板は代わりにNカドヘリンを発現するようになる．カドヘリンは一般に同じ型どうしでのみ接着するため，結果的に神経板は表皮領域から分離する（図9.1(a)）．実際，ツメガエルにおいて，mRNA注入により表皮外胚葉で強制的にNカドヘリンを発現させると，神経管は表皮から分離できない（図9.1(b)）．

　一方，胚の後方では，間充織細胞が予定表皮の直下で凝集して**髄索**とよばれる棒状組織となり，さらに表層が上皮化する結果（**間葉上皮転換**），内腔が生じて神経管となることが多い（**二次神経管形成**）．

9.1.2 神経管の前後軸の確立と局所オーガナイザーの形成

　神経誘導で生じる予定神経領域は，最初，前方脳領域の性質をもつ．実際，神経誘導因子（3.1節参照）である**ノギン**（noggin）や**コーディン**（chordin）

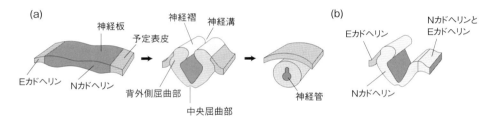

図 9.1*　神経管の形成
　(a) 正常発生．神経管の分離はNカドヘリンの発現による．(b) 実験処理．Nカドヘリンを表皮で強制発現させると神経管の分離が起きない．（Gilbert, 2015 を一部改変）

9.1 中枢神経系の形成と神経細胞の分化

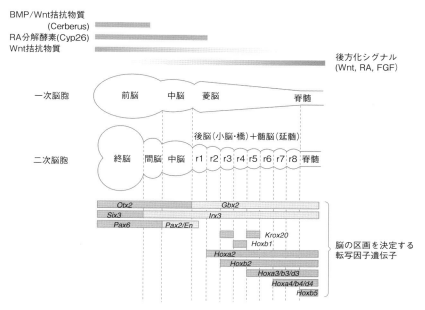

図 9.2* 神経管の前後に沿った領域化
神経管は後方化シグナルとその拮抗物質の働きで領域化される。各脳内区画の分化は各種ホメオボックス遺伝子（*Otx*, *Gbx*, *Six*, *Irx*, *Pax*, *En*, *Krox*, *Hox* など）の組合せで決定される。r1～r8: ロンボメア。

をmRNA注入で強制発現させたツメガエルのアニマルキャップでは、*Otx2* などの前方神経マーカーが発現するが、**中脳後脳境界**（midbrain-hindbrain boundary: MHB）、後脳、脊髄のマーカー遺伝子は発現しない。しかしその後、誘導された神経領域は、後方領域で分泌されるシグナル（**後方化シグナル**）の濃度勾配に従って前後にパターン化される（図9.2）。後方化シグナルとしては**レチノイン酸**（RA），**FGF**（fibroblast growth factor），**Wnt** などが知られている。RAは、体幹部の体節で**レチノイン酸合成酵素**により合成されており、頭部神経板において、後方をピークとする濃度勾配をつくる。FGFとWntも後方中胚葉で発現し、RAとともに神経管を後方化する[3]。

上述のように、神経板は当初、前方神経系の特性をもつが、実際に前方神経系、特に脳が形成されるためには後方化シグナルの遮断が必要であり、中でもWntをBMP（bone morphogenetic protein）と同時に阻害することが必要である。前方中軸の中胚葉・内胚葉の領域（前腸、脊索前板）から分泌される**サーベラス**（cerberus）は、WntとBMPのいずれにも結合して働きを阻害する活性があり、単独で頭部誘導できる。

脳原基での前後に沿った区画の確立（領域化）は、その後、**脳胞**とよばれる神経管の膨潤として観察される（図9.2）。最初に生じる脳胞（**一次脳胞**）は、前方から**前脳、中脳、菱脳**[4]に区別される。引き続き、前脳は終脳と間脳、菱脳は前方の後脳（小脳と橋）、後方の髄脳に分かれる（**二次脳胞**）。

脳原基の発生では、分節構造（ニューロメア）が基本となる。前脳の後方は、後ろから順に**プロソメア 1～3**（p1～3）に区別され、前方は**二次前脳**とよばれる。二次前脳の背側は終脳、腹側は視床下部、p3の背側は腹側視床、p2は視床と視床上部、p1は視蓋前域となる。中脳は通常1分節とされており、後脳は7～8個の分節構造、つまり**ロンボメア**から構成される（r1～r7/8）。ロンボメアの内部では細胞が比較的自由に移動するが、隣接ロンボメア間での細胞移動は制限されている。各ロンボメアでは形態的、機能的に異なるニューロンが生じる。

前後に沿った脳領域化は、領域特異的に発現する転写因子の働きに依存しており、その多くは**ホメオドメイン転写因子**である（図9.2）。ロンボメアの特性は、発現する **Hox 遺伝子**の組合せ（**Hox コード**）で決定される。

隣接する神経板領域の境界はその後、周辺脳領域の誘導を行う分泌シグナルを産生することが多く、このような領域は**局所オーガナイザー**とよばれる。

例えば，前脳前端部は終脳や間脳のパターン形成を行い[5]，MHB領域は前方で中脳，後方では小脳を誘導する。MHBはその後，**峡部**とよばれるくびれ構造をつくるため，**峡部オーガナイザー**ともよばれる。これらのオーガナイザー（organizer）領域から分泌されるシグナルとしては，FGF8，ソニックヘッジホッグ（**Shh**），Wntなどが知られている。

9.1.3　神経管の背腹軸の形成

神経管は背腹に沿っても極性があり，背側領域は**翼板**，腹側は**基板**という。翼板は感覚情報の入力領域であるのに対し，腹側には運動ニューロンが形成される（図9.3(a)）。また，背腹軸に沿って様々な介在ニューロンが配置される。このような神経管の背腹パターンの形成においてもシグナル分泌センターが重要である。

神経管の直下に位置する脊索はShhを分泌し，神経管腹側に新たなShhシグナル分泌領域である**底板**を誘導する。底板が分泌するShhは神経管の腹側で濃度勾配をつくる（図9.3(c)）。一方，神経管を覆う**表皮**，そして**蓋板**とよばれる神経管の最背側領域からは，BMPとWntが分泌され，これらは腹側に向けて逆向きの濃度勾配をつくる。これらの濃度勾配に応じ，背腹に沿って異なる転写調節因子が発現し，この組合せにより生じるニューロンが決定される（図9.3(b)，(c)）。

9.1.4　神経分化

神経上皮細胞からはその後，多様な細胞が生じるが，大きくはニューロンとグリア細胞に分けられる。初期神経分化の制御の仕組みは，無脊椎動物でも脊椎動物でも基本的には保存されている。

脊椎動物の神経板など，未分化神経上皮ではまず，**プロニューラルクラスター**とよばれる神経分化能をもつ細胞集団が出現する。これを特徴づけるのは**プロニューラル遺伝子**と総称される制御遺伝子の発現であり，その多くはbHLH型転写因子をコードする。神経分化能を獲得した細胞が実際に神経に分化するかは，**ノッチ**（Notch）シグナルにより制御される。膜タンパク質**デルタ**（Delta）は，隣接する

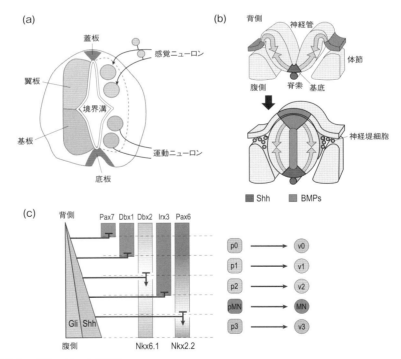

図 9.3＊　神経管の背腹に沿った領域化
(a) 神経管の断面図（(a)寺島, 2011を一部改変）。(b) 背側と腹側からの分泌シグナル。(c) 神経管腹側からのShh，Shhで活性化される転写因子Gliの濃度勾配により，生じる神経細胞が決定される。横線と矢印はそれぞれShh/Gliによる発現の抑制と活性化を示す。p0～p3: 介在ニューロン前駆細胞，V0～V3: 介在ニューロン，pMN: 運動ニューロン前駆細胞，MN: 運動ニューロン。（(b), (c) Wolpert & Tickle, 2012を一部改変）

9.1 中枢神経系の形成と神経細胞の分化

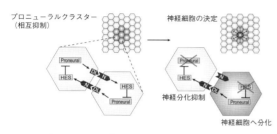

図 9.4* ノッチシグナルによる神経分化の制御
デルタ（DL）とノッチ（N）の相互作用により神経分化の側方抑制が起きる（左）。バランスが崩れると，一方の細胞ではプロニューラル遺伝子の発現が上昇するのに対してbHLH-O遺伝子（HES）の発現が低下し，この細胞が神経細胞に分化する（右）。（Price et al., 2011を一部改変）

細胞の表層にあるノッチを受容体としており，デルタと結合したノッチは，bHLH-O型転写因子（HES，Herなど）[6]の発現を活性化する。この転写因子はプロニューラル遺伝子の発現を抑制するため，プロニューラルクラスターの中で，隣接細胞は相互に神経分化を抑制する（**側方抑制**）（図9.4）。

プロニューラルクラスターの中で，いったんデルタの発現が強くなった細胞ではプロニューラル遺伝子の発現が維持されて神経に分化するが，隣接細胞ではノッチシグナルの働きで神経分化が抑制される。ノッチシグナルは，神経細胞か非神経細胞かの決定，あるいは神経前駆細胞の一部を未分化状態に保つために重要である。なお，ノッチやデルタはショウジョウバエで欠損すると，過剰な神経細胞分化を引き起こすことから，**ニューロジェニック遺伝子**[7]とよばれる。

9.1.5 ニューロンの形成と移動

神経管を構成する初期の神経上皮では，細胞核は細胞周期に伴って**エレベーター運動**とよばれる往復運動を繰り返しており，M期には内腔面に位置し，S期では外表層側に移動する（図9.5）。この時期，神経前駆細胞は内腔面において分裂を繰り返す。

発生初期の細胞分裂で生じる2個の娘細胞は増殖能，分化能について同等である（**対称分裂**）。しかし，分化開始時の分裂は非対称であり，一方の娘細胞は内腔面にとどまり，もう一方のみが前駆細胞として表層に向けて移動した後，ニューロンやグリア細胞に分化する。内腔面に残る増殖性細胞は，ニューロン，グリア細胞を送り出し続けることから**神経**

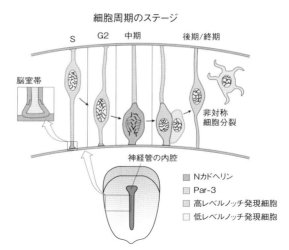

図 9.5* 神経上皮における神経細胞の分裂とエレベーター運動
脳室側で分裂した細胞の一方が神経分化をはじめると，Nカドヘリンの発現が低下し，表層への移動をはじめる。Par-3は細胞の極性に関与する。（Gilbert, 2015を一部改変）

幹細胞とよばれる（図9.6(b)）。神経幹細胞はその後，内腔面から外表層に細胞突起を伸ばした形状から**ラジアルグリア細胞**とよばれるようになる。この細胞から生じた**神経芽細胞**[8]（neuroblast）は，この突起を足場として外表層に向けて移動する。

脳の場合，神経管内腔はその発達ともに**脳室**とよばれるようになる。神経管壁は，脳室側から表層に向けて順に，**脳室帯**，**外套層（中間帯）**，**辺縁帯**の3層に区別される（図9.6(a)）。脳室帯は神経幹細胞が分布する領域であり，ここで生じる**中間前駆細胞**（INP）は内部に移動し，新たな細胞層，すなわち**脳室下帯**（SVZ）を形成する。INPはさらに1回ないし数回の対称分裂を行った後，ニューロンへの分化を開始し，脳表層側に移動して外套層を形成する。神経前駆細胞はここでニューロンやグリア細胞に分化し，軸索をさらに神経管最外層である辺縁帯に伸長する。この領域には末梢組織や他の脳領域からの神経繊維も進入する。

脊髄や延髄では3層構造がその後も維持される。辺縁帯はミエリン鞘に覆われた神経軸索に富み，白っぽくみえることから，**白質**とよばれるのに対し，外套層は神経細胞を含んでおり，その外観から**灰白質**とよばれる。これに対し，前脳，中脳，小脳領域[9]では，細胞分裂や細胞移動が制御される結果，さらに複雑な層構造が形成される。

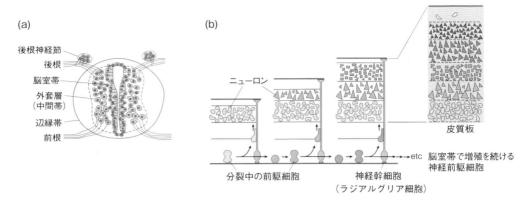

図 9.6* 神経管の3層構造 (a) と大脳皮質でみられる6層構造 (b) の形成
脳室層で分裂した前駆細胞はその後，表層方向に移動を開始し，皮質板において6層構造をつくる。
((a) 寺島，2011を一部改変．(b) Alberts *et al*., 2008 を一部改変)

哺乳類の大脳の場合，外套層で生じた未熟なニューロンは，ラジアルグリア細胞の突起に沿ってさらに脳表層に向けて移動し，脳表層近くで**皮質板**という細胞層を形成する。この層が後に大脳新皮質を形成する領域であり，最終的に大脳の機能に重要な6層構造をつくる。この時にみられる特徴は，最も初期に脳室帯から移動をはじめたニューロンほど下層に位置し，その後出現したニューロンは，すでに移動したニューロンを追い抜いて脳表層側に位置することであり，これを**インサイド-アウト**の配置という（図 9.6 (b)）。

脳発生初期の神経幹細胞からはニューロンが生じるのに対し，その後はグリア細胞が分化する。中枢神経系におけるニューロンの数や分布は，増殖と移動に加え，**プログラム細胞死**（アポトーシス，apoptosis）によっても制御される。

9.2 ニューロンの分化と軸索の伸長

9.2.1 神経系におけるネットワークの形成

神経系が機能するためには，標的器官・細胞との間で厳密な神経連絡が形成される必要があり，ニューロンの信号伝達を担う**軸索**の伸長が重要である。なお，軸索が電気パルスの伝導路として機能するためには，**ミエリン鞘**とよばれる脂質多重層が電気的絶縁のために必要であるが，これは，中枢神経系では**オリゴデンドロサイト**（oligodendrocyte），末梢神経系では**シュワン細胞**（Schwann cell）というグリア細胞により形成される。個々のニューロンは，特定の神経伝達物質を産生することで興奮性，あるいは抑制性となる。

神経連絡の形成にあたって，軸索はまず胚の標的領域まで特定の経路を選んで伸長する（**経路選択**）。標的が離れている場合，先行して軸索を伸長し，続く軸索のガイドとなる**パイオニアニューロン**が重要である。軸索は，適切な領域に到達すると，標的となる細胞集団を認識して結合する（**標的選択**）。その後，神経連絡はさらに厳密になり，各軸索は少数，あるいは1個の細胞とのみ連絡を維持する（**住所選択**）。

9.2.2 軸索伸長経路の決定機構——軸索ガイダンス

経路選択や標的選択の際に，軸索伸長を先導するのが先端の**成長円錐**である。成長円錐に生じる仮足（微小突起）は，伸長，収縮を行いつつ周辺環境を検知し，進路を決定するとともに，細胞外基質（ECM）や隣接細胞に接着することで伸長するための足場をつくる。このような軸索伸長経路の決定機構を**軸索ガイダンス**という。

成長円錐が，ある種の物質には誘引され，他の物質には反発する結果，軸索は特定経路を伸長する。主要な誘因・反発因子には，**エフリン**（ephrin），**セマフォリン**（semaphorin），**ネトリン**（netrin），**Slit** がある。成長円錐にはこれら各々に対する膜受容体が存在しており，これらの働きで内部の細胞骨格，そして移動が制御される[10]。

膜タンパク質のエフリンとセマフォリン[11]は成長円錐に対して通常反発因子として働き，軸索伸長の

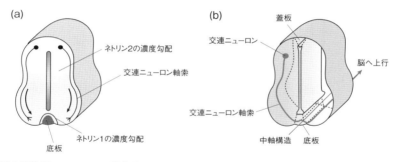

図 9.7*　脊髄交連ニューロンの軸索伸長
(a) 軸索（緑）は神経管腹側で発現するネトリンにより誘引され，腹側に向けて伸長する（Gilbert, 2015 を一部改変）。(b) 軸索は底板に向けて伸長し，さらに，これを横切った後に，脳の方向に向きを変えてさらに伸長する（Alberts et al., 2008 を一部改変）。

方向転換を起こす。例えば，背根からの感覚神経軸索と運動ニューロンは各体節の前方を通過するが，これは，軸索の成長円錐が，エフリンやセマフォリンを発現する体節後方を避けるためである。

分泌性の誘因因子としてはネトリンが重要である。脊髄背側にあって左右の運動性の協調に関与する脊髄交連ニューロンの軸索は，腹側に伸長した後，中軸の底板方向に向きを変え，さらにそれを横切って反対側に入る（図 9.7）。この際，成長円錐は，底板から分泌されるネトリン 1 と神経管の腹側で広く発現するネトリン 2 により腹側，そして底板に誘引される。

分泌性の反発因子として働くものとしては Slit タンパク質がある。ショウジョウバエの交連ニューロンの場合，中軸構造から分泌される Slit の反発作用を受けるが，軸索が中軸に近づく際に Slit 受容体（Robo）の発現が一過的に低下し，中軸を横切った後に再開するため，軸索は反対側に伸長できる。脊椎動物の交連神経軸索が中軸を横切る際も基本的には同様である。

標的細胞領域（筋細胞や他のニューロン）に到達した軸索は，周辺領域・細胞から分泌される上述の誘因・反発因子や**神経栄養因子**[12]と総称される分泌因子に応答して標的細胞を選択し，神経活動に依存して**シナプス**とよばれる連結構造をつくる。神経系の発生においては正常胚でもしばしば神経細胞死が伴う。標的組織からの神経栄養因子は，神経細胞の維持にも重要である。実際，遺伝子破壊により，ある神経栄養因子を除去すると，特定ニューロンの死を誘導する。

9.2.3　網膜神経節細胞の軸索伸長

網膜中の視細胞から視覚中枢へ視覚情報を伝える**網膜神経節細胞**（retinal ganglion cell: RGC）について，軸索伸長の仕組みが詳細に研究されている。

(1)　RGC の軸索による視交差の形成

RGC の軸索は，神経束を形成して視神経となる。視神経は，哺乳類以外の脊椎動物の場合，中脳背側にある視蓋に伸長する[13]。この際，軸索は眼球を出た後，セマフォリンによる反発作用を避けつつ，ネトリンやラミニンの分布に従ってグリア細胞上を中脳に向けて伸長する。視神経は視床下部前方で**視交叉**[14]をつくるが，哺乳類では，RGC の軸索の一部は視交叉で発現するエフリンに反発して同側に戻る。

(2)　視蓋上での接着特異性

視神経の網膜から視蓋への投射（**網膜視蓋投射**）における対応関係は，カエルやニワトリで詳細が調べられており，RGC 間の網膜上の位置関係は視蓋上でも保持されることがわかっている。例えば，ニワトリ胚神経性網膜の後方（側頭側）の細胞は視蓋の前方，網膜前方（鼻側）の細胞は視蓋の後方に投射する（図 9.8）。

これと対応して，各 RGC の細胞膜上におけるエフリン受容体（Eph）の発現は，網膜後方に由来するものほど高い。一方，視蓋では，エフリンの細胞膜での発現について，後方をピークとした勾配がみられる。Eph を発現する RGC 軸索の伸長は，低濃度のエフリンでは促進，高濃度のエフリンでは阻害されるため，軸索は特定エフリンレベルの位置で伸長を止め，視蓋細胞とシナプスを形成する。このように，誘因・反発物質の発現勾配が網膜と視蓋の対応

関係を決定する。

9.3 神経堤

9.3.1 神経堤の出現と神経堤細胞の移動

神経堤は，脊椎動物特有の胚組織であり，脊椎動物の進化に密接なかかわりをもつ（13.5 節参照）。予定表皮と神経板の境界で生じた神経堤はその後，**上皮間葉転換**を経て運動能を獲得する（図 9.9(a)）。生じた**神経堤細胞**は，神経管の閉鎖と前後して胚体の様々な部位に移動し，多様な組織に分化する。このことから，神経堤はしばしば「第 4 の胚葉」と称せられる。神経堤細胞の移動とその発生運命は，フランスのルドワラン（Le Douarin, N.M., 1930- ）らにより，ニワトリ胚にウズラ胚組織を移植し，ウズラ細胞を追跡する，というユニークな手法で明らかにされた。

神経堤は，原腸形成初期に予定表皮と予定神経板の境界において誘導される。なお，胚体前方では，神経板と神経堤を取り巻くように，**頭部プラコード**とよばれる外胚葉性肥厚も生じる。神経堤やプラコードの誘導には，腹側の外胚葉や沿軸中胚葉などから分泌される BMP, Wnt, FGF が関与する。これらの分泌シグナルの作用により，神経板の境界で

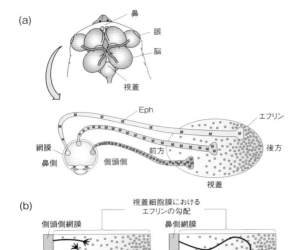

図 9.8* ニワトリ胚の網膜神経節細胞からの軸索伸長
(a) 網膜上の細胞体の位置に応じて軸索でのエフリン受容体（Eph）の発現レベルは異なる（ドット）。投射先の視蓋では後方ほどエフリンの発現が高い。(b) 視神経の投射先は Eph とエフリンの相互作用，発現レベルで決定される。(Gilbert, 2015 を一部改変)

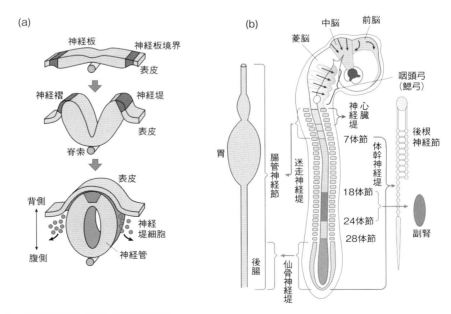

図 9.9* 神経堤細胞の出現とその後の移動
(a) 神経板と表皮の境界で神経堤（緑）が生じる（Wolpert & Tickle, 2012 を一部改変）。(b) 神経堤から移動をはじめた神経堤細胞は位置に応じて異なる領域に移動し，分化する（Gilbert, 2015 を一部改変）。

Pax3 や Pax7 などの転写因子の発現が誘導されて神経板境界が決定され，次いで，Foxd3, Sox9, Sox10, スネイル（Snail）などの転写因子により神経堤が特異化され，結果的に上皮間葉転換，細胞移動が活性化される。同時に活性化される Rho ファミリー G タンパク質[15]も細胞骨格の再編成を通して細胞移動にかかわる。

9.3.2　位置に応じた神経堤細胞の発生運命の違い

神経堤細胞は，前後に沿って異なる分化能をもつ（図9.9(b)）。例えば，**頭部神経堤**からの細胞は主として頭部に入り，頭蓋骨，ニューロン，グリア，メラノサイト，結合組織などに分化する。**体幹部神経堤**の細胞もニューロン，メラノサイト，グリア細胞にはなるが，軟骨・骨，結合組織への分化能はない。**迷走神経堤**と**仙骨神経堤**は各々頸部と尾部で生じ，これに由来する細胞は腸管に入って腸神経系となり，腸の蠕動運動を制御する。**心臓神経堤**の細胞は心臓の形成に参加する[16]。

移動前の個々の神経堤細胞は一般に多分化能をもつが，実際の発生運命は，移動経路や最終到達部位からの分泌性因子や ECM により決定される。ただし，神経堤の生じる位置により，分化能がすでに限定されることもある。体幹部神経堤が軟骨や骨を形成できないのは，*Hox* 遺伝子が発現するためとされる。

9.3.3　体幹部神経堤細胞の発生

体幹部神経堤細胞の移動については2通りある。第1の経路は，各体節の前半分を通過して腹側方に向かう**腹側経路**であり，初期に移動を開始する体幹部神経堤細胞の多くはこの経路をとる。第2の経路は，表皮と体節の間を通って側方，腹方に向かう**背外側経路**であり，細胞は真皮中を通って腹側方向に広がった後，外胚葉に進入する。腹側経路と背外側経路の選択もやはり周辺環境，例えば，ECM，成長因子（増殖因子），各種誘因性，反発性の分泌因子に依存する[17]。

腹側経路をとる神経堤細胞の中で，Wnt に応答性をもつものは，背側神経管からの Wnt の作用で神経管近傍に留まり，**背根神経節**を形成してニューロンとグリア細胞に分化する。Wnt 非応答性の神経堤細胞はさらに移動し，背側大動脈に到達後，アドレナリン作動性の**交感神経節**や**副腎髄質**のニューロンとなる。迷走神経堤と仙骨神経堤の細胞も腹側経路を通って腸の近傍に到達し，消化管間充織からの **GDNF**[18]により誘引され，消化管に入る。

背外側経路をたどる神経堤細胞は，例外的に移動前にはすでに**メラノサイト**への運命決定が終わっている。メラノサイトの分化と移動，色素形成にはbHLH-LZ 型転写因子をコードする *MITF* 遺伝子が必要である。メラノサイト前駆細胞（**メラノブラスト**）は，エフリンに反発して背外側経路を選び，最終的には表皮中の毛包や羽毛原基に入ってメラノサイト幹細胞となり，メラノサイトを産生する。

9.3.4　頭部神経堤

脊椎動物の頭部形成では，**頭部神経堤**が主役の1つである。頭部神経堤の大きな特徴は，骨，軟骨，結合組織にも分化することである。移動経路と発生運命は中脳や後脳分節構造（ロンボメア）と対応関係がある（図9.9(b)）。中脳からの神経堤細胞は，主として頭蓋の中で脳や感覚器官を覆う**神経頭蓋**の一部となるのに対し，後脳由来の神経堤細胞は，主として咽頭の両側に生じる**咽頭弓**[19]に入り，顎や顔面をつくる咽頭弓骨格（**顔面頭蓋**）を形成する。

咽頭弓への移動経路は，エフリンの作用や細胞間の相互作用などで決定されていて，大きく以下の3つに区別される。①ロンボメア1(r1)，ロンボメア2(r2)に由来する神経堤細胞は，第1咽頭弓（**顎弓**）に移動し，上顎骨，下顎骨，中耳のキヌタ骨とツチ骨などに分化する。② r4 で生じる神経堤細胞は第2咽頭弓（**舌骨弓**）に移動し，首に生じる舌軟骨の上部，アブミ骨，顔面神経ニューロンを形成する。③ r6 とその後方ロンボメアに由来する神経堤細胞は，第3, 4咽頭弓，**咽頭嚢**に入り，舌骨軟骨下部などの形成にかかわる。なお，r3, r5 領域で生じる神経堤細胞は比較的少なく，前方，あるいは後方の神経堤細胞の移動経路に合流する。顔面の骨格は主として神経堤細胞に由来しており，頭部神経堤細胞の増殖パターンが顔つきを決める[20]。

9.4　頭部プラコード

表皮-神経板境界領域の前方では，神経堤の他に**頭部プラコード**が生じる(9.3.1 参照)。これは様々な感覚器官，神経を生み出すという重要な役割をもつ。最も前方に生じるのが**嗅板**であり，他のプラコ

ードはその後方で表皮領域と頭部神経堤の間に生じる。これらの頭部プラコードと頭部神経堤細胞の一部から，嗅覚，聴覚，バランス，味覚，などにかかわる頭部末梢ニューロンが生じる。例えば，**内耳プラコード**は内耳の感覚上皮や前庭蝸牛神経節を形成し，**上鰓プラコード**は咽頭嚢が表皮と接する部位に生じた後，顔面，舌咽，迷走神経節を形成する。三叉神経節の場合，近位部ニューロンは神経堤細胞に由来し，背側ニューロンがプラコード（**三叉神経プラコード**）に由来する[21]。これらのニューロンの軸索は，神経堤細胞由来のグリア細胞をたどって後脳に伸長する。なお，**レンズプラコード**は，間脳の両側部に膨出して生じる眼杯と周辺の中胚葉・内胚葉により誘導され，レンズを形成するが，他の頭部プラコードとは異なり，ニューロンには分化しない。

これらの頭部プラコードは最初，咽頭内胚葉と頭部中胚葉からの働きかけにより，神経板の前方を囲むように1つの馬蹄形領域として生じ（**前プラコード領域**），これがその後，各プラコードに分離する。前プラコード領域の形成には，ホメオドメイン転写因子 Six とその制御タンパク質 Eya がかかわる。

9.5 表皮と表皮派生器官の発生

以上の器官に加え，外胚葉は個体の表層を覆う上皮構造として**表皮**を形成する。表皮はその下部にある中胚葉性の**真皮**，神経堤由来のメラノサイトとともに皮膚を構成する。無脊椎動物の場合，表皮は単層上皮であり，特に昆虫，甲殻類などではクチクラを分泌して外骨格を形成する。

9.5.1 表皮の分化

表皮は，神経管や神経堤が胚体に入った後，BMP のオートクラインな誘導作用により表層に残った外胚葉から生じる。当初は1層からなるが，その後，表層にある**周皮**（periderm）と内層の**基底層**に分離する[22]。基底層の細胞は増殖を継続し，非対称分裂で生じる娘細胞の一方が**基底板**（basal lamina）に固着して幹細胞状態を維持する。他方の娘細胞

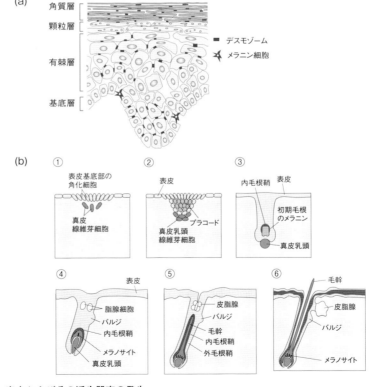

図 9.10*　表皮およびその派生器官の発生
(a) 表皮を構成する細胞。(b) 表皮-真皮間充織の相互作用と毛髪の発生。（Gilbert, 2015 を一部改変）

は，ノッチシグナルに依存して継続的に表皮細胞への分化を開始するともに表層に押し出され，表層に向けて，細胞間橋により特徴的外観を示す**有棘層**，そしてケラチンを蓄積する**顆粒層**を形成する．顆粒層で，細胞は相互に強固に接着して強度と弾性などの特徴的な物理的性質を獲得した後，死細胞となって**角質層**を形成し，最終的には脱落する（図9.10(a)）．

9.5.2 表皮の派生器官

表皮外胚葉においては，真皮の間充織との誘導的相互作用の結果として，汗腺，毛，鱗，羽毛，そして口腔内では歯が形成される．この際，間充織（真皮）からのWntなどを介した働きかけにより，表皮基底層において細胞の凝集が誘導され，この凝集塊が肥厚部（プラコード）を形成する．引き続き真皮とプラコードの相互作用で各器官が形成される（図9.10(b)）．

哺乳類の毛の形成でも，まず真皮の線維芽細胞により表皮において細胞凝集が誘導され，この凝集塊が細胞分裂しながら真皮中に沈み込んでいく．こうして生じた表皮プラコードからの誘導作用で，真皮では毛芽の直下に結節が生じる（**真皮乳頭**）．真皮乳頭は表皮基底層の幹細胞を押し上げ，その分裂を活性化する．これにより生じた細胞は角質化し，毛幹を形成する．なお，毛包が成熟するにつれ，上皮の膨らみが毛芽の周辺に生じ，これが皮脂を分泌する**皮脂腺**となる．

表層外胚葉が表皮と毛包のいずれになるかの運命決定は，Wntシグナルにより決定される．毛包の分布パターンは，プラコード誘導因子，分泌性阻害因子，BMPファミリー因子の競合に基づくと考えられている[23]．

■ 演習問題

9.1 神経管の形成過程を，胚の前方と後方について説明せよ．
9.2 神経管の前後軸に沿った極性について，これらを決める分子，その働き方を述べよ．
9.3 神経の分化を制御する側方抑制を説明せよ．
9.4 神経軸索が標的組織に到達するためには，軸索が伸長する部域の周辺組織から分泌される誘因因子や反発因子が重要である．代表的な誘因因子，反発因子をそれぞれ1つあげよ．
9.5 頭部神経堤細胞と体幹部神経堤細胞の分化能について，共通点と相違点を述べよ．

■ 注釈

1) 神経冠ともよばれる．
2) 性決定因子Sryを含むSox型転写因子ファミリーの中のB1サブファミリー（Sox1, Sox2, Sox3）が神経発生には重要である．
3) 後方化シグナルは後方形成にかかわるホメオボックス遺伝子 *Cdx* の発現を制御する．
4) 終脳は最終的に大脳を形成する．菱脳（rhombencephalon）は後脳（hindbrain）ともよばれるが，これは二次脳胞の後脳（myelencephalon）と紛らわしく，注意を要する．
5) マウスでは前方神経隆起（ANR），ゼブラフィッシュでは前方神経境界（ANB）とよばれる．
6) 抑制型のbHLH型転写因子であり，bHLHドメインに加え，オレンジドメインをもつ．
7) neurogenicとは神経細胞を生み出すことを意味する．
8) 神経細胞に分化すべき前駆細胞．脊椎動物では分裂が終了しているが，昆虫などで同じ名称でよばれる細胞は分裂能を保持しており，区別が必要である．
9) 小脳の発生では，二次的な細胞分裂と細胞移動が起きる．
10) エフリン，セマフォリン，ネトリン，Slitの膜受容体としては，各々Eph，プレキシン，DCC，Robo（roundabout）がある．
11) セマフォリンには分泌型も知られる．
12) 神経細胞の成長，分化，維持などを行う分泌性タンパク質．NGF，BDNF，GDNFなど．
13) 哺乳類以外の脊椎動物での視覚中枢は中脳の視蓋であるが，哺乳類の場合，投射先は視床の外側膝状体であり，最終的には大脳皮質が視覚中枢である．
14) 左右の眼球からの視神経が，視床下部前方で交わる部位．哺乳類以外では，一方の眼球からの視神経は基本的にすべて反対側の脳に投射するのに対し（全交叉），哺乳類では視神経の半分が同じ側の脳に戻るため（半交叉），立体視が可能となる．
15) 低分子Gタンパク質に属するシグナル伝達因子ファミリーの1つで，RhoA，Rac1，Cdc42などがある．
16) 迷走神経堤細胞は腸管全域，仙骨神経堤細胞は後腸に入る．なお，心臓神経堤は迷走神経堤と重複する．
17) 軸索ガイダンスと同様，エフリン，Slitなどが関与する．
18) グリア細胞由来神経栄養因子．TGFβスーパーファミリーに属しており，様々なニューロンに対して栄養因子として働く．

19) 脊椎動物の発生において，咽頭部に生じる柱状の繰返し構造であり，頭部や頸部において多様な構造へと分化する．
20) 増殖の制御には BMP, Wnt, Shh, FGF がかかわる．
21) 三叉神経，顔面神経，内耳神経，舌咽神経は，第 V 脳神経，第 VII 脳神経，第 VIII 脳神経，第 IX 脳神経ともよばれる．
22) 周皮はその後，剥離，消失する．
23) 反応拡散機構で説明が可能とされる．

10 中胚葉性器官の発生

　原腸陥入によって生じた中胚葉は，いくつかの領域に分かれて細胞塊を形成する（図10.1）。まず胚の正中線上を前後に貫くように生じるのが**中軸中胚葉**（axial mesoderm）で，**脊索**（notochord）を形成する。その左右両側には背側正中線に近い順に，**沿軸中胚葉**（paraxial mesoderm）または**体節中胚葉**（somitic mesoderm），**中間中胚葉**（intermediate mesoderm），**側板中胚葉**（lateral plate mesoderm）が形成される。側板中胚葉は内外2層に分かれ，外側を**壁側中胚葉**（somatic mesoderm），内側を**臓側中胚葉**（splanchnic mesoderm）という。その間の腔所が**体腔**（coelom）である。また，羊膜類では胚膜が形成されるため，側板中胚葉は胚体外の羊膜，漿膜，卵黄嚢，尿嚢をも裏打ちする。

10.1　脊　　索

　脊索（notochord）は，脊椎動物とホヤ，ナメクジウオなどを含めた脊索動物に共通する中軸構造であるが，発生中の胚では種々の組織の分化，パターン形成に重要な役割を果たす。脊索の前駆体であるオーガナイザー（形成体ともいう，organizer）は，外胚葉に働いて神経誘導を引き起こす。また，脊索は神経管の背腹パターンの形成に重要な役割をもつ。

神経管では背側に感覚ニューロンが，腹側に運動ニューロンが分化する。これは脊索由来のソニックヘッジホッグ（sonic hedgehog: Shh）が神経管の腹側端に働き，底板（floor plate）を分化させ，底板もShhを産生して腹側から背側にかけて，Shhシグナルの勾配を形成することによる。脊索から分泌されたShhは，体節の内側外側の領域化にも関与する（10.2節参照）。

　脊索は，原始的な魚類や両生類の幼生などでは運動に必要な支持構造として機能するが，高等脊椎動物では発生が進むにつれて退化的となり，支持構造としての機能は脊椎骨に取って代わられる。哺乳類では，椎間板の中心にある**髄核**として痕跡をとどめているのみである。

10.2　体　　節

　脊椎動物は節足動物などと同じように，**分節性**（metamerism）のボディプランをもっている。これは外観からはわかりにくいが，魚やヘビの骨格をみれば容易に理解できる。このような分節性の基盤となるのが**体節**（somite）である。脊索と神経管の両側にある沿軸中胚葉は，前後軸に沿って並んだ多数の細胞塊である体節を形成する。体節を形成する前の一様に連続した沿軸中胚葉を，**未分節中胚葉**（presomitic mesoderm）あるいは**体節板**（segmental plate）という。体節は，体の前方から後方に向かって，未分節中胚葉が順次，時間的にも空間的にも規則正しく一定の間隔でくびれ切れて形成される（図10.2）。つまり，ニワトリ胚では90分に1回，マウス胚では120分に1回というように，動物種ごとに一定の時間間隔で，一定の大きさの体節が形成される。このような規則性のために，体節の数は発生段階（ステージ）を表す指標としてもよく用いられる。また，このように美しいほど規則正しく繰り返し構造が形成される**体節形成**（somitogenesis）の現象

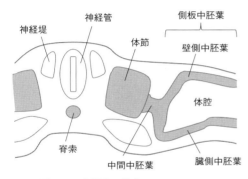

図 10.1　中胚葉の構成
灰色で示した部分が中胚葉である。

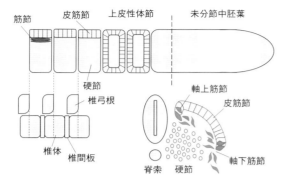

図 10.2 体節の形成と領域化
体節形成における組織の変化と脊椎骨・骨格筋の由来を示す。

は，古くから発生学者の興味を引き，その機構について多くの研究がなされている。

(1) 分子時計

理論生物学者が提唱した仮説のうち，クック (Cooke, J.) とゼーマン (Zeeman, E.C.) の "Clock and wavefront model" (1976) が有力であった。これは各細胞の状態が時間的に一定の周期で振動しており，前方から後方に移動する前線 (wavefront) と接すると停止することによって，空間的な周期的パターンが形成されるというものである。しかし，その分子的実体は長い間不明であった。突破口を開いたのは，1990年代のニワトリ胚におけるヘアリ (hairy) の発見である。bHLH型転写因子ヘアリの発現は，同じステージの胚でも個体によっていろいろなパターンが観察された。胚を左右半分に切って片方を一定時間培養し，発現を観察するという実験の結果，ヘアリの発現は未分節中胚葉において一定の周期で振動しており，進行波のように前方に移動し，体節が形成されたときにはストライプとして安定していることがわかった（図10.3）。

現在では，周期的に振動する時計（振動子，oscillator）の実体は，ヘアリのファミリー（ゼブラフィッシュでは her，マウスでは Hes）のネガティブフィードバックによる自己調節と考えられている。例えば，Hes7 タンパクは半減期が短く不安定であり，Hes7 自身の mRNA の転写を抑制する。そのため Hes7 タンパクが増加すると転写が停止して，タンパクが減少すると転写が再開してタンパクが増加するというサイクルを繰り返す。

(2) ノッチシグナルと細胞間の協調

ヘアリはノッチ（Notch）シグナルの下流遺伝子であり，分子時計とノッチシグナルは密接に関連している。未分節中胚葉から体節にかけて，ノッチシグナル伝達経路を構成する多くの遺伝子の発現がみられ，機能阻害実験によりその多くが体節形成に関与していることが示された。特に，マウスとゼブラフ

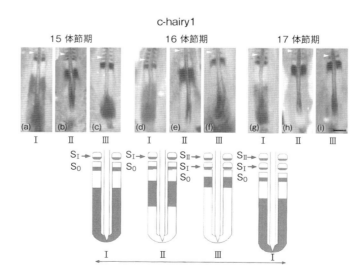

図 10.3 ニワトリ胚におけるヘアリの1つ c-hairy1 の周期的発現
90分の周期で発現領域が進行波のように前方に押し寄せるが，これは細胞が移動するのではなく，電光掲示板のように発現のオンオフが変化していることがわかっている。（Palmeirim *et al.*, 1997 を改変）

10.2 体節

ィッシュの発生遺伝学的研究において，膜結合型受容体であるノッチ，膜結合型リガンドデルタ，ノッチの細胞外領域を修飾する糖転移酵素 Lfng (lunatic fringe) などのノックアウトマウス，ノックダウン胚などでは体節形成が止まったり，体節の大きさや形が不規則になったり，前後パターンが乱れるなどの共通した表現型が観察された．未分節中胚葉ではノッチシグナル活性自体が，ヘアリのように振動しており，このことが正常な体節形成に必須であることもわかってきた．ゼブラフィッシュ胚ではノッチリガンドであるデルタ (Delta) 自体の発現が振動しており，これによりノッチシグナル活性と her も振動する．ノッチシグナルが活性化された細胞内では，her が誘導され，デルタの発現を抑制する．隣接する細胞でも同じことが起きると，次はノッチシグナル活性が低下し，デルタの発現が上昇する．このようにノッチシグナルは隣接する細胞間での同調した振動に役立っている．一方，鳥類と哺乳類では，デルタ自体の発現は振動せず，代わりにノッチの活性を調節する Lfng の発現が振動する．マウス胚では振動する Hes7 タンパクが Lfng の転写を抑制することで，Lfng とノッチシグナル活性の振動をもたらしている．

(3) FGF シグナルの勾配

ではノッチシグナル活性の振動を止めるものは何だろうか．1つの要因は FGF (fibroblast growth factor) シグナルの勾配である．未分節中胚葉の最後端の尾芽の領域には強い FGF の発現があり，そのため前方に向かって次第に弱くなる FGF シグナルの勾配が生じる．この勾配に従ってノッチシグナル活性の振動は徐々に遅くなり，体節形成の直前には停止する．振動が後方で速く，前方では遅くなる場合，その強い発現領域は前方に移動するにつれて短いバンド状になる（図 10.5 参照）．

(4) 前後極性と境界形成

1個の体節の前半部と後半部では異なる遺伝子群が発現しており，**前後極性**または**前後パターン**として知られる．例えば，体節の前半部は神経堤細胞の経路となり，神経節が形成されるが，後半部には神経弓の基部である椎弓根 (pedicle) という骨ができる．体節形成直前の前方未分節中胚葉には，ノッチシグナルと Tbx の影響下で bHLH 型転写因子 Mesp (mesoderm posterior) が発現する．Mesp は体節の分節化と前後極性の形成に必須の遺伝子で，Mesp ノックアウトマウスでは体節が形成されず，前後極性も形成されない（図 10.4）．例えば，椎弓根の形成に必要な Uncx というホメオボックス遺伝子の発現は，正常胚では体節後半部に局在しているが，Mesp ノックアウトマウスでは全体に広がっており，その結果，壁のように繋がった椎弓根が形成される．Mesp の機能の分子機構についても多くの研究がなされており，Mesp は Lfng の転写を誘導す

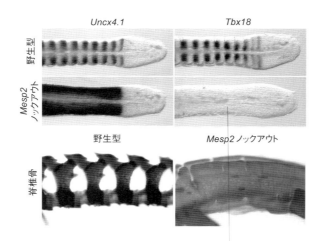

図 10.4* *Mesp2* ノックアウトマウス胚の体節と脊椎骨

上段は 11.5 日胚の尾の体節，下段は 17.5 日の脊椎骨の写真．*Mesp2* ノックアウトマウスでは体節が形成されず，後半部のマーカー *Uncx4.1* の発現は広がり，前半部のマーカー *Tbx18* の発現は失われる．その結果，神経弓の椎弓根は癒合する．

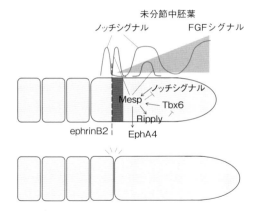

図 10.5* 周期的な体節の境界形成と分節化の機構
FGFシグナルの勾配に従ってノッチシグナル活性の振動は徐々に遅くなる。Mespはノッチシグナルに誘導されるので，はじめはノッチシグナルと重なっているが，ノッチシグナルを抑制するので最終的にノッチシグナル活性のピークとMespはシャープな境界を形成する。このノッチシグナル活性とMespの間が切れるので，Mespは予定体節の前半部に局在する。そこでMespはEphA4の発現を誘導する。

るなどいくつかの機構でノッチシグナル活性を抑制している。Mespは転写抑制共役因子リプリー (Ripply) の発現を誘導し，自分自身の発現領域を局在させるので，最終的に体節の前半部に細いストライプとして局在する。強いノッチシグナル活性とMesp発現領域の間に体節境界が形成される。連続した中胚葉の組織がくびれ切れる機構としては，Mespが将来の体節前半部にEphA4の発現を誘導し，周囲のエフリンB2 (ephrinB2) との間で**細胞反発** (cell repulsion) が生じることが重要と考えられる。このEphによる境界形成についてはニワトリやゼブラフィッシュでも示されている（図10.5）。

(5) 体節の領域化

体節の分節化の際には中胚葉細胞の上皮化が起き，上皮性体節となるが，まもなく内側では再び間充織となり，**硬節** (sclerotome) が形成される（図10.2）。硬節は神経管や脊索の周囲などに移動し，**中軸骨格**（脊椎骨，肋骨）を形成する。一方，外側ではしばらくの間上皮性を保っており，**皮筋節** (dermomyotome) とよばれる。この硬節と皮筋節の分化は周囲の組織からのシグナルに依存しており，脊索からのShhシグナルは硬節を誘導し，神経管背側や表皮からのWntシグナルは皮筋節を誘

導する。その後，皮筋節の背側と腹側の両方から細胞が移動し，**筋節** (myotome) を形成する。背側の筋節は**軸上筋節** (epaxial myotome) とよばれ，背中の骨格筋となる。腹側の筋節は**軸下筋節** (hypaxial myotome) とよばれ，体壁や肢芽などに移動して体壁・四肢・横隔膜などの骨格筋に分化する。筋節以外の部分は**皮節** (dermotome) となり，皮膚の真皮に分化する。魚類の鱗は真皮内に形成されるが，歯との類似から神経堤由来という説があった。最近，体節の移植や標識実験により，体節由来であることが実証された。また，硬節の近くに腱節 (syndetome) という領域が認識されており，これは腱や靱帯に分化する。さらに，体節の一部は血管内皮細胞にも分化することが知られている。

(6) 骨格と筋肉

脊椎骨は，神経管を取り囲む**神経弓**と脊索を取り巻く**椎体**からなる。神経弓は外側硬節から，椎体と椎間板は内側硬節から生じる。神経弓の基部である椎弓根の形成にはUncxが重要であり，Uncxノックアウトマウスでは椎弓根が欠損する。神経弓の最も背側にある棘突起の形成には，神経管背側のBMP (bone morphogenetic protein) シグナルが関与している。内側硬節の増殖・分化には転写因子Pax1とPax9が重要であり，Pax1とPax9のダブルノックアウトマウスでは椎体と椎間板が完全に欠損する。体節から脊椎骨が形成される際には，1個の内側硬節の後半部と次の内側硬節の前半部が結合して，1個の椎体を形成する。これを**再分節化** (resegmentation) という。椎体と椎体の間には**椎間板**があるが，これは内側硬節の中央付近から生じる。ニワトリ胚では移植実験により，体節の中心にあるsomitocoele cellから椎間板が生じるという報告がある。

筋節の細胞は，**筋芽細胞** (myoblast) として増殖しながら移動し，やがて凝集した筋芽細胞は融合し，多核の筋管を形成する。筋管は筋原線維を含んだ**筋線維** (myofiber) へと分化する。筋芽細胞の増殖にはFGFが，融合にはメルトリンというメタロプロテアーゼが関与している。筋芽細胞の分化にはMyf5, MyoD, myogenin, MRF4という4つのbHLH型転写因子が重要であり，MyoDファミリーとよばれる。正常発生では軸上筋節にMyf5が，軸下筋節にMyoDが発現しており，myogeninは少し後期にすべての筋節で発現している。Myf5とMyoDのダ

ブルノックアウトマウスでは全身の骨格筋が欠損する重篤な症状を示す。

10.3 心臓と血管系

10.3.1 心臓の形成
(1) 予定心臓領域
脊椎動物の心臓は側板の臓側中胚葉の前方部から形成される。この予定心臓領域は三日月型をしていることから**心臓三日月**（cardiac crescent）とよばれ，周囲の組織との相互作用によって決定されることが知られている。前方の内胚葉からのBMP2，BMP4やFGF4，FGF8により予定心臓領域は誘導される。クレセント（Crescent）やDkk1のような阻害因子によるWntシグナルの抑制，サーベラス（Cerberus）によるノーダル（nodal）シグナルの抑制も関与している。

(2) 心臓の形成
心臓は左右一対の原基から形成される。まず前腸門の位置で左右の臓側中胚葉が肥厚し，内側に細胞層が分離して**心内膜**（endocardium）が生じる。心内膜は左右一対の管である**心内膜管**（endocardial tube）を形成する。外側の厚い臓側中胚葉は**心筋層**（myocardium）となる。胚体の腹側で前腸が閉じるとともに，左右に離れていた臓側中胚葉は接近し，左右の心内膜管はやがて正中で融合して，心筋層が心内膜を取り巻く1本の管（**心筒**, heart tube）が形成される。心筒は前方で一対の腹側大動脈と，後方で総主静脈と繋がっている。心筒の背側と腹側には，それぞれ**背側心間膜**と**腹側心間膜**が形成されるが，腹側心間膜はまもなく消失して左右の体腔が繋がり，**心膜腔**となる（図10.6）。

心筒は最初はまっすぐな管であるが，まもなくS字状に強く曲がり，**心ループ**（cardiac loop）を形成する。心ループの形成（**ルーピング**, looping）が起きている間に，心臓の基本的な区分ができてくる。後方の大静脈から流入した血液は，順に**静脈洞**（sinus venosus），**心房**（atrium），**心室**（ventricle），**流出路**（outflow tract）を通って腹側大動脈へ流出する。やがて心室の部分は大きく後方に湾曲するため，はじめは心房の前方にあった心室が心房の後方に位置するようになり，成体の心臓の形になる（図10.6）。羊膜類では心房や心室の中に中隔ができて2心房2心室の心臓が完成する。さらに，流出路の形成には神経堤細胞が関与しており，神経堤細胞は大動脈と肺動脈の間の中隔の形成に寄与している。そのため神経堤細胞の分化や移動に異常があると，重篤な心臓形成不全をもたらす。

(3) 一次心臓領域と二次心臓領域
2000年代にニワトリ胚とマウス胚で，心筒が形成された後も咽頭領域や側方の臓側中胚葉から，心臓前駆細胞が流出路の領域に移動し，心筒に付加されて心筋層を形成していることが発見され，この前方の心臓前駆細胞の由来する領域は**二次（前方）心**

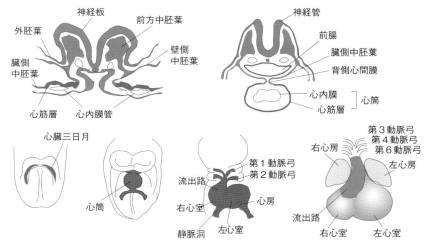

図10.6*　マウス胚の心臓の形成過程
左右の臓側中胚葉にある予定心臓領域が正中で1本の心筒を形成し，ルーピングを経て2心房2心室の心臓が形成される。

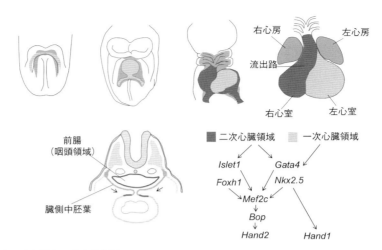

図 10.7* 一次心臓領域と二次心臓領域

一次心臓領域の細胞（赤色）は先行して心筋に分化する。二次心臓領域の心臓前駆細胞は Islet1 を発現しているが（淡い青色），心筒に入ると Islet1 の発現を失って心筋層に分化する（濃い青色）。最終的に，Islet1 発現細胞は流出路と右心室のほとんど，左右の心房の大部分に寄与する（心房は紫色で表現している）。左下：咽頭領域の臓側中胚葉が背側心間膜を通って心筒に入る。右下：心臓の形態形成に関与する遺伝子群のネットワークを簡略化した図。Islet1, Mesf2c, 転写抑制因子 Bop のノックアウトマウスはいずれも Hand2 のノックアウトマウスと同様に流出路と右心室の欠損を示す。Nkx2.5 のノックアウトマウスでは左心室が欠損するが，Hand1 を欠損しても小さい左心室はできることから，左心室の形成には Hand1 以外の因子も関与している。

臓領域（secondary (anterior) heart field）とよばれた。マウスでは，二次心臓領域の心臓前駆細胞は LIM ホメオドメイン転写因子 Islet1 を発現している。Cre-loxP システムを用いた細胞系譜解析によると（コラム参照），Islet1 発現細胞は，最初は従来から知られる予定心臓領域（**一次心臓領域**, primary heart field）の内側にあるが，前腸の形成とともに一次心臓領域の背側に位置するようになる（図 10.7）。その後，一次心臓領域が腹側で心筒を形成するのに続いて，二次心臓領域の Islet1 発現細胞は前方に付加される。最終的に，Islet1 発現細胞は，流出路と右心室のほとんどと左右の心房の一部を形成することがわかった。その後，ニワトリ胚では細胞系譜の研究から，2 つの領域というよりも 1 つの領域の内側と外側と考えられているが，内側から流出路と右心室が，外側から左心室と心房が形成されることが確認された。進化的視点からみると，本来心臓は単純な 1 本のポンプとして生じたと思われ，ショウジョウバエでは 1 本の管である。脊椎動物でも魚類までは 1 心房 1 心室の管で，心室から拍出された血液は呼吸器官である鰓を通って全身に循環する。四肢動物では肺呼吸に伴い肺循環が付加され，哺乳類と鳥類では肺循環と体循環を分離するため 2 心房 2 心室が進化してきた。これを反映するように，一次心臓領域と二次心臓領域（特に，左心室と右心室）は，異なる遺伝子群の制御を受けているという知見が蓄積している。

（4）　心臓の形態形成に関与する遺伝子

ショウジョウバエで心臓形成に必須のホメオボックス遺伝子 *tinman* のホモログとして単離された *Nkx2.5* は，発生初期から予定心臓領域に発現しており，最も早い心臓前駆細胞のマーカーである。*Nkx2.5* ノックアウトマウスでは，ルーピングの直前で発生が停止するとともに，左心室の領域がほとんど形成されない。GATA4 も発生初期から予定心臓領域に強く発現している転写因子である。*GATA4* のノックアウトマウスでは，心筋の分化は認められるが左右の臓側中胚葉の融合が起こらず，心筒の形成不全により二又心臓となる。

MADS ボックスをもつ転写因子 Mef2 のうち Mef2c は発生初期から心臓前駆細胞に発現しており，*Mef2c* のノックアウトマウスではルーピングの異常とともに，右心室の領域が形成されない。これらの下流遺伝子とされるのが bHLH 型転写因子

10.3 心臓と血管系

Hand1 と Hand2 である．発生初期には心筒全体に発現しているが，やがて Hand1 は左心室の領域に，Hand2 は右心室の領域に発現が局在してくる．Hand1 のノックアウトマウスでは，左心室の低形成がみられる．一方，Hand2 のノックアウトマウスでは右心室が欠損する．Hand1 は Nkx2.5 の下流にあり，Hand2 は Mef2c の下流に位置することが知られている（図10.7）．さらに，Nkx2.5 と Hand2 のダブルノックアウトマウスでは，心室がまったく形成されない．1心房1心室の魚類であるゼブラフィッシュは1個の Hand 遺伝子しかもたないが，この遺伝子の変異体ではやはり心室がまったく形成されない．このように進化の過程における心室の重複には Hand 遺伝子の重複がかかわっていると考えられる．また，Tbx5 は一次心臓領域由来の左心室，心房，静脈洞に発現しており，Tbx5 ノックアウトマウスではこれらの領域の形成不全が生じるが，二次心臓領域の部分には異常はない．ヒトにおける TBX5 の変異体であるホルト・オーラム症候群（Holt-Oram syndrome）では，前肢と心臓に形成異常がみられる．

二次心臓領域の心臓前駆細胞も Nkx2.5 と GATA4 を発現しており，これらが直接 Mef2c の発現を誘導する．しかしそれだけでは，新しい部位に二次心臓領域を形成することはできない．二次心臓領域の Mef2c の上流には Islet1 や Foxh1 があり，これら新たな上流因子との関係を獲得することによって，一次心臓領域とは異なる二次心臓領域の指定が可能になったと考えられている（図10.7）．

10.3.2 血管の形成
（1）脈管形成と血管新生

血管は中胚葉由来であり，内側の1層の**内皮細胞**と，それを取り巻く**壁細胞**（毛細血管ではペリサイ

コラム：Cre-loxP システムを用いた細胞系譜解析の原理

　Cre リコンビナーゼは，2つの loxP 配列を認識する DNA 組換え酵素である．まず，Islet1 プロモーターの制御下で Cre リコンビナーゼを発現するようなノックインマウスと，Rosa26 遺伝子座に2つの loxP 配列ではさまれた STOP 配列と lacZ 遺伝子を挿入したノックインマウスを作製する（図10.8）．Rosa26 プロモーターは，すべての細胞で発現するプロモーター活性をもつ．STOP 配列とは，下流遺伝子が発現しないようにストップコドンを含んだ配列である．また，lacZ 遺伝子は β-ガラクトシダーゼ（β-gal）をコードしている．2種のノックインマウスを交配して，両方の遺伝子座をもつマウス胚をつくると，Islet1 を発現した細胞でのみ Cre リコンビナーゼが発現する．よって，2つの loxP 配列ではさまれた STOP 配列が除去されるので，Rosa26 プロモーターによって β-gal が発現するようになる．したがって，いったん Islet1 を発現した細胞の子孫は，Islet1 の発現にかかわらず永続的に β-gal が発現するようになるので，その細胞系譜を追跡することができる．β-gal は基質と反応すると青い色素を生じるので，Islet1 発現細胞の子孫が青く染色される．

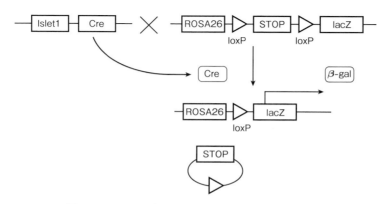

図 **10.8** Cre-loxP システムを用いた細胞系譜解析の原理

ト，動脈・静脈では血管平滑筋細胞）からなる．正常発生の過程で血管内皮細胞は，卵黄嚢の胚体外中胚葉，胚体内の臓側中胚葉や沿軸中胚葉から生じる．血管形成には2つの様式があり，血管内皮の前駆細胞である**血球血管芽細胞**（ヘマンジオブラスト）または**血管芽細胞**（アンジオブラスト）から新規に血管が形成される過程を**脈管形成**（vasculogenesis）という（図10.9(a)）．卵黄嚢では血球血管芽細胞が血島（blood island）をつくり，外側の細胞が血管内皮細胞に，内側の細胞が血球細胞に分化すると考えられている．その後これらが互いに融合して，原始血管

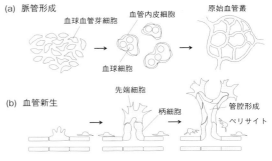

図 10.9　脈管形成と血管新生

コラム：心筋再プログラミングによる再生医療の研究

　成体の心筋は一度失われるとほとんど再生しないため，再生医療の開発が期待されている．ここでは一度分化した細胞を分化転換して心筋細胞を作り出す再プログラミング（reprogramming）という手法の進歩について紹介する．心筋細胞はほとんど増殖しないのに対して線維芽細胞は増殖性が高く，心筋細胞が壊死すると線維化が起きることが問題となっている．そこで，患者自身の線維芽細胞を心筋細胞に分化転換できれば大きな利点がある．

　マウス線維芽細胞に骨格筋決定因子MyoDを強制発現させると，骨格筋細胞に分化する．また，転写因子共因子であるミオカーディン（Myocardin）を強制発現させると，平滑筋細胞に分化する．一方，心筋については，1つのマスター遺伝子で線維芽細胞を心筋細胞に分化させることはできていない．

　2010年に，マウス線維芽細胞に心臓の発生に重要なGATA4, Mef2c, Tbx5の3つの転写因子（GMT）を発現させると，効率は低いが心筋様細胞が分化し，自律的に収縮する細胞も現れることが見いだされた．2012年にはGMTにHand2を加えた4つの転写因子（GHMT）を導入するとさらに効率が上がり，心筋梗塞を起こしたマウスの心臓にGMT，GHMTを導入すると心筋が分化し，心機能が改善されることが報告された．しかし，マウスと異なり，ヒト線維芽細胞を心筋に分化させることは難しかった．

　2013年にオルソン（Olson, E.）らのグループによって，ヒト線維芽細胞の場合はGHMTにミオカーディンを加えた5つの転写因子（GHMMyT）を発現させると，効率よく心筋様細胞が分化することが見いだされた．この中ではHand2の効果が大きく，Hand2を除くと分化効率は大幅に低下した．しかし，それでもマウス線維芽細胞に比べるとヒト線維芽細胞の分化効率は低かった．一方，2012年には，マウス線維芽細胞に筋肉特異的なマイクロRNAであるmiR-1, miR-133, miR-208, miR-499を組み合わせて導入すると，転写因子なしでも心筋様細胞に分化することが報告されていた．そこで，オルソンらは5つの転写因子とマイクロRNAの組合せを検討した．その結果，GHMMyTにmiR-1とmiR-133を加えると分化効率は増加した．さらに，この7因子から1つずつを除いて検討すると，意外なことにMef2cを除いた方が分化効率は上昇することがわかった．彼らが検討した中では最終的に，この6因子（GATA4, Hand2, Tbx5, Myocardin, miR-1, miR-133）がヒト線維芽細胞を心筋様細胞に分化させる最適の条件であった．ヒト包皮線維芽細胞に6因子を導入した場合，培養4週間で35%が心筋トロポニンTを発現し，42%がトロポミオシンを発現した．4週間以上の培養で12%の細胞がサルコメアのタンパク質α-アクチニンを発現し，サルコメア様の横紋を示す細胞もみられた．心筋様細胞を4週間以上培養すると一部の細胞はカルシウムトランジェントを示し，11週では少数の細胞が自律的に収縮するのが観察された．ヒト包皮線維芽細胞に比べると，成人心臓線維芽細胞の再プログラミング効率は低いなど課題もあるが，心臓の再生医療への1つのアプローチとして重要な進展である．

　偶然かもしれないが，二次心臓領域の最終因子であるHand2が，心筋への再プログラミングに最も重要ということは興味深い．

叢（primitive vascular plexus）を形成する。胚体内で最初に生じる背側大動脈などの大血管の形成も脈管形成による。一方，すでに存在する血管から，内皮細胞が出芽・分枝して新しい血管が形成されることを**血管新生**（angiogenesis）という（図10.9(b)）。かつては成体における血管の形成はすべて血管新生によると考えられてきたが，近年，骨髄や血液中に前駆細胞が存在し，成体でも脈管形成に相当する様式で血管が形成されていると考えられるようになった。

発生初期の脈管形成で最も重要な因子の1つは，血管内皮成長因子VEGF（vascular endothelial growth factor）であり，中胚葉から血管内皮細胞の分化に重要な役割をもつ。VEGFのノックアウトマウスは，初期の脈管形成の途中で死亡する。また，VEGFの受容体の1つであるFlk-1（VEGFR2）は，最も早くから血管内皮細胞に発現している内皮マーカーである。Flk-1のノックアウトマウスでは，血島の形成不全により血球細胞と血管内皮細胞の両方が分化しないことから，VEGF/Flk-1のシグナルは初期の血管内皮細胞の分化に必須の役割を果たしていると考えられる。

血管新生の過程は，近年マウスの網膜やゼブラフィッシュの節間動脈などのモデル系で詳しく解析されている（図10.9）。静止状態の血管が外部からのシグナルを受けると，一部の内皮細胞が萌出し，分岐・伸長していくが，この枝の先端にある活発に移動し糸状仮足を伸ばす細胞を**先端細胞**（tip cell）とよび，その後方に続いている細胞を**柄細胞**（stalk cell）という。先端細胞が移動していく後方で，柄細胞は協調して増殖し，管腔形成を行い細胞極性を確立する。また，ペリサイトを招集して安定な血管壁を構築していく。これらの過程に関与する多くの分子機構が研究されている。ここでもVEGFは重要な役割を担っており，微小環境中にあるVEGFの勾配に向かって血管の枝が伸長する。最初はすべての内皮細胞がVEGFシグナルにさらされるが，一部の内皮細胞だけが選出されて先端細胞となる。この過程にはDll4（Delta-like 4）/ノッチによる側方抑制が関与している（図10.10）。先端細胞はDll4を発現しており，隣接する柄細胞でノッチを活性化することにより，VEGFR2の発現を抑制している。そのため先端細胞だけがVEGFシグナルに強く反応する。ノッチシグナルを抑制すると，すべての内皮細胞が先端細胞のように活性化され，過剰な出芽

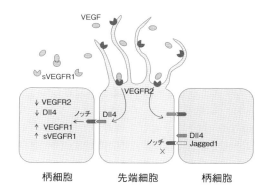

図10.10*　先端細胞と柄細胞の分化
血管新生における先端細胞の選出にはDll4/ノッチによる側方抑制が関与している。また，ノッチシグナルによりVEGFR1と可溶性のsVEGFR1の発現が増加するが，これらは「おとり」受容体としてVEGFR2の活性化を阻害する。柄細胞で発現している別のノッチリガンドJagged1は，先端細胞でのDll4/ノッチシグナルに拮抗するため，側方抑制に役立っている。

により血管密度が増加する。逆に，活性型ノッチを強制発現させると，出芽が阻害される。

(2) リモデリングと血管壁の安定化

血管の枝が互いに吻合しネットワークを形成した後も，一部の血管は安定化する一方で，一部の血管は退縮する（リモデリング）。血管壁の安定化にはペリサイトが重要な役割を果たしているとされている。内皮管の周囲へのペリサイトの招集にかかわる

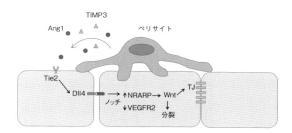

図10.11　ペリサイトによる血管壁の安定化
付着したペリサイトはTIMP3やAng1を分泌して血管を安定化させる。Dll4/ノッチシグナルも血管新生の出芽を抑制することで血管を安定化している。また，ノッチシグナルはNRARPの発現を誘導し，NRARPは柄細胞でWntシグナルを活性化して細胞増殖を促進し細胞間結合を強化する。さらに，最近の研究ではAng1/Tie2のシグナルによる血管の安定化に，内皮細胞におけるDll4の発現が関与していることが示唆された。

因子としては，アンジオポエチン1（angiopoietin1: Ang1）とその受容体Tie2，PDGF-BとPDGFRβ，TGFβ1とALK5などがある。内皮細胞で産生されたAng1はケモカインであるMCP-1の発現を介してペリサイトを呼び集める。血管に付着したペリサイトは，組織性メタロプロテイナーゼ阻害因子TIMP3やAng1を分泌して血管を安定化させる。ペリサイトからのAng1は内皮細胞のTie2受容体を介して血管壁を安定化する（図10.11）。アンジオポエチン2（Ang2）は従来，Ang1/Tie2のシグナルに拮抗して血管を退縮させる因子と考えられてきたが，最近の研究では状況によってTie2受容体を活性化できることが知られてきた。また，Ang1も細胞どうしの接着状態によって，血管を安定化したり血管新生を促進したりすることがわかってきた。

(3) 動脈・静脈・リンパ管への分化

血管内皮細胞には，動脈内皮細胞，静脈内皮細胞，リンパ管内皮細胞の3種類がある。近年，細胞反発に関与する膜結合型リガンドephrinB2とその受容体EphB4が，それぞれ動脈内皮細胞と静脈内皮細胞に特異的に発現するマーカーとして知られてきた。動脈と静脈の分化についてはゼブラフィッシュでよく研究されている。ゼブラフィッシュ胚では脊索からのShhにより，体節の腹側でVEGFが発現し，側板中胚葉の血管芽細胞が正中線上に集合して細胞索をつくる。このうち強いVEGFにさらされた背側の血管芽細胞はノッチを高発現し，ノッチ下流の転写因子gridlock（hey2）を発現してephrinB2陽性の動脈内皮細胞に分化する。腹側の血管芽細胞はノッチ，gridlockを発現せず，EphB4陽性の静脈内皮細胞となる。哺乳類でもノッチ下流の転写共役因子RBP-Jのノックアウトマウスでは，動脈分化の異常がみられる。また，核内受容体COUP-TFIIはノッチの発現を抑制し，静脈の分化に関与していると報告されている。

リンパ管は静脈からの出芽によって形成される第3の脈管系である。リンパ管内皮細胞はFlt-4（VEGFR3）を発現しており，そのリガンドであるVEGF-C，VEGF-Dがリンパ管形成に重要であることが知られている。また，転写因子Prox1のノックアウトマウスでは，静脈からのリンパ管の出芽が起こらないことから，Prox1は静脈内皮からリンパ管内皮細胞への分化に重要な役割を果たしていると考えられている。

10.4 造 血

血球系細胞の産生つまり造血は，以前は胚の卵黄嚢ではじまり，肝臓を経て最終的に骨髄へ造血の場を移していくと考えられていた。しかし，最近の研究では初期の卵黄嚢での造血はそのまま続かず，胎生10.5日マウス胚で大動脈・生殖隆起・中腎に囲まれたAGM（aorta-gonad-mesonephros）領域から造血幹細胞が発生し，その後，肝臓や骨髄に移っていくと考えられている。

造血幹細胞（hematopoietic stem cell: HSC）は骨髄で自己複製するとともに，赤血球，巨核球，顆粒球，リンパ球などを含む多種類の血球系・免疫系細胞に分化していく。造血幹細胞の存在は，**骨髄再構築アッセイ**によって示される。骨髄は放射線感受性が高く，放射線照射によって骨髄の細胞だけを死滅させ，致死性となったマウスに造血幹細胞を注射し移植すると，宿主の骨髄に定着し増殖して，すべての血球系細胞が分化・再構築される。放射線照射されたマウスの生存を永久的に回復させる能力は，造血幹細胞の定義に用いられる。AGM領域に存在する細胞はこの骨髄再構築能をもっているが，初期の卵黄嚢にはそのような細胞はいないので，成体型の造血はAGM領域で生じた造血幹細胞によると考えられる。

現在，**蛍光活性化細胞分離装置**（fluorescence activated cell sorter: FACS）を用いて，骨髄から造血幹細胞を単離することが可能となっている。マウスの造血幹細胞は，細胞表面の糖タンパク質Sca1（stem cell antigen 1）の高発現，Thy1（thymus 1）の低発現，および他のすべての分化マーカーの欠損（$Sca1^+$, $Thy1^{lo}$, Lin^-）によって特徴づけられる。造血幹細胞の自己再生能力はポリコーム型転写抑制因子Bmi-1に依存する。Bmi-1のノックアウトマウスでは，造血幹細胞は生じるが，その数は生後非常に減少し，骨髄再構築能をほとんどもたない。造血幹細胞に恒常型βカテニン遺伝子を導入し，再構築アッセイを行うと，造血幹細胞の数は増加した。このことから他の組織幹細胞と同様に，Wntシグナルが造血幹細胞の自己再生に必要であることが示唆される。

骨髄には造血幹細胞以外に，異なる細胞表面マーカーの組合せで表される他の細胞種が存在し，再構築アッセイを行うと一部の血球系細胞のみを生じ

る。よって，骨髄系前駆細胞，リンパ球系前駆細胞などの様々な多能性の前駆細胞の存在が示される。また，in vitroのコロニー形成アッセイによっても示される。骨髄の細胞を適切な成長因子の存在下で培養すると，血球系細胞のコロニーが得られる。ほとんどのコロニーは単一細胞由来のクローンであるため，複数の細胞種が生じることは多能性の前駆細胞が存在することを示している。

造血幹細胞は全能性幹細胞，多能性幹細胞の段階を経て，まず骨髄系前駆細胞とリンパ球系前駆細胞に分化する。骨髄系前駆細胞からは赤芽球前駆細胞，巨核球前駆細胞，顆粒球マクロファージ前駆細胞などが分化し，リンパ球系前駆細胞からはB細胞前駆細胞，T細胞前駆細胞が分化する。in vitroのコロニー形成アッセイを用いて，それぞれの血球系前駆細胞に働くコロニー刺激因子をはじめとする様々なサイトカインが単離されてきた。全能性幹細胞ではSCF（stem cell factor）やFlk2/Flk3リガンドなどが働き，多能性幹細胞の段階ではインターロイキン3（IL3）や顆粒球/マクロファージコロニー刺激因子（GM-CSF）などが働き，さらに，後期から最終分化には系統特異的な因子が作用する。これらには赤芽球系に作用するエリスロポエチン（EPO），巨核球系に作用するトロンボポエチン（TPO），顆粒球コロニー刺激因子（G-CSF），単球マクロファージコロニー刺激因子（M-CSF）などがある。EPOやG-CSFなどは造血因子として，臨床でも貧血や感染症予防に用いられている。

サイトカインのシグナルは核内に伝達され，転写因子を介して細胞の運命を決定している。例えば，GATAファミリーのうちGATA1〜GATA3が造血の過程にかかわっている。GATA1は赤芽球と巨核球の分化に関与している。GATA2は多能性造血幹細胞に強く発現し，分化とともに発現が低下する。GATA3はリンパ球系前駆細胞からT細胞の分化にかかわる。AML-1は造血幹細胞に発現し，この欠損は白血病の発症と関連する。c-mybは骨髄系前駆細胞の分化を促進する。C/EBPは顆粒球の分化にかかわっている。IkarosはB細胞とT細胞の制御に関与する。B細胞の分化にはPax5が必要である。

10.5 腎 臓

中間中胚葉からは，腎臓と生殖腺が形成される。脊椎動物には一般に3種類の腎臓が区別される。羊膜類では，発生過程で**前腎**（pronephros），**中腎**（mesonephros），**後腎**（metanephros）の3種が形成されるが，最終的に成体で機能するのは後腎である。魚類，両生類では中腎が機能している。

前腎は発生過程で一過性に形成されるが，まもなく退化して消失する。しかし，前腎から体の後端の総排泄腔まで伸びる**前腎管**（pronephric duct）は，その後で**中腎管**（mesonephric duct，**ウォルフ管**（Wolffian duct））となり機能し続ける。

中腎は，胴の中央付近に形成される分節性の腎臓で，基本構造は後腎と同様に**ネフロン**（糸球体，ボーマン嚢，尿細管）からなる。尿細管は中腎管に連なり，尿を総排泄腔まで導く。中腎管は後に，生殖輸管として用いられる。

後腎は他の腎臓とはかなり異なる発生過程で形成され，中腎とは異なり前後軸に沿った分節性の構造ではなく，まとまった塊状の器官となる。中腎管が総排泄腔に到達すると，その近くで分岐し，**尿管芽**（ureteric bud）を形成する。この尿管芽が周囲の**後腎間充織**（metanephric mesenchyme，**腎形成間充織**（nephrogenic mesenchyme）ともいう）に向かって成長し，盛んに分岐を繰り返す（図10.12）。すると，間充織の中で**間充織上皮転換**が起こり，間充織から**腎小管**（**尿細管**）が形成される。まず間充織細胞は凝集し転写因子Pax2を発現しはじめ，コンマ型の上皮塊を形成する。これがやがてS字型にな

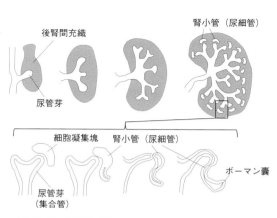

図10.12 後腎の発生
後腎は尿管芽と間充織の相互作用によって形成される。器官形成における組織間相互作用の例として，非常によく研究されており，これらの過程に関与する多くの遺伝子が同定されている。

り，伸長して尿細管になる（図10.12）。間充織から上皮に変換すると，ラミニンや4型コラーゲンなどの基底膜の成分を産生するようになる。尿細管は中空となり，尿管芽の先端と融合する。尿細管の先端にはボーマン嚢が生じ，尿管芽のうち分岐した部分は集合管，分岐しない部分は輸尿管となる。

　後腎の発生には組織間相互作用の典型的な例がみられ，これは器官培養などの方法でよく研究されてきた。胚から摘出した腎臓原基は，培養下で数日間にわたって成長し分化・形態形成を行うので，様々な実験操作を行うことができる。上皮と間充織を分離したり再結合したり，培養液に種々の成長因子や阻害剤を添加したり，徐放性のビーズを用いて局所的に分子を作用させたりできる。間充織を培養しても，尿管芽がなければ尿細管形成は起こらないので，尿管芽が尿細管形成に必要なシグナルを出していることがわかる。一方，尿管芽の伸長と分岐には間充織からのシグナルが必要である。つまり尿管芽から間充織へと，間充織から尿管芽への双方向のシグナルが関与している。

　間充織からのシグナルの1つはグリア由来神経栄養因子（glial-derived neurotrophic factor: GDNF）で，これは間充織で発現している。一方，その受容体retは尿管芽で発現している。GDNFまたはretの遺伝子ノックアウトマウスでは腎臓が形成されない。GDNFノックアウトマウスから摘出した腎臓原基に，GDNFを放出するビーズを置いて培養すると，尿管芽の分岐が再び起きるようになる。一方，retのノックアウトマウスではGDNFに対する反応性がないので，尿管芽の分岐は起こらない。

コラム：試験管内で腎臓を作製する試み

　腎臓は一度機能が失われると再生しない。腎不全による人工透析患者は年々増加しており，2016年では国内で32万人以上いる。腎移植のドナーは不足しているので，再生医療への期待が高まっているが，多種類の細胞からなり複雑な構造をもつ腎臓を作製することは困難と考えられてきた。熊本大学の西中村らのグループは，2013年に世界ではじめてヒトiPS細胞から三次元腎臓組織の作製に成功した。

　彼らはマウスの後腎間充織の腎臓前駆細胞（ネフロン形成細胞）から，糸球体と尿細管が形成されることを報告していた。しかし，この腎臓前駆細胞が発生過程でどのようにして形成されるかは明らかでなかった。まず，従来から腎臓になる領域とされている中間中胚葉が緑に光るOsr1-GFPノックインマウスをつくり，中間中胚葉の細胞に様々な成長因子を加えて腎臓前駆細胞の作製を試みたがうまくいかず，代わりに，初期段階でOsr1を発現しない細胞群の中に腎臓前駆細胞のもとになる細胞が存在することが示唆された。近年，体の後半身は頭部・胸部ができた後に，尾芽にある「体軸幹細胞」からつくられるという説が提唱されている。そこで，この体軸幹細胞を含む領域にGFPを発現する遺伝子改変マウス（T-GFPノックインマウス）を用いて解析した結果，後腎間充織は後半身をつくる体軸幹細胞から発生することをはじめて見いだした。

　次に，マウス胎児から体軸幹細胞を回収し，試験管内でどのような成長因子を加えれば腎臓前駆細胞に分化するかを検討した。その結果，3つのステップに分けて，計5種類の成長因子（アクチビン，BMP，Wnt，レチノイン酸，FGF）をそれぞれ組合せと濃度を最適化して加えると，効率的に腎臓前駆細胞を試験管内で作製できることがわかった。さらに，マウスES細胞から体軸幹細胞を作製する条件を検討し，2つのステップで誘導できることを見いだした。実際に，ES細胞に先の成長因子を加えると，計5ステップを経て腎臓前駆細胞ができることがわかった。

　最後に，この腎臓前駆細胞を胎児の脊髄またはWnt産生細胞と共培養すると，糸球体と尿細管の両方を含んだ三次元構造が形成された。さらに，ヒトiPS細胞からも同様の方法で，腎臓前駆細胞，三次元腎臓組織が作製された。これは腎臓の再生医療に向けた大きな進展といえる。最近では，移植した腎臓組織の内部（糸球体の毛細血管の外側を取り巻くタコ足細胞）に宿主の血管が繋がるところまできている。まだ実際に尿を産生し排出することはできないが，今後の発展が期待される成果である。この体軸幹細胞を経由して腎臓組織まで作製に成功したという研究は，応用研究といえども，胚の正常発生の過程をよく理解することの重要性を示した例としても注目される。

後腎間充織を，尿管芽以外の組織と接触させて培養しても尿細管形成が誘導されることがある。例えば，間充織を脊髄と共培養すると，尿細管形成が誘導される。これはWntの分泌によると考えられた。尿管芽ではWnt9bが発現しており，Wnt9bノックアウトマウスでは後腎と中腎で尿細管形成が起こらないことから，この因子が尿管芽のシグナルであることが示唆された。尿管芽で発現するもう1つのシグナルは白血病阻害因子LIFで，間充織にLIFを添加して培養すると尿細管形成が誘導される。間充織側の応答能はZnフィンガー転写因子WT1に依存する。WT1ノックアウトマウスでは後腎がまったく形成されない。

Znフィンガー転写因子Sall1は尿管芽のまわりの後腎間充織で強く発現しており，Sall1ノックアウトマウスでは腎臓がまったく形成されない。このマウスでは尿管芽が間充織に侵入できないことが原因と考えられた。Sall1ノックアウトマウスの間充織ではGDNF，BMP7などいくつかの因子の発現が低下している。Sall1発現細胞はネフロン形成細胞の指標として用いられるようになった。

10.6 生 殖 腺

生殖腺は雄では精巣，雌では卵巣に分化し，配偶子を形成するとともに重要な内分泌器官でもある。生殖腺は2つの発生学的起源をもつ。生殖腺の体細胞部分は中間中胚葉に由来する**生殖隆起**（genital ridge）から形成される。生殖隆起は中間中胚葉のうち，中腎の内側の部分に生じ，体腔内にやや突出した形となる。配偶子をつくる生殖細胞は，**始原生殖細胞**（primordial germ cell: PGC）に由来する。多くの脊椎動物胚では，始原生殖細胞は発生初期には離れた場所で形成され，長い距離を移動して生殖隆起に到達する（4章参照）。

(1) 生殖腺の初期分化

生殖隆起は，体腔に面した上皮と内側の間充織からなる。移動してきた始原生殖細胞は上皮に入るので，上皮には生殖細胞と体細胞の両方が含まれることになる。まず，上皮の細胞が増殖し間充織内部に伸長して，**一次性索**を形成する。雄では一次性索が細長い管として発達し，**精細管**となる。精細管の体細胞は**セルトリ細胞**となり，生殖細胞の外側を覆って精子形成を制御する。内側の始原生殖細胞は出生

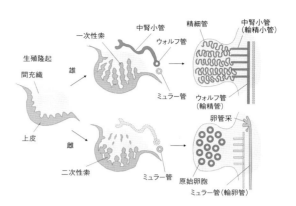

図10.13* 哺乳類の生殖腺の初期分化
一次性索から精細管が，二次性索から原始卵胞が形成される。

後にセルトリ細胞の影響を受けて精細胞となり精子形成を行う。一方，精細管と精細管の間の間充織から，テストステロンを分泌する**ライディッヒ細胞**が分化する。精細管は中腎小管と繋がり，中腎小管は輸精小管に，ウォルフ管は精巣上体管と輸精管になる。生殖腺は短くなり被膜に包まれて精巣となる（図10.13）。雄ではミュラー管は退化消失する。

雌では一次性索はまもなく退化し，上皮が再び増殖して**二次性索**を形成するが，やがて索状構造は消失する。始原生殖細胞は卵原細胞に分化し，増殖を繰り返した後に卵母細胞となる。その周囲を，体細胞由来の1層の**濾胞細胞**（卵胞上皮細胞）が覆うようになり，原始卵胞が形成される（図10.13）。その後，卵胞の発達とともに卵母細胞は成長し，様々な発達段階にある卵胞を含む卵巣となる。エストロゲン（卵胞ホルモン）を産生する**卵膜細胞**は間充織から分化する。中腎小管とウォルフ管は退化して卵巣傍体となる。ミュラー管は輸卵管になり，先端には卵管采が形成される。

(2) 性決定

性決定の様式は動物種によって様々であるが，ここでは哺乳類の場合について記述する。生殖腺が精巣に分化するか卵巣に分化するかは，性染色体の構成に依存する。哺乳類では性染色体がXYであれば雄に，XXであれば雌になる。X染色体は共通であり，ヒトの染色体異常でXXY（クラインフェルター症候群）は男性となり，XO（ターナー症候群）は女性となることからも，Y染色体の有無が男性を決定していると考えられた。そのため，Y染色体上に生殖腺の精巣への分化を決定する遺伝子が存在すると

考えられ，この遺伝子産物は精巣決定因子 (testis-determining factor: TDF) とよばれた．1990年にヒトでTDFをコードする遺伝子として，*SRY* (sex-determining region of Y) が単離された．ほぼ同時にマウスでも*Sry*遺伝子がクローニングされた．Sryは，HMG型転写因子であるSoxファミリーの一員である．*Sry*をノックアウトしたマウスではXYの個体でも卵巣が分化し雌となる．また，受精卵に*Sry*遺伝子を導入したトランスジェニックマウスでは，XXの個体でも精巣が分化し雄となったことから，この遺伝子が精巣への分化を決定することが示された．

Sryは性分化の直前に，生殖腺で一過性に発現する．Sryの機能は，おそらく*Dax1*という遺伝子の発現を抑制することだと考えられている．*Dax1*はX染色体上にあって核内ホルモン受容体をコードしており，Sryと同じ時期に発現してそれと拮抗するように働くと考えられている．Dax1の発現は雄では低下し，雌では持続する．雄化には，セルトリ細胞から分泌されるミュラー管阻害物質MIS (あるいは抗ミュラー管ホルモンAMH) が必要である．MISはTGFβスーパーファミリーの一員であり，雄ではミュラー管を特異的に退化させる．MISのノックアウトマウスではミュラー管が消失せず残存する．*Sry*の下流には*SF1* (steroidogenic factor 1) 遺伝子があり，これは精巣分化の時期に発現し，*MIS*遺伝子やテストステロン合成に関与する遺伝子を活性化する．

Sryの活性がないとDax1の発現が持続し雌型となるが，その初期に腎臓の形成にも必要なWnt4の活性化が起きる．Wnt4は初期の生殖隆起で発現しており，その後，雄では発現が低下するが，雌では持続する．Wnt4は正常な卵巣の分化に必要な因子で，そのノックアウトマウスでは卵巣はあるが卵細胞は少なく，しかも男性ホルモンを分泌している．

10.7 生殖輸管

生殖隆起で一次性索が形成される頃に，2つの管が現れる (図10.14)．**ウォルフ管**は中腎管の別名であるが，後腎が発生しはじめると中腎の排出機能は失われる．**ミュラー管**はウォルフ管に沿って形成される管で，この時期までは雌雄の形態差はみられない．その後，雄では中腎は**精巣上体**に，ウォルフ管

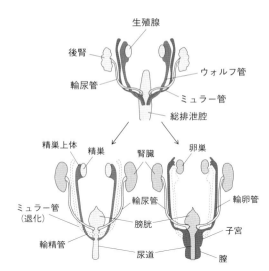

図10.14* **哺乳類の生殖輸管の性分化**
雄ではミュラー管が退化し，雌ではウォルフ管が退化する．

は精巣上体管 (精巣上体の内部) と**輸精管**になる．また，精巣のセルトリ細胞から分泌されるミュラー管阻害物質MISの作用で，ミュラー管は退化消失する．一方，雌では，中腎とウォルフ管は退化し，ミュラー管が輸卵管に発達する．哺乳類では輸卵管の後方部は**子宮**と**膣**上部を形成する (図10.14)．

羊膜類の胚では消化管の後端は**総排泄腔**をなしているが，哺乳類の胎児では尿直腸襞が後方に伸長して後端に達し，総排泄腔は**尿生殖洞**と直腸に仕切られる．尿生殖洞からは男性ホルモンの影響下で**前立腺**と球尿道腺が形成される．尿膜の基部は膨らんで**膀胱**となる．輸精管は尿生殖洞と接する部位で膨らみをつくり，精囊を形成する．雄の胎児では，精巣から分泌されるテストステロンが生殖器官の形成に重要な役割を担っている．尿生殖洞の組織では，テストステロンが$5α$-レダクターゼによって活性型のジヒドロテストステロンに変換される．輸精管と精囊はテストステロンの作用により形成されるが，前立腺と外性器の形成はジヒドロテストステロンに依存することが知られている．

外性器 (external genitalia) の原基は，性分化以前には雌雄とも同じ形態をしており，肛門の前方の正中線上に**生殖結節** (genital tubercle) が生じる．生殖結節の後方に**尿生殖溝** (urogenital groove)，一対の**尿生殖襞** (urogenital fold)，さらに外側に**陰唇陰囊隆起** (labioscrotal swelling) が形成される．雌では

生殖結節が陰核となり，尿生殖襞が小陰唇に，陰唇陰嚢隆起が大陰唇となる．一方，雄ではジヒドロテストステロンの影響下に，生殖結節が非常に長く成長して陰茎となり，左右の尿生殖襞が正中で閉じて海綿体を形成する．陰唇陰嚢隆起は陰嚢となり，内部に精巣が下降する．外性器，特に生殖結節の伸長には，尿道上皮からのFGFやShh，間充織からのFGFのシグナルが重要な役割をもつことが，器官培養や遺伝子改変マウスを用いた研究で解析されつつある．

10.8 四肢の形成

脊椎動物の四肢は，骨格，筋肉，結合組織，血管，神経など多くの組織を含む複雑な構造の器官であり，古くから組織間相互作用や器官形成のモデルとしてよく研究されている．四肢の原基である**肢芽**（limb bud）は，側板の壁側中胚葉由来の間充織と，その外側を覆う外胚葉由来の上皮から構成される．ただし，肢芽の形成にはそれ以外の組織も参加する．骨格筋は体節の筋節に由来し，血管内皮の大部分も体節由来とされている．神経は神経管から伸長して筋に投射する．肢芽は，最初は体壁に生じたわずかな膨らみであるが，急速に側方へ伸長し，やが

コラム　外性器の発生学的起源

外性器は動物の生殖にとって極めて重要な器官であるが，その発生学的起源についてはほとんど研究されていなかった．2014年にヘレラ（Herrera, A.）とコーン（Cohn, M.）は，ニワトリ胚で蛍光色素を用いた細胞系譜追跡実験を行い，生殖結節の前駆細胞の位置を特定した．彼らは胚の体壁がまだ閉じていない時期に，後方の側板中胚葉の様々な位置を蛍光色素DiI（赤）またはDiA（緑）で標識し，発生が進行した後に生殖結節周辺の組織を観察した．その結果，生殖結節の前駆細胞は側板中胚葉の最も外側で，後肢芽の後方域と尾芽の前方域の境界あたりに存在することがわかった．これらの細胞集団は胚体の左右両側で，これまでに知られている後肢芽の形成領域の側方に位置する．体壁が腹側正中で閉じた後，この左右の細胞集団は一対の原基を経て正中で生殖結節を形成する．また，左右の原基をDiIとDiAでそれぞれ標識すると，意外なことに左右の細胞集団は正中線上で明確な境界をつくったことから，それぞれが一種の区画をなしていると考えられた．過去の細胞系譜の研究結果と合わせて考察すると，壁側中胚葉は内側から外側に向かって，後肢芽の背側，後肢芽の腹側，生殖結節の前駆細胞の順に並んでいると考えられた（図10.15）．鳥類や哺乳類と異なり，爬虫類のトカゲやヘビでは左右一対の半陰茎や半陰核をもち，また総排泄腔の後方に原基が形成されるなどのバリエーションがみられるが，左右に分かれた原基から生殖結節が形成される発生過程と関連していると考えられている．

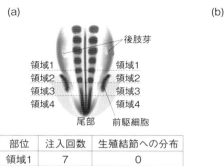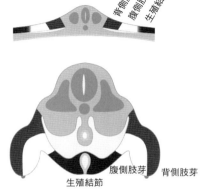

部位	注入回数	生殖結節への分布
領域1	7	0
領域2	30	27
領域3	6	3
領域4	3	0

図10.15　ニワトリ胚の細胞系譜追跡による生殖結節の起源

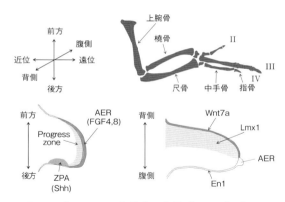

図 10.16* ニワトリ胚肢芽の軟骨パターンとパターン形成に重要な領域
四肢の発生は三次元の軟骨パターンの形成に注目して研究され、組織間相互作用に重要な役割をもつ領域が同定されてきた。

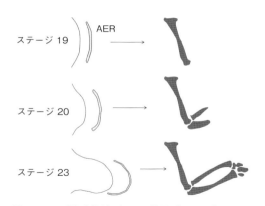

図 10.17 近位遠位軸に沿った軟骨パターンと AER
初期の肢芽で AER を除去すると、上腕骨だけが形成される。もう少し後の時期に AER を除去すると、上腕骨と橈骨・尺骨の一部が形成される。このように時期に応じて先端部が欠損することから、近位から遠位の順に軟骨パターンが決定されていることがわかる。

て肘の曲がりが現れ、扁平な手のひらの形も形成される。この過程で間充織内部に、将来の骨格の形態を決める軟骨パターンが形成される。

脊椎動物の四肢の骨格は、基本的には共通のパターンをもつ。近位(基部)から遠位(先端部)にかけて、前肢では、上腕骨、橈骨と尺骨、手根骨(手首の細かい骨)、中手骨、指骨の順に並んでいる。後肢では、大腿骨、脛骨と腓骨、足根骨、中足骨、趾骨である(図10.16)。指は5本が基本形であるが、前方からⅠ, Ⅱ, Ⅲ, Ⅳ,…と番号がつけられ、中手骨や指骨の数や大きさ、形状に違いがある。このように特徴的な形態を示すことから、四肢の発生の研究は3方向の軸、つまり近位遠位軸、前後軸、背腹軸に沿った軟骨パターンの形成機構に注目して行われてきた。四肢のパターン形成は、伝統的に胚操作のしやすいニワトリ胚を用いて多くの研究がなされてきた。ニワトリ胚では、組織の除去・移植、薬剤を浸み込ませたビーズの移植、電気穿孔法で特定の遺伝子を発現させるなどの実験操作を行った後、四肢が形成される発生段階まで孵卵して軟骨パターンを観察することができる。

(1) 近位遠位軸

肢芽の先端部には上皮が肥厚して特徴的な形状になった部分があり、**外胚葉性頂堤**(apical ectodermal ridge: AER)とよばれる(図10.16)。AERを除去すると肢芽の伸長が停止することから、肢芽の伸長にはAERの作用が必要である。様々な発生段階でAERを除去すると、その時期に応じて骨格の先端部が欠損する(図10.17)。このような研究からAERの直下の間充織には、未分化で増殖の盛んな**進行帯**(progress zone)という領域があり、肢芽が成長するにつれて近位から遠位の順に、軟骨パターンが決定されていくことがわかった。現在では、AERの機能を担う分子は、そこで発現するFGF(FGF4, FGF8など)であることが知られている。AERを除去してもそこにFGFを作用させると、肢芽の成長は維持される。ただし、肢芽でFGF4, FGF8の両方が機能しないノックアウトマウスでも、四肢の骨格はほぼ正常に形成されることから、複数のFGFが機能補償している可能性がある。

(2) 前後軸

肢芽の後端部には、**極性化活性帯**(zone of polarizing activity: ZPA)とよばれる領域があり、ZPAを別の胚の肢芽の前端部に移植すると過剰指を形成する(図10.18)。ZPAは上皮でなく間充織の中にあり、ZPA自体は指にはならず、過剰指を誘導することから一種のオーガナイザーと考えられる。このとき、形成される過剰指は、正常な指に対して必ず鏡像対称になることから、ZPAは前後軸に沿った極性を決定していると考えられた。現在、ZPA活性の分子的実体はShhであると考えられている。Shh遺伝子の発現領域は、移植実験から作製されたZPA活性の分布図と見事に一致した。レトロウイルスベクターを用いてShhを肢芽の前端部

10.8 四肢の形成

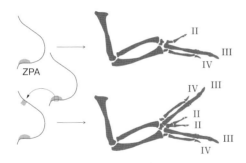

図 10.18 前後軸に沿った軟骨パターンと ZPA
ZPA を肢芽の前端部に移植すると，鏡像対称の過剰指が形成される。

に発現させると，鏡像対称の過剰指が形成される。ZPA 領域で産生された分泌性の Shh タンパクは前方に拡散し，受容体である patched に受容される。Shh を受容した細胞では smoothend が活性化し，転写調節因子 Gli3 のプロセシングを抑制する。Shh のないときはリン酸化を介して Gli3 がプロセシングされ，転写抑制因子として機能しているが，Shh の存在下では Gli3 がプロセシングされず完全長の転写活性化因子として機能するようになる。よって，後方ほど濃度が高い Shh タンパクの勾配は，活性型 Gli3 の勾配に変換される。このことが BMP や Smad の活性を介して，位置により異なる指の形態を決定していると考えられている。

(3) 背腹軸

背腹，つまり手の甲側と手のひら側の形態の違いは軟骨パターンではわかりにくいが，筋肉や腱，ウロコ，爪などの形態で区別することができる。背側の外胚葉には Wnt7a が発現しており，この作用で背側の間充織には Lmx1 の発現が誘導される。その結果，背側の形態が形成される。一方，腹側の外胚葉では engrailed1 (En1) が発現し，Wnt7a の発現を抑制している（図 10.16）。マウスでは，手の甲には毛が生えるが，手のひらには肉趾 (foot pad) がある。Lmx1b のノックアウトマウスでは，手の甲が腹側化し，両側に肉趾が形成される（図 10.19）。また，正常マウスでは，手のひらの腹側にのみ厚い筋肉層（屈筋）があるが，Wnt7a や Lmx1b のノックアウトマウスでは両側に筋肉層ができる。一方，En1 のノックアウトマウスでは背側化し，両側とも筋肉層が形成されない。指の背側と腹側で異なる腱の形状や爪なども同じ傾向を示す。

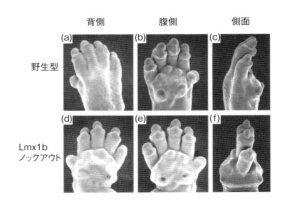

図 10.19 背腹軸に沿ったパターン形成と Lmx1b
Lmx1b のノックアウトマウスでは，手の甲と手のひらの両側に肉趾が形成される。また，膝蓋骨や爪も欠損する。（Chen et al., 1998 を改変）

(4) 前肢と後肢の違い（アイデンティティ）

ニワトリでは，前肢は指が 3 本で羽毛の生える翼となり，後肢は指が 4 本でウロコで覆われた足と，まったく異なる形態になる。このように，前肢と後肢は基本的には同様の構造ながら，明らかな形態の違いがある。このことは**四肢のアイデンティティ**とよばれる。T-box をもつ転写因子 Tbx5 は前肢芽に，Tbx4 は後肢芽に，肢芽形成の初期から特異的に発現している。ニワトリ胚で Tbx4 を前肢芽に，Tbx5 を後肢芽に強制発現させると，それぞれ逆の特徴をもった肢が形成されたことから，Tbx5 と Tbx4 はそれぞれ前肢と後肢のアイデンティティを決定していると考えられてきた。しかし，マウスでは，Tbx5 をノックアウトすると初期に前肢芽の伸長が停止し，前肢が欠損する。そこに Tbx4 を発現させると前肢芽の伸長が回復し肢が形成されるが，骨格パターンは前肢のままであった。このことから，Tbx5 は前肢のアイデンティティに必要ではなく，Tbx4 も後肢のアイデンティティに十分ではないと考えられた。これらの因子はむしろ肢芽の伸長に必要であるとも考えられる。転写因子 Pitx1 は Tbx4 と同様に，後肢芽に特異的に発現しているが，Tbx4 とともに Pitx1 を前肢芽に発現させると，不完全ながら後肢の形態が誘導された。このことから，Pitx1 と Tbx4 は協調して後肢のアイデンティティ形成にかかわっているとされている。

(5) 肢芽誘導因子

肢芽は将来の前肢と後肢の位置だけに形成され，首や脇腹の位置には決して形成されない。AER と

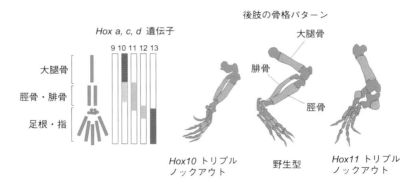

図 10.20* *Hox* 遺伝子群と四肢の軟骨パターン形成
Hox 遺伝子群の発現領域に対応して，ノックアウトマウスでは骨のパターン形成異常がみられる．ちなみに，*Hoxa13* と *Hoxd13* のダブルノックアウトマウスでは指のパターンがまったく形成されない．

そこに発現する FGF8 は肢芽形成領域にのみ生じる．AER を直接誘導する因子は側板中胚葉の FGF10 であり，ニワトリ胚で本来肢芽が生じない脇腹の領域に FGF10 を発現させると，異所的に AER が形成され，余分の肢（dasoku）が生じる．FGF10 のノックアウトマウスでは AER が形成されず，四肢が完全に欠損する．また，FGF8 の誘導には Wnt3a が介在しているとされている．

前肢芽では FGF10 の上流に Tbx5 があり，さらに上流に Wnt2b があると考えられている．後肢芽では Pitx1 や Tbx4 の上流に Wnt8c がある．

(6) *Hox* 遺伝子群の関与

体軸の前後パターンにかかわる *Hox* 遺伝子群のうち，a, c, d パラログ群の 9〜13 は肢芽に発現している．例えば，後肢では，*Hox10, Hox 11, Hox 12, Hox 13* が近位遠位軸上に入れ子状に発現している（図 10.20）．異なるパラログ（*Hoxa10* と *Hoxd10* など）の間で機能的重複があるため，1 つの遺伝子のノックアウトでは表現型はみられないことが多いが，*Hoxa10, Hoxc10, Hoxd10* のトリプルノックアウトマウスでは大腿骨に顕著な異常がみられる．*Hoxa11, Hoxc11, Hoxd11* のトリプルノックアウトでは脛骨と腓骨に異常がみられる．ただし，これらの異常はホメオティック変異ではなく，それぞれの軟骨の成長阻害や癒合などパターン形成の異常が生じるので，*Hox* 遺伝子群の具体的な役割についてはまだ不明な点が多い．

■ 演習問題

10.1 体節由来で，真皮，骨格筋，中軸骨格以外の組織を 1 つあげよ．

10.2 体節の規則正しい周期的パターンを形成するうえで，ノッチシグナルはどのような働きをしているかを述べよ．

10.3 脊椎動物の心臓が 1 心房 1 心室から 2 心房 2 心室に進化する過程で，どのような変化が必要だったかを説明せよ．

10.4 脈管形成と血管新生における VEGF/Flk1 の役割について説明せよ．

10.5 ヒトのアンドロゲン不応症 AIS は，アンドロゲン受容体の欠損により性染色体 XY であるが，外見上女性となる．このとき，子宮と卵巣は欠損しているのはなぜかを説明せよ．

10.6 四肢の形成において近位遠位軸，前後軸，背腹軸の 3 方向に沿ったパターン形成はどのようになされるか，シグナルを発する領域とシグナル分子について説明せよ．

11 内胚葉性器官の発生

11.1 消化管

食道から大腸に至る消化管の管腔を構成する上皮細胞は**内胚葉**に、その上皮を裏打ちする結合組織や筋組織（発生初期は間充織）は**臓側中胚葉**に由来する。また、神経堤より移動・分化した神経細胞やグリア細胞が、平滑筋層内あるいは粘膜下層内に分布する。発生初期、胚体内で消化管を将来構成する内胚葉と間充織細胞の分布は大きく異なるが、発生の進行に伴って両者は近接し、間充織が内胚葉性上皮を裏打ちするようになる。上皮と間充織が近接するようになると、上皮-間充織相互作用が起こり、各消化管部域での細胞分化や形態形成がこれにより調節される。消化管上皮の部域性については、前腸より食道、胃が発生し、中腸より小腸、後腸より大腸が発生する。その部域性については転写調節因子であるHhexとSox2の発現が前腸発生に、中腸と後腸の発生にはCdx1とCdx2が必要であることが示されている（図11.1）。また、レチノイン酸シグナルは前腸の器官形成、特に前腸と中腸の境界の維持に必要とされており、レチノイン酸合成酵素を欠失させると、肺、膵臓、肝臓の欠失に加え、胃の欠損も起こる。FGF（fibroblast growth factor）およびWntシグナルは後腸の内胚葉を特異化し、前腸内胚葉への発生を抑制する。これらのシグナルを下方制御すると胃が出現する。

(1) 食道

前腸内胚葉の背側と腹側領域で、種々のシグナル伝達因子や転写因子の発現についてパターン形成が起こり、背側領域から食道、腹側領域から気管と肺芽が形成される（図11.2）。その後、食道と気管の分離が起こる。特に、背側上皮でのSox2の発現、腹側上皮でのNkx2.1の発現がそれぞれ食道と気管発生に重要で、このパターン化された遺伝子発現はFGF、Wnt、BMP（bone morphogenetic protein）シグナルなどから構成されるシグナルネットワークによって制御されている。背側上皮と腹側上皮の分離部位の間充織でホメオボックスをもつ転写因子Barx1が発現し、腹側からのWnt活性を抑制することで、腹側境界を設定するとされる。気管との分離後、食道は、筋層や結合組織層に裏打ちされた扁平多層上皮からなる管となる。転写因子Sox2、

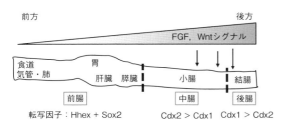

図11.1 消化管内胚葉の部域化と転写因子
転写因子HhexとSox2は前腸の発生に不可欠で、Cdx1とCdx2は中腸と後腸の発生に必要である。FGFとWntシグナルが内胚葉を後腸化する。(Kim & Shivdasani, 2016を改変)

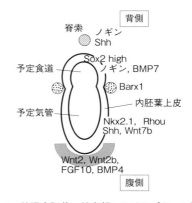

図11.2 前腸内胚葉の前方部におけるパターン形成
背側内胚葉はSox2、ノギン、BMP7を高発現し、食道上皮となる。腹側内胚葉は転写因子Nkx2.1、Shh、Wnt7bなどを発現し、肺気管芽を形成する。背側および腹側内胚葉が分離する領域の間充織でBarx1が発現される。腹側間充織で発現されるWnt、FGF10、BMPは上皮の特異化に重要である。(Jacobs et al., 2012を改変)

p63, Nrf2 が食道上皮の形態形成を制御している。随意嚥下に不可欠な食道の横紋筋層は Pax3 を発現する体節由来であるとされる。Pax3 がその形成の鍵を握り，これはヒトでも同様である。

(2) 胃

マウスの胃は，多層上皮からなる前胃と円柱上皮からなる腺胃の 2 つの部分よりおもに構成される。この部域化が明瞭になる前の胃上皮は偽重層である。まず，予定胃領域と予定腸領域の境界は，相互拮抗作用のある Sox2 と Cdx2 の発現について境界より前方は Sox2 を，後方は Cdx2 を発現することで決められている可能性がある（図 11.3）。転写因子 Barx1 は胃や食道の間充織で発現されるが，これは Wnt アンタゴニストである sFRPs の産生を促進し，胃上皮において，腸化に働く Wnt シグナルを抑制する。また，前胃と腺胃のパターン形成には，前胃部分で発現するノギンが重要で，前胃での BMP シグナルを抑制し，BMP シグナルを腺胃部分に限定させ，その分化を進める（図 11.3）。腺胃上皮では転写因子 GATA4 が発現され，その分化や形態形成を促進する。Barx1 は幽門部の括約筋形成に必要な，間充織での Bapx1（Nkx3.2）を制御する。胃上皮から間充織への作用因子としてソニックヘッジホッグ（sonic hedgehog: Shh）が明らかとなっており，上皮-間充織間相互作用では Shh，BMP，FGF，Wnt など種々の経路が複雑なループを形成し，胃の組織形成を制御している。腺胃の上皮は，粘液を分泌する**ピット細胞**，ペプシノゲンを産生する**主細胞**，塩酸を分泌する**壁細胞**など 5 種の細胞種から構成されるが，これらは胃腺ユニットの峡部にある幹細胞から供給される。ピット細胞の分化には転写因子 Foxq1，主細胞の分化には bHLH 型転写因子 Mist1 などの転写因子がかかわるとされる。

(3) 小　腸

発生初期，単層上皮からなる腸管は，発生に伴い，上皮とその管腔サイズ，そして裏打ちする間充織の増加によりその伸長と外径の増大が起こる（図 11.4）。次に，上皮は重層状態を経て，**絨毛**（villus）の発生と細胞分化の開始に伴い，円柱上皮へと移行する。生後に絨毛の基部に，幹細胞が分布する**陰窩**（crypt，**クリプト**ともいう）が形成される。絨毛および陰窩の上皮は結合組織で裏打ちされ，さらにその外側に平滑筋層が発達する。小腸の発生・分化には上皮-間充織相互作用が必要で，BMP，ヘッジホッグ，血小板由来成長因子（platelet-derived growth factor: PDGF），TGFβ，Wnt 経路などがこれにかかわる。例えば，絨毛形成には，上皮からのヘッジホッグと PDGF シグナルが直下の間充織細胞に受容

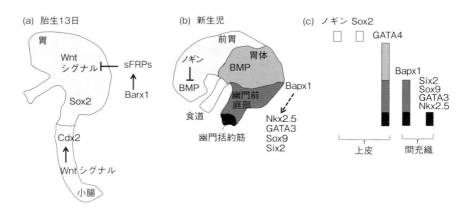

図 11.3　マウス胃の発生
(a) 部域化前の胃（偽重層上皮）。胃における Sox2 発現と小腸における Cdx2 発現が相互抑制を通じて器官境界を決定する。胃の間充織で発現する Barx1 が Wnt アンタゴニストを発現し Wnt シグナルを抑制する。
(b) 前胃と腺胃の形成。前胃は多層上皮，腺胃は胃体部と幽門前庭部からなり，円柱上皮で覆われる。幽門部に括約筋が発達する。
(c) 胃のパターニングにかかわる因子。前胃で強く発現するノギンは BMP を抑制する。腺胃では BMP が作用し，転写因子 GATA4，Bapx1 が細胞分化と形態形成にかかわる。Bapx1 は，遠位前庭部に局在し括約筋の発生に必要な転写因子（Nkx2.5，GATA3，Sox9，Six2）を制御する可能性がある。（Kim & Shivdasani, 2016 を改変）

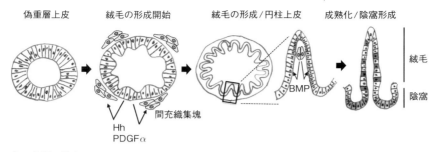

図 11.4 マウス小腸の発生
発生初期の小腸上皮は偽重層上皮からなるが，間充織細胞が上皮からのヘッジホッグ (Hh) および PDGFα シグナルにより上皮下に集まり，絨毛の形成が開始される。円柱上皮からなる絨毛が形成されると，その先端にある間充織の集塊が BMP などの成長因子を分泌し，上皮の増殖を停止する。(Wells & Spence, 2014 を改変)

され，筋線維芽細胞と平滑筋細胞の分化を制御する（図 11.4）。受容体 PDGFRα を発現する，上皮直下の間充織細胞は BMP2/4 を産生し，上皮細胞の細胞周期を停止させる。この PDGFRα を発現する間充織細胞が集合し，絨毛形成の起点となる。小腸上皮は，消化・吸収を行う**円柱細胞**と 3 種の分泌系の細胞種（粘液を分泌する**杯細胞**，ホルモン分泌細胞，抗菌作用をもつ**パネート細胞**）に分化する。ノッチ (Notch) シグナルとそのエフェクターである Hes1 は，bHLH 型転写因子である Atoh1 (Math1) の発現を抑制することで，吸収系細胞と分泌系細胞の系譜を分離している。Neurog3 は膵臓の場合と同様，腸の内分泌系細胞の分化に働く。

11.2 肺

(1) 肺の組織発生と成熟化

肺は，気管とともに，前方の前腸内胚葉由来の上皮，間充織，血管内皮が複雑な相互作用を行った後に形成される。ヒトの場合は妊娠 4 週，マウスの場合は 9.0〜10.0 日に前腸腹側に上皮の膨出が形成される。次のステップで，上皮の膨出から気管と 2 つの肺原基（肺気管支芽）が発生する（図 11.5）。以降，肺の発生段階として，形態的に，**胚期，偽腺状期，細管期，終末囊期，肺胞期**の 5 段階に分けられる。胚期に，気管は食道と分離する。胚期および偽腺状期に 2 つの肺気管支芽は，規則正しい**分枝形態形成**を起こしながら成長する。細管期になると，末梢気管支の先端は分枝を繰り返し，**呼吸細気管支**となる。その末端部から終末囊とよばれる薄い上皮壁をもつ囊が発達しはじめる。また，その周囲に血管が発達しはじめる。終末囊期には，終末囊が多数形成される。終末囊は扁平上皮で，ガス交換にかかわる **I 型肺胞細胞**で覆われる。その周囲には毛細血管が発達し，ガス交換の準備が整う。球形の肺胞で生じる表面張力を減少させるサーファクタントタンパク質の産生を行う，立方状の **II 型肺胞細胞**も分化する。I 型，II 型肺胞細胞ともに，出生前には機能的な分化を完了している。出生時まで，肺の内部は組織液で満たされているが，生後の呼吸開始とともに組織液は毛細血管および毛細リンパ管から吸収され，I 型肺胞細胞によるガス交換が起こる（肺胞期）。ヒトの場合，II 型肺胞細胞の分化が未熟な終末囊期での出生は，サーファクタントタンパク質の産生が不十分なために，重篤な呼吸不全をしばしば

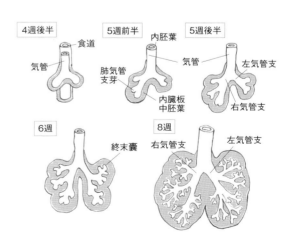

図 11.5 ヒトの気管と肺の発生（腹面図）
発生の進行とともに，肺上皮は成長し，特徴的な分枝を繰り返す。肺上皮は内臓板中胚葉由来の間充織により裏打ちされる。

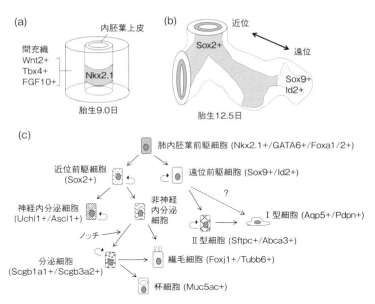

図 11.6 マウス肺上皮前駆細胞と細胞系譜
(a) 初期肺上皮。Nkx2.1 発現内胚葉は間充織に裏打ちされる。
(b) Nkx2.1 陽性内胚葉の近位，遠位前駆細胞への分化。近位前駆細胞は Sox2 陽性，遠位前駆細胞は Sox9, Id2 陽性である。
(c) 肺内胚葉細胞からの細胞系譜。近位前駆細胞および遠位前駆細胞から様々な細胞タイプが生じる
(Herriges & Morrisey, 2014 を改変)。

伴う。

(2) 肺上皮の特異化と細胞分化の分子メカニズム

マウスにおいて肺上皮の特異化は原基形成前に，前腸の前方腹壁内胚葉が転写因子 Nkx.2.1 を発現することではじまる。この特異化は裏打ちする間充織からの FGF, Wnt, BMP, レチノイン酸，TGFβ シグナルなどによって制御されている（図 11.6）。

分枝形態形成の進行とともに，原基基部—先端方向の上皮の分化が進行していく（図 11.6(c)）。基部領域の細胞は転写因子 Sox2 を発現するのに対し，先端側の細胞は Sox9 と転写調節因子 Id2 を発現する。これらの大きく 2 種類の細胞集団の細胞系譜は異なっており，基部領域の細胞は気道を構成する神経内分泌細胞，分泌細胞，繊毛細胞，粘膜細胞になるのに対し，先端側の細胞は I 型と II 型肺胞細胞に分化する。

(3) 肺上皮の分枝形態形成と間充織

肺上皮の**分枝形態形成**は間充織との相互作用の結果として起こる。上皮-間充織組換え実験から，間充織がその分枝パターンを制御することが示されている。分枝形態形成には，上皮の分枝が起こる部分を囲む間充織で発現される FGF10 が重要で，その受容体 FGFR2 を介して上皮に作用する（図 11.7）。このシグナル経路を欠損させると，分枝がまったく起こらなくなる。一方で，上皮で発現される Shh や BMP4 などは，FGF10 の発現を抑制する。FGF10 は，分枝の方向性の決定にあたり Ras/Sprouty 経路を介して上皮の細胞分裂の方向性も指

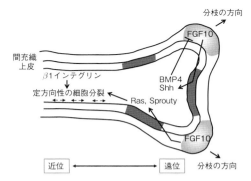

図 11.7 肺上皮の分枝と FGF10
FGF10 は分枝に不可欠で，分枝領域の間充織で発現される。この発現は上皮からの BMP4 と Shh により制限される。FGF10 は Ras/Sprouty 経路により細胞分裂の方向性を制御する。
(Herriges & Morrisey, 2014 を改変)

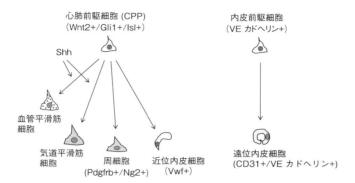

図 11.8 肺の血管と中胚葉由来組織の起源
血管平滑筋細胞，気道平滑筋細胞，周細胞，近位血管内皮細胞を含め，肺の中胚葉由来細胞の多くは Wnt2 陽性の心肺前駆細胞（CPP）に由来する。肺胞の血管網を生じる遠位血管内皮細胞は，VE カドヘリン陽性の内皮前駆細胞から発生する。(Herriges & Morrisey, 2014 を改変)

示する。肺上皮の分枝形態形成は数学的には自己相似的なフラクタルの性質をもち，それは分子レベルでは増殖促進シグナルと増殖抑制シグナルの繰り返しが起こることで実現される。

(4) 肺の血管と間充織の発生

肺間充織は前腸をとりまく心臓中胚葉と同起源で，Wnt2+/Gli1+/Isl+ の**心肺前駆細胞**から肺間充織細胞が発生する。したがって，初期の肺間充織細胞は，心筋細胞や心内膜細胞を生じる。この細胞は，血管平滑筋細胞，気道平滑筋細胞，周細胞，肺原基基部側の血管内皮細胞などを生じるとされる（図11.8）。しかし，原基の遠位に位置する肺胞に接する毛細血管内皮細胞は，肺原基が発生する前からある胴部の血管細胞より生じ，別起源とされる。これら血管系の発生において血管内皮成長因子 VEGF が重要で，その鍵を握る。また，細気管支の分枝と血管の発達・分枝はカップルしている。

11.3 膵　臓

(1) 膵臓の組織発生

膵臓は，栄養物の消化と血糖調整に重要な働きを行う器官で，外分泌部と内分泌部からなる。外分泌部は，消化酵素を産生し導管に分泌する腺房細胞と導管上皮細胞からなる。内分泌部は，少なくとも5種のホルモン産生細胞が**ランゲルハンス島**（islet of Langerhans）を形成する。腺房細胞，導管上皮細胞，内分泌細胞は，他の消化器官と同様に，内胚葉に由来する。マウスの場合，膵臓原基は 2 つの独立した原基（背側および腹側）から生じる（図11.9）。

胚発生の過程で，背側原基が憩室として腹側原基に先行して，前腸に形成される。次に，肝憩室のすぐ後方に腹側原基が発生する。背側と腹側の憩室の細胞は増殖により数を増して多層化し，分枝をしながら間充織側に侵入する。発生初期の膵上皮細胞は，すべての膵臓細胞になりうる**多能性膵前駆細胞**である。発生が進むと，腸の回転により胃と十二指腸が位置を変えることで，背側原基と腹側原基は融合する。膵臓原基の先端部は，多能性膵前駆細胞を含むのに対し，幹部はランゲルハンス島と導管細胞に将来分化する細胞が位置する（図11.9）。しかし，胎生中期までに先端部の細胞は多能性を失い，腺房前駆細胞となる。次に，先端部の腺房前駆細胞は増殖し**腺房細胞**（acinar cell）に分化するとともに，内分泌細胞の前駆細胞が幹部分の上皮から分離し，内分泌細胞の集合塊をつくる。生後，集合した内分泌細胞はランゲルハンス島を形づくる。β 細胞が機能的となり，グルコース濃度を感知し，膵臓でのインスリン分泌を調整するのは生後である。

(2) 膵内胚葉の部域化の分子メカニズム

初期の膵内胚葉の部域化は，裏打ちする中胚葉および近傍の中胚葉組織から分泌される因子が鍵を握る。背側膵臓原基の発生には，内臓板中胚葉からのレチノイン酸，脊索から FGF2 やアクチビンが不可欠で，腹側膵臓原基の発生には，心臓中胚葉からの FGF と BMP シグナルが肝臓と腹側膵臓の運命決定を行うとされる。また，前腸における膵臓予定領域は，膵臓発生に重要な転写因子 Pdx1 と Ptf1a の発現する領域として認められる。マウスでそれぞれの遺伝子欠失あるいは両方の遺伝子欠失を行うと，膵

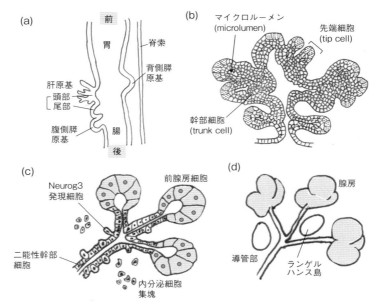

図 11.9 マウス膵臓の発生
(a) 膵原基の発生（正中線付近での縦断図）。背側膵原基および肝原基の後方に発生した腹側膵原基より膵臓は発生する。
(b) 膵上皮細胞の増幅と分枝。先端部（前腺房細胞）と幹部（導管/内分泌細胞）領域の分化がはじまる。
(c) 腺房細胞と内分泌細胞の分化。先端細胞が腺房細胞に分化し，Neurog3 発現細胞が幹部の上皮から分離し，集塊を形成する。
(d) 成熟膵臓。腺房部，導管，ランゲルハンス島が形成される。

臓形成不全となる。しかし，初期の膵芽は形成されるので，これらの因子がなくとも，初期の膵形成プログラムは発動すると考えられている。

(3) 多能性膵前駆細胞の増殖と分化メカニズム

多能性膵前駆細胞の分化と増殖は，膵前駆細胞集団内でのシグナル伝達および裏打ちする間充織からのシグナルにより制御されている。膵前駆細胞の数を維持するには固有の転写因子である Pdx1 と Ptf1a に加え，ノッチリガンドである Dll1 とそのエフェクターである Hes1 が必須である。ノッチシグナルは前駆細胞の分化を抑制する働きがある。また，膵前駆細胞は他に転写因子 HNF1β，Nkx6.1 などを発現する（図 11.10）。多能性膵前駆細胞の増殖は，間充織からの FGF，Wnt，BMP シグナルでも制御されており，FGF（FGF10- 受容体 FGFR2b）と Wnt シグナルは前駆細胞の集団サイズを上昇させ

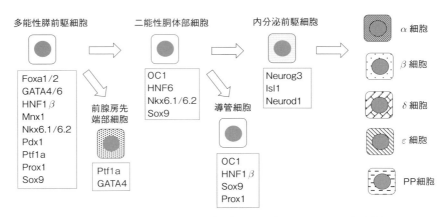

図 11.10 多能性膵前駆細胞の分化と転写因子（Cano *et al.*, 2014 を改変）

11.3 膵臓

表 11.1 ヒト膵臓の発生に影響を与える因子

遺伝子名	コードタンパク質の機能	変異	表現型／症候群（膵のみ）
PDX1	転写因子	ホモ接合体（一塩基欠失、点突然変異）	PNDM、膵無形成／低形成
PTF1A	転写因子	ホモ接合体（ナンセンス変異、挿入変異、フレームシフト変異）	PNDM、膵無形成／低形成
GATA4	転写因子	ハプロ不全となる欠失変異、ミスセンス変異	PNDM、種々の外分泌機能不全
GATA6	転写因子	ヘテロ接合体（ハプロ不全）	PNDM、膵無形成、種々の外分泌機能不全
NEUROG3	転写因子	ホモ接合体あるいはヘテロ接合体（点突然変異）	PNDM
GLIS3	転写因子	ホモ接合体（フレームシフト変異）、ホモ接合体（部分欠失）	PNDM
PAX6	転写因子	ヘテロ接合体の複合型	PNDM
MNX1	転写因子	ホモ接合体（ミスセンス変異）	PNDM
RFX6	転写因子	ホモ接合体（ナンセンス変異、フレームシフト変異、スプライシング異常）	PNDM、膵低形成
NEUROD1	転写因子	ホモ接合体（フレームシフト変異）	PNDM
NKX2.2	転写因子	ホモ接合体（ナンセンス変異、フレームシフト変異）	PNDM
HNF1B	転写因子	ヘテロ接合体（フレームシフト変異）	糖尿病発症から膵無形成まで
SOX9	転写因子	ハプロ不全	膵低形成（含異常ランゲルハンス島）
NEK8	シグナル伝達因子	ホモ接合体、ナンセンス変異	ランゲルハンス島形成不全、外分泌組織低形成
NPHP3	シグナル伝達因子	ホモ接合体（スプライシング異常、ナンセンス変異）	膵の囊胞性異形成
UBR1	ユビキチン化酵素	ホモ接合体（ミスセンス変異）	先天性外分泌機能不全

(Jennings *et al.*, 2015 を改変)

る方向に働く。最終的な膵臓のサイズは，最初の多能性膵前駆細胞の集団サイズによるとされる。

膵臓の遠位に位置する先端部の多能性膵前駆細胞はPdx1，Ptf1aなどを発現するが，徐々に腺房細胞へと分化が進む（図11.10）。一方，膵臓の近位にあたる幹部に位置する前駆細胞はPdx1，Nkx6.1（Nkx6.2も），HNF1βを発現し，導管細胞と内分泌細胞の両方を生み出す。この膵臓先端部と幹部の区画化は，発生初期は共発現していたPtf1aとNkx6.1/Nkx6.2の相互排除的な作用による。胎生中期までには，Ptf1a陽性の遠位領域とNkx6.1/Nkx6.2を発現する近位領域に区画化される。ノッチシグナルが近位領域の区画化に働くことも証明されている。

幹部における内分泌細胞の分化については，Neurog3陽性の内分泌前駆細胞が，転写因子HNF1β，OC1，Foxa2を発現する未分化な導管上皮中に散在的に出現する（図11.10）。この分化はノッチシグナルを介した側方抑制プロセスを経て起こり，導管細胞におけるNeurog3の発現はノッチシグナル下流のHes1により抑制される。内分泌前駆細胞は5種の内分泌細胞に分化し，集合してポリク

ローン性のランゲルハンス島を形成する。

膵臓発生にかかわる転写因子 Pdx1, Ptf1a, GATA4, GATA6 遺伝子などの変異は，ヒトでは**新生児永続型糖尿病**(permanent neonatal diabetes mellitus: PNDM)の病因となる(表 11.1)。

11.4 肝　　臓

(1) 肝臓誘導と肝原基形成

マウスやヒトの場合，肝原基は，前腸門付近で前腸腹壁内胚葉が憩室を形成することで発生する。**肝憩室**(hepatic diverticulum)は頭部と尾部の2つの部分から構成されるようになるが，頭部は多層化し，この部分より，未分化な肝芽細胞がつくる細胞索が隣接する**横中隔**間充織および臍腸間静脈に伸長する(図 11.9，図 11.11)。**肝芽細胞**(hepatoblast)は胎生期の肝実質細胞で，頭部から肝臓実質部が発生する。尾部からは胆嚢や肝外胆管が発生する。

実験発生学的研究から，前腸内胚葉の肝内胚葉および肝芽細胞への分化には，心臓中胚葉と横中隔間充織からの2段階の誘導が必要であることが明らかにされている。心臓中胚葉からの誘導因子は FGF1 と FGF2 とされている(図 11.12)。これは発生初期の前腸内胚葉を in vitro で単独培養し，FGF1 や FGF2 を培地に添加したり，あるいは前腸内胚葉と心臓中胚葉の共培養系でドミナントネガティブ型の FGF 受容体を培地に添加し，肝マーカー遺伝子で

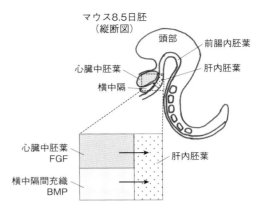

図 11.12　心臓中胚葉と横中隔間充織による肝臓誘導
心臓中胚葉からFGF，横中隔間充織からBMPが段階的に前腸門の前腸腹壁内胚葉に作用し，肝内胚葉となる。(Zong & Stanger, 2012を改変)

あるアルブミン遺伝子の転写が起こるか解析することで証明された。横中隔間充織からの誘導因子は BMP2/4 とされている(図 11.12)。また，内胚葉から肝芽細胞へと分化が進む過程で，転写因子として Foxa2 が必須で，これを欠くと，肝臓誘導因子があってもアルブミン遺伝子の転写は起こらない。GATA4，HNF1β も重要である。

肝憩室頭部の多層化には，転写因子 Hhex や GATA6 がかかわる(図 11.11)。これらの遺伝子欠失マウスでは肝臓原基形成が，多層化が起こる前の段階で停止する。肝芽細胞の横中隔間充織への移動ステップには，基底膜の消化が必要で，この現象に

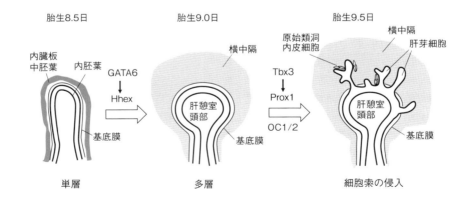

図 11.11　マウス肝原基の発生
胎生 8.5 日に前腸内胚葉は内臓板中胚葉で裏打ちされるが，胎生 9.0 日には横中隔間充織の出現とともに肝憩室が形成され，次に多層化する。このステップは Hhex に依存する。胎生 9.5 日になると，肝憩室頭部より肝芽細胞がつくる細胞索が間充織に侵入する。細胞索に接し，原始類洞が発達を開始する。細胞索の侵入ステップでは転写因子 Tbx3，Prox1 が必須で，OC1/2 は基底膜の消化と細胞索の伸長に働く。

11.4 肝臓

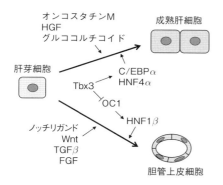

図 11.13 肝芽細胞の成熟肝細胞と胆管上皮細胞への分化
成熟肝細胞への分化には，オンコスタチン M，HGFやグルココルチコイドホルモンが作用する。胆管上皮細胞への分化にはJag1，Wnt，TGFβ などが働く。また，その分化で鍵となる転写因子が示されている。

は転写因子 Tbx3，Prox1，OC1/2 がかかわる。

(2) 肝臓の組織形成と成熟化

　肝憩室頭部から横中隔間充織に伸長した肝芽細胞の細胞索に隣接して原始類洞が発生する（図11.11）。原始類洞は内皮細胞とそれを裏打ちする肝星細胞で構成される。胎生中期の肝臓は造血器官で造血細胞が移入し，おもに赤血球造血が起こる。肝芽細胞から**成熟肝細胞**（mature hepatocyte）への分化は段階的に進み，マウス胎児の場合，妊娠中期に解毒代謝酵素など，出生前後にチロシンアミノトランスフェラーゼなどが発現される。この成熟化には，造血細胞から供給されるオンコスタチン M やグルココルチコイドホルモンなどが働く（図11.13）。血管内皮細胞や肝星細胞から供給される成長因子（増殖因子ともいう，growth factor）やサイトカインも重要な働きをする。生後2週頃にトリプトファンオキシゲナーゼが発現する。また，この頃に，成体の肝臓で認められる，門脈域から中心静脈域にかけて種々の酵素，接着タンパク質が帯状に分布する**ゾネーション**（zonation）が形成される。ゾネーションによりアンモニアなどが効率よく代謝される。このゾネーションの成立には，Wnt-カテニン系が重要である。

　肝細胞の成熟化と平行して，出生前に類洞の成熟化も起こる。その内皮細胞のマーカーとして SE-1 抗原が知られており，これが発現するようになる。

　類洞内皮細胞や肝星細胞などの増殖や成熟化には，肝細胞をはじめとする胎生期肝臓を構成する細胞種との間で緊密な細胞間相互作用が重要で，これらは細胞間相互作用ネットワークを形成していると考えられる。その実体の全貌はまだよくわかっていない。

(3) 胆管発生

　肝臓の発生初期，肝臓内に**胆管**（bile duct）は認められないが，胎生中期に門脈周囲の肝芽細胞がその間充織から誘導を受けることで，胆管前駆構造である**胆管板**（ductal plate）構造を形成し，胆管上皮細胞に分化する（図11.14）。門脈周囲以外の肝芽細胞は成熟肝細胞に分化していく。胆管上皮細胞の分化には，門脈間充織で発現される Jag1 シグナルが，隣接する肝芽細胞にノッチ受容体を介して働く。この他に細胞外基質（細胞外マトリックス）や TGFβ も重要である。肝細胞と胆管上皮細胞への分化における転写制御メカニズムとして転写因子 Tbx3 が中心的に働き，肝細胞の成熟化にかかわる転写因子（HNF4α，C/EBPα）の転写を維持する一方，胆管形成に必要な OC1 の発現を抑制する（図11.13）。

　ヒトの発生異常を示す疾患として知られる**アラジール**（Alagille）**症候群**では，神経系の異常とともに胆管形成不全が起こる。その責任遺伝子として，ノッチリガンドである Jag1 が明らかとなっている。

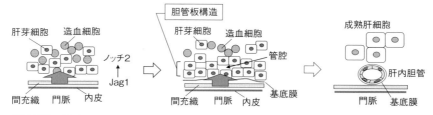

図 11.14 肝内胆管の形成
門脈間充織からの Jag1 シグナルを受け，これに隣接する肝芽細胞が胆管板構造を形成する。胆管板構造の細胞は，管腔を形成するとともに基底膜をもつようになる。発生が進むと，胆管板構造は肝内胆管となる。

ノッチシグナル量を減じた遺伝子改変マウスにおいても，胆管形成不全が起こることが証明されている．

■ 演習問題

11.1 消化管を構成する組織細胞をあげ，それぞれがどの胚葉に由来するかを答えよ．

11.2 消化管の部域化は，どのように起こるかを説明せよ．

11.3 内胚葉性器官の形成過程で各構成細胞の系譜を証明するには，どのような実験を計画すればよいかを説明せよ．

11.4 小腸の絨毛が形成される仕組みを間充織の働きに注目して説明せよ．

11.5 肺上皮の分枝パターンについて上皮と間充織のどちらが鍵を握るか証明するには，どのような実験を計画すればよいかを説明せよ．

11.6 多能性膵前駆細胞が腺房細胞，導管上皮細胞，内分泌細胞を生じるメカニズムをノッチシグナルに基づいて説明せよ．

11.7 肝臓原基の形成には，心臓中胚葉と横中隔間充織からの2段階の誘導が必要で，それぞれFGFとBMPが働くとされる．このメカニズムを証明するには，どのような実験を計画すればよいかを説明せよ．

11.8 食道，胃，小腸などの消化管，肺，肝臓に関するヒトの先天性発生異常のうち遺伝性疾患について，それぞれの責任遺伝子と発生における働きを記せ．

12 再 生

12.1 再生とは

　再生(regeneration)とは，動物の体の一部が何らかの原因で失われた時，失われた部分を修復し，形態と機能の復元が行われることをいう。再生には，体の大半が失われる場合から，体のごく一部が傷ついた時の再生まで，いろいろなケースがある。体の大半あるいは器官の多くが失われた場合の再生として，**形態調節**(再編形成，形態再編，morphallaxis)，**付加再生**(epimorphosis)とよばれる再生がある。形態調節はヒドラなどの再生で認められるが，広範な細胞増殖が起こらず，すでにある細胞群で再生が起こる場合をいう。そのため，結果として小さな個体がまず再生することになる。付加再生は，ゴキブリやイモリの肢が失われた場合に起こるもので，その再生には細胞の増殖と分化が大きな比重を占め，体全体とバランスをとった形で再生が進む。その過程では，肢を構成する細胞の一部に脱分化が起こり，未分化細胞が出現・増殖し，これより形成された**再生芽**(blastema)が失われた部分の再生を担う。他方，体の表面などの比較的小さな傷の治癒も再生の一種と考えられる。また，私たちの体を構成する皮膚や小腸などの上皮細胞は，役目を終えると自然に脱落するが，残っている細胞から失われた分が供給され，再びもとの組織構築に戻る。このように，体の生理現象に合わせて，細胞が交代し，生理的に再生が起こっているともいえる(**生理的再生**)。肝臓は再生能力が著しい臓器とされ，肝臓の一部が外科的に除去されると，もとのサイズと組織構築の再生が起こる。しかしこの場合，巨視的な形態の復元はなく，**代償性肥大**(compensatory growth)とよばれる。本章では，形態調節，付加再生と肝臓の再生メカニズムをさらに解説する。

12.2 形態調節

(1) ヒドラの体制

　ヒドラ(Hydra)は，約0.5cmの長さの管状の体をもつ刺胞動物である(図12.1(a))。管状の体の一方に，触手と口からなる頭部，反対側に植物体などの基質に固着するための足部である基盤がある。その体壁は2層の上皮細胞，外側上皮細胞(外胚葉性)と内側上皮細胞(内胚葉性)からなる。これらの上皮細胞の間には，中膠(メソグレア)とよばれる細

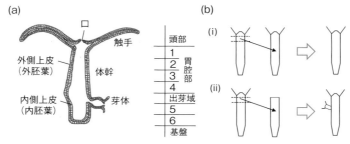

図12.1 ヒドラの体制と再生
　(a)ヒドラの体制。ヒドラは管状の体をもち，体の一方に，触手と口からなる頭部，反対側に植物体などの基質に固着するための足部である基盤がある。体壁は2層の上皮細胞，外側上皮細胞と内側上皮細胞からなる。
　(b)ヒドラの再生。頭部に近い1の領域を，(i)正常ヒドラの3〜4領域の横に移植すると頭部は再生しない，(ii)頭部を切断した個体に移植すると再生する。(Wolpert et al., 1971を改変)

胞外基質（細胞外マトリックス）がある。それぞれの上皮細胞は継続的に増殖し，分化した上皮細胞を産生する。外側の外胚葉性上皮細胞の間に幹細胞である**間細胞**があり，正常な成長では，間細胞が神経細胞，刺細胞，分泌細胞，生殖細胞など著しく特殊化した細胞を生じる。

(2) ヒドラの再生

ヒドラの頭部を切り取ると，傷口が閉ざされた後，触手が伸びはじめて再び口がつくられ，1個体のヒドラが再生する。この傷口周辺で，失われた部分を回復するために細胞分裂の増加は認められない。そのため，ヒドラの再生は増殖を伴わずに，すでにある細胞を都合してまず形態の復元をはかる形態調節の例とされる。したがって，再生直後のヒドラの体のサイズはもとのヒドラに比べ小さい。この後，細胞増殖が起こり，体の成長が進んでいく。

ヒドラの体をその長軸に対し横に切断すると，下側の断片からは頭部が再生し，上側の断片からは必ず基盤を含めた下位の体幹を生じる。また，頭部に近い領域を，別個体の体幹領域の横に移植すると，新しい頭部は再生しないが，頭部を切断した個体に同様に移植すると，頭部が2つ再生する（図12.1(b)）。これらの実験は，細胞が各切断面からどのような構造を再生するかは，切断面の体軸における相対的な位置に依存していること，そしてヒドラが体軸に**極性**あるいは**位置価**をもっていることを示している。これらの実験を含め種々の移植実験から，1970年代に入りウォルパート（Wolpert, L., 1929- ）らは，ヒドラは2つのオーガナイザー（形成体ともいう，organizer）領域をそれぞれ頭部と足部にもち，これが体軸に極性をもたらしていると説明した（図12.2）。頭部のオーガナイザーとして，それ自身が産生し，体幹に対して下方向に勾配をもって作用する2つのシグナルが働く。1つは拡散性で，頭部の形成を阻害するインヒビター，もう1つは，インヒビターの濃度を信号として感知し個々の細胞がもつ位置価の勾配を指定する。頭部が除去されると，インヒビター濃度が低下するが，位置価の方はすぐには低下しない（図12.2）。その切断箇所で，位置価とインヒビター濃度に差が生じ，あるレベルを超えると，位置価が急に上昇し，再生が開始される。閾値が頭部領域のレベルまで上がり，頭部の再生がはじまる。

これらの位置価およびインヒビターの実体として，脊椎動物の胚発生で重要なシグナル経路がヒドラの再生にかかわることが証明されている。成体ヒドラにおいてWntおよび転写因子Tcfの発現は，頭部オーガナイザーのある頭部に局在している。頭部を切断すると1時間以内に，再生する頭部の先端にβ-カテニン，Tcf，Wntが発現する。また，カテニンシグナルの上昇は二次軸を実験的に誘導する。さらに，頭部オーガナイザーの形成にノッチ（Notch）シグナルの重要性が指摘されている。

12.3　付　加　再　生

12.3.1　脊椎動物における肢再生

(1) 再生芽の出現と肢再生

イモリやアホロートルなどの肢を切断すると，細胞の脱分化とそれに引き続く細胞増殖と再分化を経て，もとの肢が再生される。肢の切断の後，切断部分の表面が表皮細胞でまず覆われる。次に，その下に未分化細胞が出現し，再生芽が形成される（図12.3）。再生の進行に伴い，再生芽の細胞は数を増し，再生芽は円錐形となる。やがて再生芽の細胞は軟骨，筋，結合組織に分化し，肢の構造が基部側か

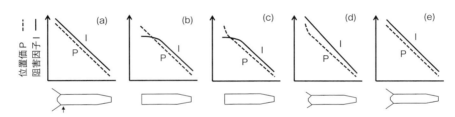

図12.2　ヒドラの頭部再生についての位置情報モデル
(a) 下の矢印で頭部を切除する。(b) 拡散性の阻害物質Iの濃度が切断面で低下する。(c) 位置価Pは上昇して閾値が頭部領域のレベルに達する。(d) これにより阻害物質の勾配が再び形成される。(e) 位置価の勾配が正常に戻る。（Wolpert *et al.*, 1971を改変）

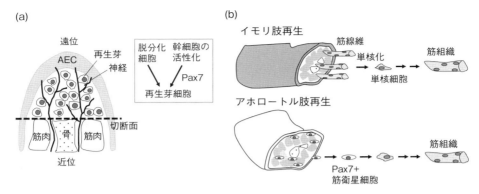

図12.3 イモリとアホロートルにおける肢再生
(a) 再生芽の形成。肢の切断に続いて、表皮層が傷口を覆い、頂端表皮キャップ（apical epidermal cap: AEC）を形成する。次に、周辺の細胞が脱分化あるいはPax7陽性細胞の活性化により再生芽が形成される。
(b) 筋組織再生の違い。イモリの肢再生では、筋再生は少なくとも筋線維をつくっていた細胞が単核化し、再生芽形成を経た後に筋組織を再生する。アホロートルでは、Pax7陽性の筋衛星細胞が筋組織を再生する。
(Tornini & Poss, 2014; Li *et al.*, 2015を改変)

ら先端側に向けて再生する。小さい肢が再生するのに必要な期間は動物の年齢やサイズによって異なる。

(2) 再生芽の細胞系譜

再生芽の細胞が、肢を構成するどの細胞から生じるかは議論がある。真皮、軟骨、筋肉細胞などがその起源となると考えられる。また、これらの細胞は脱分化し再生芽の細胞となるが、再生過程で別の細胞種に分化転換するかは種によって異なる可能性がある。

イモリの場合は、緑色蛍光タンパク質（GFP）を発現する筋組織の幹細胞クローンを、その肢再生過程で出現する再生芽中に注入し、発生運命を追跡したところ、筋組織ばかりでなく軟骨組織も生じた。この結果は、イモリ肢再生過程では分化転換が起こることを示唆している。これに対して、アホロートルの場合は、肢再生過程で分化転換は起こらないとされている。GFPをすべての細胞で発現するトランスジェニックアホロートルをまず準備し、次にトランスジェニック胚の各肢組織を生じる領域を、GFPを発現しないアホロートル胚の対応する領域に移植したり、あるいはGFPを発現する各肢組織をGFPを発現しない幼若個体の前肢に直接移植することで、前肢を構成する各組織にGFPを発現するそれぞれの分化細胞を配置した。その後、幼若個体の前肢を移植細胞のある部位で切断し、GFP発現細胞の発生運命を追跡した。その結果、GFPを発現する筋組織から生じた再生芽細胞は筋組織だけを生じた。末梢神経線維のミエリン鞘を構成するシュワン細胞からはシュワン細胞だけを生じた。軟骨組織の再生芽からはおもに軟骨が生じ、筋組織になることはなかった。真皮の細胞は真皮と軟骨を生じた。これらの結果は、再生芽の細胞のほとんどは細胞系譜上で分化の拘束を受けており、再生過程で分化転換が起こることはないことを示唆している。

また、筋再生に注目し、その起源となる細胞の解析が行われたところ、イモリとアホロートルで起源細胞は異なっていた。イモリでは、筋組織の細胞が単核化した後に再生芽を形成し、これが少なくとも筋組織を形成するのに対し、アホロートルでは、Pax7を発現する**筋衛星細胞**（satellite cell）が再生芽を形成し、筋組織を再生する（図12.3）。

再生過程で分化転換が起こるかどうかは、動物の種による違いによるかもしれない。また用いられた細胞標識法の違いによる可能性もある。虹彩上皮からのレンズ再生はイモリでは起こるが、アホロートルでは起こらず、これらの種間で明らかな違いがある。

(3) 肢再生における細胞間相互作用

肢の再生において構成細胞間での緊密な相互作用が必要であることが明らかになっている。表皮が傷口を覆うことは肢の再生に必須であり、再生する肢の方向性を決める。表皮はFGF（fibroblast growth factor）やWntなど種々の成長因子を発現する。肢

の再生は，再生芽に入ってくる末梢神経の量に依存する。しかし，神経の種類は問題ではない。アホロートルでは，神経由来因子として成長因子 KGF（FGF7）の役割が注目されている。イモリでは，分泌分子である前勾配タンパク質（anterior gradient protein: nAG）が重要で，このタンパク質を発現させることで，徐神経された肢の再生を回復させることができる。肢の再生過程では，傷害を受けた神経の周囲のシュワン細胞が，切断された神経におけるnAG の発現の変化を感知し，nAG を発現しはじめる。この分子は後に傷表皮の腺から分泌されるようになる。

12.3.2 付加再生のルール——極座標モデル
(1) 極座標モデル

イモリやゴキブリの肢の再生実験において，不思議な結果が生じることがある。例えば，ゴキブリの肢はいくつかの節からなっているが，その脛節を先端側で切断し，より基部側で切断しておいた宿主の脛節の切り口に移植すると，移植片と宿主の接合部で局所的な成長が起こり欠けていた脛節の中央部分が挿入される。対して，より基部側で切断した脛節をあらかじめ先端側で切断した宿主の脛節の切り口に移植すると，脛節は正常より長くなった脛節が再生される。体表の剛毛の向きから判断して正常とは逆向きの脛節の一部が挿入される（図 12.4）。

これらの実験結果を説明するのに，1976 年フレンチらにより**極座標モデル**（polar coordinate model）が提案された。このモデルでは肢を円錐とみなす。肢の表面の点は，すべて円錐の中心軸からの方向，例えば時計の文字盤のように円周に沿って 1 から 12 までの番号をつけ，その数字でその方向を表すと，円錐の底からの高さの数字（あるいは文字）と合わせた 2 つ 1 組の数値で表せる。これを二次平面に投影すると原点からの距離と方角の 2 つの数値で示される極座標上の点となる（図 12.5）。肢の表面の細胞は，極座標に示される位置に応じた位置情報を得て，それに従って分化する。

肢に損傷が与えられると，周囲の表皮細胞が移動・増殖し，まず傷口を塞ぐ。次に，これらの細胞が位置情報に従って形態形成と分化が進行していく。その際，①欠損部分を埋める細胞群は，すでにある位置情報を最少量で連続させるような位置情報を得る（**最少挿入の原則**），②すでにある位置情報をもつ細胞相互の関係により挿入されることになる位置情報は，常に先端側の位置情報（**先端方向優先の原則**）に従って再生が起こる。

この 2 つの原則に従えば，先に述べた移植実験の結果を説明できる。位置価が連続していない細胞が隣接すると位置価を連続したものとするために，欠けている位置価が成長によって挿入される（図 12.4）。脛節をあるレベルで切断し，これを 180°回

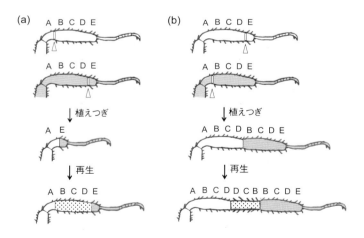

図 12.4　ゴキブリ肢再生における位置価の挿入
　ゴキブリの肢の脛節をいろいろなレベルで切断した後，別のレベルで切断した脛節をさらに移植した時に起こる再生は，長軸に沿った位置価を仮定することでうまく説明できる。(a) は正常な長さの脛節が再生するが，(b) は正常より長くなる。位置価が連続するように再生される（剛毛の向きに注意）。(French et al., 1976 を改変)

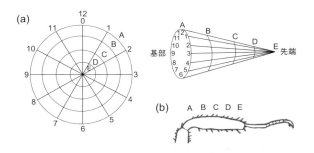

図 12.5 肢再生における極座標モデル
(a) 極座標モデル。肢を1つの円錐とし，肢表面の点はすべて円錐の中心軸からの方向（例えば時計の文字盤のように1～12の番号で表す）と，円錐の底からの高さ（例えばA～Eで表す）の2つ1組の数値で示せる。
(b) ゴキブリ脛節と位置価の例。(Bryant *et al.*, 1981を改変)

転し，背腹，前後の方向を逆にして，もとの切り口に戻すと，繋ぎ目から本来の肢とは別に2本の過剰肢が発生するが，この移植結果も極座標モデルを用いて説明できる。ゴキブリに加え，分類学上別に位置するイモリなどの肢の再生でもこの理論を適用できることから，このモデルは，付加再生共通のモデルと考えることができる。**付加再生**は，再生芽形成と欠損した位置価の挿入成長という過程を経て起こるといえる。

(2) 位置価と分子メカニズム

両生類で再生している肢をレチノイン酸で処理すると，再生芽はより基部化し，肢は実際に切断された位置よりも基部側で切断されたように再生する。肢を橈骨と尺骨の間で切断してレチノイン酸処理を行うと，切断面より先端側の部分だけでなく，完全な橈骨と尺骨が余分に再生する。レチノイン酸は，再生芽の基部-先端軸方向の位置価を変更し，より基部側の位置価にする。

肢の基部-先端軸方向の位置価はレチノイン酸によって変化するが，これを利用して基部と先端部の再生芽の遺伝子発現が比較され，Prod1とよばれる細胞表面タンパク質の発現量に両者で差があることが示された。神経細胞やシュワン細胞で産生され肢再生に重要な成長因子nAGは，この分子のリガンドの1つでもある。

先端側の再生芽細胞にProd1を過剰発現させる

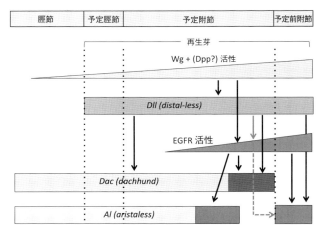

図 12.6* コオロギ肢再生における EGF シグナルとパターニング
コオロギ肢脛節を遠位部分で切断した後，出現する再生芽では切断面より先端部分の再生に不可欠なEGFR活性の勾配が形成される。EGFRシグナルはcanonical Wnt/Wgシグナルの下流にあり，肢の基部-先端軸のパターニングにかかわる*Al*遺伝子，*Dac*遺伝子などの発現を制御する。*Al*遺伝子，*Dac*遺伝子の発現データにおける色調の違いはそれぞれ発現レベルの差を示す。(Nakamura *et al.*, 2008を改変)

と，これらの細胞はより基部側に移動するため，レチノイン酸は位置情報を指定する様々なシグナル経路のうち，特にProd1の発現上昇に影響を与えている可能性がある．レチノイン酸はホメオボックス遺伝子であるMeis（基部のアイデンティティ（identity）にかかわり，通常は先端部で発現が抑制される）の活性化を介しても位置価に影響を与える．

コオロギの肢再生では，Wingless（Wg）とDecapentaplegic（Dpp）のシグナルによって，再生芽の基部から先端にかけて上皮成長因子受容体（EGFR）のシグナリング活性の勾配がつくられ，これが再生する肢先端部のパターンを決める（図12.6）．また，位置価の保持に，平面内細胞極性や細胞増殖を制御するプロトカドヘリンDachsous/Fatと非定型ミオシンDachsなどがかかわることが明らかにされている．

12.4　肝臓の再生

(1)　肝臓の成り立ち

肝臓は，消化管から吸収され，門脈を介して集められた栄養分子を代謝する重要な代謝中枢臓器である．その機能単位は，肝実質細胞である肝細胞が索状に配列した多角柱状の**肝小葉**とされる．栄養分子は肝細胞に取り込まれ代謝されるが，その複雑な肝機能は，血液と肝細胞が密接に接触する血管構造である肝類洞により維持されている（図12.7）．肝類洞は，肝細胞索をはさむように配置され，肝実質細胞と肝類洞がサンドイッチ状に重層化しているのが特徴である．肝類洞は，類洞内皮細胞，組織マクロファージであるクッパー細胞，ビタミンAを貯蔵する肝星細胞などから構成される．

(2)　部分肝切除系における再生

肝臓は古くから生体臓器の中でも再生能力の高い臓器として知られている．肝細胞は通常，細胞周期上G0期にあり，ほとんど細胞分裂が起こることはない．マウスやラットでもとの肝臓容積の概略2/3に相当する肝葉を外科的に切除すると，肝細胞がまず同調的に細胞周期に入る．血管内皮細胞，肝星細胞，胆管上皮細胞など肝細胞以外の細胞は通常12～24時間遅れて細胞周期に入る．この部分肝切除系の場合，もとの肝臓容積は回復するが，除去された肝葉の形態的な復元はなく，**代償性肥大**とよばれる（図12.8）．細胞増殖だけではなく肝細胞自身の細胞サイズの増大も再生に寄与する．

細胞の増殖にかかわる成長因子やサイトカインを含め種々の因子，ならびにそれぞれの受容体の遺伝子欠失マウスを利用して，肝再生の開始にはクッパー細胞からのサイトカインTNFα，それに引き続いてIL6，また門脈血中の栄養因子などがかかわることが明らかにされた（図12.8）．これらの因子は，G0期にあった肝細胞をEGF，TGFα，HGFなどの成長因子に応答できる状態に進める．肝星細胞や類洞内皮細胞がHGFを供給する．類洞内皮細胞はさらにWnt2を産生し，肝細胞の増殖を促進する．これ以外に，インスリン，ノルエピネフリン，甲状腺ホルモンなども肝再生にかかわる．肝細胞内のシグナル系として，通常の肝切除後肝再生ではSTAT3を中心とした細胞増殖性シグナルが重要であるが，何らかの原因で肝細胞の増殖が抑制された場合はPDK1/p70S6K経路が代償的に働き，肝細胞を継続・維持すると考えられている．細胞増殖の停止には，TGFβがかかわる．部分肝切除による再生系では，肝細胞は肝細胞，胆管上皮細胞は胆管上皮細胞から生じるとされている．

(3)　化学薬剤による肝障害系における肝再生

ラットで薬剤により肝細胞の増殖を抑制した状態で部分肝切除または四塩化炭素投与を行った場合に

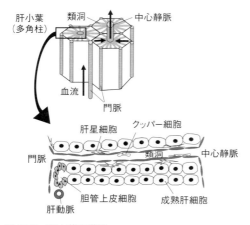

図12.7　肝小葉の構築

哺乳類の肝臓は構成単位として多角柱状の肝小葉からなる．肝小葉内では中心静脈を中心として肝細胞が索状に並ぶ．肝小葉周辺に位置する門脈および肝動脈の分枝から入った血流は類洞を経て中心静脈に流れる．類洞から種々の物質が肝細胞に取り込まれたり，肝細胞で代謝された物質が類洞に出る．

12.4 肝臓の再生

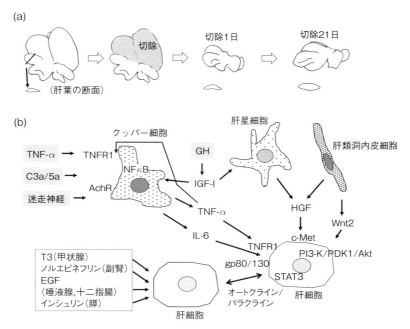

図 12.8 マウスにおける部分肝切除系での再生
(a) 再生（代償性肥大）の様子。切除された肝葉の再生は起こらない。残余肝葉が肥大する。
(b) 肝再生における肝内外からの因子による制御。部分肝切除系での再生では，肝内外からの液性因子および自律神経系が影響を与えている（尾崎, 2012 を改変）。

は，**オーバル細胞**（oval cell）とよばれる小型の**肝前駆細胞**あるいは幹細胞が門脈周囲で増殖し，肝再生に貢献するとされている（図 12.9）。マウスでも肝障害モデルで類似の細胞の増殖が報告されている。オーバル細胞はヒト肝臓における種々の疾患においてもしばしば出現する。オーバル細胞の起源として，肝細胞と肝内胆管の接続部である**ヘリング管**（**細胆管**）の細胞が想定されている。オーバル細胞は肝細胞と胆管上皮細胞の両方の表現型を示す。肝細胞あるいは胆管上皮細胞で特異的に働く遺伝子プロモーターを利用してCreリコンビナーゼ・変異エストロゲン受容体（Cre-ERT2）融合タンパク質を発現させた後，さらにエストロゲンアナログ・タモキシフェン投与によりそれぞれの細胞を遺伝学的に標識し，オーバル細胞の起源と運命が追跡された。標識の手法や適用されたマウス肝障害モデルにより起源と運命について異なった結果が得られており，統一的な見解は得られていない。オーバル細胞の増殖にもTNFαやIL6シグナルが働いており，これらのシグナル分子あるいはその受容体をコードする遺伝子の欠失マウスでは，その増殖は起こらない。また，肝臓における障害に応答して，門脈域の細胞表面の分子Thy1陽性の間葉系細胞が増殖し，FGF7を産生・分泌することで，FGF受容体2bを発現す

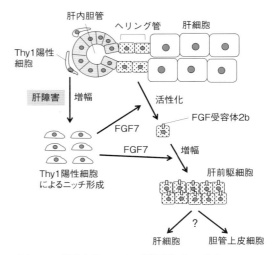

図 12.9 肝障害系における肝前駆細胞の増殖
化学物質などで肝臓が障害を受けると，肝内胆管周囲にある間葉系のThy1陽性細胞が増殖しFGF7を産生する。FGF7の刺激を受け，肝内胆管と肝細胞索の接続部（ヘリング管）にある前駆細胞が増殖する。

る肝前駆細胞の活性化および増幅を誘導するニッチとして働くとの報告がある（図12.9）。

■ **演習問題**

12.1 動物における再生とは，どのような現象をいい，どのような再生様式があるかを例をあげて説明せよ。

12.2 図12.1の移植実験の結果を，ウォルパートの位置情報モデルを用いて説明せよ。また，領域1を正常なヒドラの領域6に移植した場合，どのような再生が起こると考えられるか答えよ。そのように考えた理由も説明せよ。

12.3 ゴキブリ左肢の脛節をあるレベルで切断し，こ こに右肢の脛節の同じレベルで切り離した先端部を，前後の方向性を合わせて左肢の切り口に移植すると，移植部位に本来の肢とは別に2本の過剰肢が発生する。この移植結果を極座標モデルを用いて説明せよ。

12.4 両生類の肢再生における位置価とレチノイン酸の関係について説明せよ。

12.5 肝再生の分子メカニズムを説明せよ。

12.6 肝再生における類洞内皮細胞のかかわりを証明するには，どのような実験を計画すればよいかを説明せよ。

12.7 様々な動物を用いた再生の仕組みに関する研究は，どのように医学に貢献するかを考察せよ。

13 進化と発生

生命はその多様性によって維持されてきた。多様性を生み出す系統発生は、個体発生の過程を変更してはじめて生み出される。一方で、ここまでの章でみてきた通り、個体発生過程は精密に制御されているようにみえる。生物はこのような精密な過程をあえて変更することで多様な形態を進化させてきた。本章では、**個体発生**(ontogeny)と**系統発生**(phylogeny)についてのパラドキシカルな関係を概説する。

13.1 系統発生と個体発生

ヘッケル(Haeckel, E.H., 1834-1919)による「個体発生は系統発生を繰り返す」という生物発生原則は、一度は耳にしたことがあるかもしれない。脊椎動物の発生過程を比べてみると、哺乳類の個体発生の過程では、魚類の段階、両生類の段階などを経て、哺乳類としての形態が発生することを表したイラストも一度はみたことがあるだろう(図13.1)。

確かに、哺乳類の発生過程でも、かつて鰓として使われていた器官(鰓裂)が出現する。ヘッケルの指摘するように、動物の個体発生と系統発生という2つの時間軸に平行的なものがみられることは少なくない。発生の初期過程を変更すると、その後の形態形成に影響が及ぶと一見考えられるため(後述)、発生過程の改変は後期に起こることが多いと推測できる。そのため、初期発生過程は遠縁の種でもよく似ているが、発生過程が進行するほど、分類群に特徴的な形質が現れることも、理にかなっているようにみえる。実際、より原始的な特徴を示す発生過程を経過して、発生後期に新しい特徴が現れるという例は多くなる。

しかし、現実の進化はもう少し複雑である。この生物発生原則の図には描かれていない原腸形成過程には、脊椎動物の分類群でも目をみはるほどの多様性がみられる(7章参照)。図13.2のように、形態の多様性を横軸に、個体発生の時間を縦軸にとると、類似性は咽頭胚期とよばれる時期に最も高くな

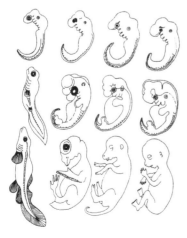

図13.1 硬骨魚、ニワトリ、ウシ、ヒトの発生を示したイラスト
上段の咽頭胚期はよく似ているが、徐々に種の特徴が現れる。(Raff & Kaufman, 1983より引用)

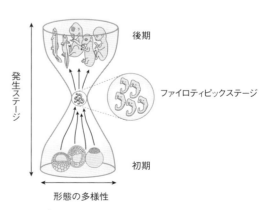

図13.2* 砂時計モデル
脊椎動物の発生過程で、形態の多様性を横軸に、個体発生の時間を縦軸にとった図。咽頭胚期はファイロティピックステージとよばれ、種間の類似性が最も高いが、その前後の段階では形態の多様性が高い。(Duboule, 1994を改変)

り，その前の段階はむしろ多様性が高い．個体発生と形態発生の関係に関して提唱され，この**砂時計モデル**（hourglass model）で表現された現象は，脊椎動物だけでなく，節足動物などでもみられる．砂時計のくびれにあたる，分類群に特徴的な形態が現れる時期は**ファイロティピックステージ**（phylotypic stage）とよばれる．

このように，初期の発生過程に多様性がみられる理由の1つとして，産卵様式に強い選択圧がかかることが考えられる．大卵少産型の戦略をとるか，小卵多産の戦略をとるかで，卵黄の量は大きく変わる．また，脊椎動物や節足動物では，乾燥に耐える卵を産めるようになったことが陸上への進出に大きく貢献している．乾燥に耐える卵（卵子ともいう）になるには，新しい羊膜などの胚体外膜の獲得と同時に卵黄の蓄積も必要であった．また，大量の卵黄の上で形態形成するために，原腸形成が大きな改変を受けている．哺乳類では，胎盤の獲得により卵黄は少なくなったが，原腸形成はその名残をとどめている．

このようにみると，個体発生は，意外なほど柔軟に進化的な戦略のもとで変更できるようである．このような柔軟さがあったからこそ，形態の多様性を生み出すような個体発生の改変も可能だったのかもしれない．脊椎動物の多様な原腸形成のように，その後の発生にはあまり影響せず，よく似た幼生形態に収束していく個体発生の改変もあれば，形態の進化に結びついた個体発生の改変もあった．次節からは，形態の進化に結びついた発生過程の変更はどのようなものであったのかを説明する．

13.2 動物の進化

まず，現生の動物の形態と発生がどのくらい多様なのかを概観しよう．動物は約40の動物門があり，大きく**左右相称動物**とそれ以外の**前左右相称動物**に分けられる．左右相称動物はさらに，冠輪動物，脱皮動物，新口動物に分類される．前左右相称動物には，海綿動物，クラゲなどの刺胞動物，クシクラゲ（有櫛動物），センモウヒラムシ（平板動物）など多様な動物が含まれ，多様な初期発生がみられる．現在，これらのグループの系統関係はやや混沌としており，前左右相称動物の祖先，すなわち多細胞動物の祖先がどのような発生過程を経ていたかは，ほとんどわかっていない（図13.3）．

前左右相称動物は，中胚葉をもたないこと，前後軸に沿って放射相称の体制で背腹軸をもたないことが特徴としてあげられてきた．しかし，刺胞動物な

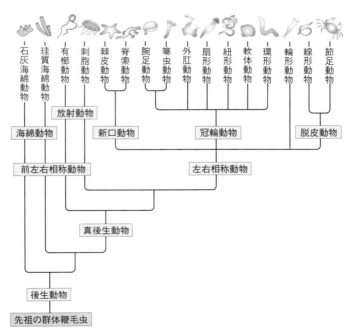

図13.3* 多細胞動物の系統樹

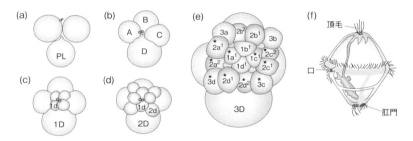

図 13.4* 冠輪動物の発生
(a)-(e) らせん卵割の様子（Lambert, 2008 より引用），
(f) トロコフォア幼生（Campbell, 2012 を改変）

どは筋肉を使って泳ぐため，中胚葉性の特徴をもつ細胞はあるが，外胚葉の上皮との分離が不十分であると考えられている．また，発生過程では背腹軸に沿って偏った発現をする遺伝子[1]もみられることから，背腹軸をまったく欠いているわけでもないようである．ただし，この背腹軸が左右相称動物のものと相同かどうか，言い換えると，刺胞動物と左右相称動物の祖先ですでに背腹軸をもっていたのか，それとも独立に獲得したものかについては明らかになっていない．

左右相称動物に分類される冠輪動物，脱皮動物，新口動物のうち，節足動物などが含まれる脱皮動物は，その発生過程が非常に多様で，発生学上の知見が陸上に適応した昆虫類や線虫に偏るため，祖先でどのような発生がみられたのかは不明である．それに対し，冠輪動物では，らせん卵割を経て**トロコフォア幼生**に発生し，変態して成体になる発生過程が広く保存されており，冠輪動物の祖先もそのような発生をしていたと考えられている（図13.4）．一般に，冠輪動物と脱皮動物は旧口動物としてまとめられ，原口が口に分化するグループとされるが，冠輪動物の発生過程では，むしろ原口は口と肛門の両方を形成するケースも多くみられる．

新口動物には，ウニやヒトデなどの棘皮動物，ホヤ，ナメクジウオ，脊椎動物が属する脊索動物が含まれるが，新口動物の祖先の特徴は，半索動物のギボシムシが最も多く保持していると考えられている．

ギボシムシはヒトデとよく似た発生を示し，放射卵割，原腸陥入を経て，繊毛で泳ぐ**トルナリア幼生**に発生する（図13.5）．原口は肛門に分化する．棘皮動物では，幼生が変態すると，新しい口と肛門を作り直して5放射相称の幼若体が形成されるが，ギボシムシは口や肛門をそのまま保持して，3つの部位（吻部，襟部，体幹部）からなる蠕虫型の体を形成する．棘皮動物やギボシムシの幼生は3つに分かれた体腔をもっており，この3つの体腔がギボシムシでは成体の3つの部位と対応していることは特筆すべきである．ギボシムシの発生様式は，左右相称動物の祖先のものとも似ており，新口動物の祖先の姿を最もよくとどめていると考えられる．このギボシムシの発生と脊索動物の発生がどのように対応するかについては後述する．

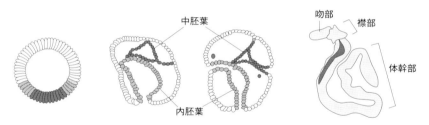

図 13.5* ギボシムシの発生（Röttinger & Martindale, 2011 を改変）

13.3 左右相称動物の祖先の推定

このように，動物は，体制もそれを形成する過程も非常に多様であり，比較のための共通の特徴を見つけることは難しかった。

そのような状況に大きな変化がみられるようになったのは，ホメオティック遺伝子の発見以降である（8.4節参照）。形態形成を司る遺伝子がショウジョウバエから相次いで発見され，よく似た遺伝子を脊椎動物ももっていることがわかった。その後の様々な動物の研究から，発生を司っている遺伝子は，動物でほぼ共通していることが理解されるようになった。形態を比較してもなかなか共通の特徴を見つけることができなかった状況から，その形成にかかわる遺伝子という共通の基盤が得られたのである。

共通性はそこにとどまらなかった。例えば，ホメオティック遺伝子は様々な動物で発見されただけでなく，体の分節構造から特有の構造を形成するという発生における機能までショウジョウバエと脊椎動物で共通していた。この機能の共通性には2つの説明が可能である。1つは，ホメオティック遺伝子がその機能をショウジョウバエと脊椎動物で独立に獲得した可能性，もう1つは，左右相称動物の祖先ですでにホメオティック遺伝子がそのような機能をもっており，ショウジョウバエと脊椎動物に引き継がれたという可能性である。この2つの可能性は他の種の知見を蓄積することで検証され，現在，後者の可能性が支持されるようになっている。

同様に，Pax6遺伝子が眼の形成を司っていること，Nkx2.5遺伝子が心臓の形成を司っていること，Dlx遺伝子が脊椎動物や節足動物の付属肢，棘皮動物の管足などの突起構造の形成を制御していることなども幅広い動物でみられる。以上から，左右相称動物の祖先でもこれらの遺伝子は同様の機能を果たしていたと推定された。このことは逆に，左右相称動物の祖先は，ホメオティック遺伝子でその発生が制御される分節構造をもち，Pax6で発生を制御される眼，Nkx2.5による心臓，Dlxによる突起をもっていることも暗示している（図13.6（c））。

さらに，冠輪動物のトロコフォア幼生と新口動物のディプルールラ幼生[2]にも，口や消化管，繊毛帯の分化に共通して機能する遺伝子があることが発見され，左右相称動物の祖先は繊毛で泳ぐ幼生をその生活史の中にもっていたことも推定された。ギボシムシやゴカイなどでは，ホメオティック遺伝子による体節の分化や心臓形成は変態後の成体の特徴であることから，左右相称動物の祖先は，繊毛で泳ぐ幼生が変態して蠕虫型の成体になるという生活史をもっていたと推定される（図13.6）。

幼生に至るまでの初期発生については不明なことが多い。冠輪動物のらせん卵割と新口動物の放射卵割のどちらが祖先的か，原口の発生運命はどうであったのかなどについては，前左右相称動物や冠輪動物の初期発生に関する知見の蓄積が待たれる。

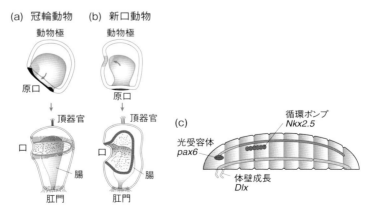

図 13.6* 左右相称動物の祖先の復元
(a), (b) 冠輪動物と新口動物の胚における遺伝子発現から，左右相称動物の祖先も繊毛で遊泳する幼生であったことが推定された。（Arendt et al., 2001 を改変）。
(c) 発生における遺伝子発現の共通性から推定される左右相称動物の祖先（Carroll 他, 2003 を改変）。

13.4 脊索動物の体制の進化

私たち脊椎動物はホヤやナメクジウオなどとともに脊索動物門に属している。脊索動物は，背側に管状の中枢神経系（神経管），腹側に消化管をもち，体の中心部の脊索を支持組織として，両脇の筋肉で体をくねらせて泳ぐという共通の体制をもつ（図13.7）。この脊索動物の体制は他の無脊椎動物にはみられないユニークなものであり，その成立過程は，生命の誕生からヒトの進化に至るプロセスの中で最も理解が困難な問題の1つである。

脊索動物の祖先型の体制は，ナメクジウオで最もよく保持されていると考えられている。かつては，脊索動物の祖先は，ホヤでみられるように，オタマジャクシ型の幼生が変態して固着性の成体になると考えられてきた。しかし，最近では，むしろホヤが特殊で，進化の過程でセルロース合成酵素をバクテリアから遺伝子の水平伝播によって獲得し，被囊を身につけることで固着性の生活に移行したと考えられている。

ギボシムシとナメクジウオの比較から，新口動物の祖先がどのように発生過程を変更して，脊索動物の体制を進化させたのかを考察する（図13.8）。まず，両者の間で，初期の卵割過程を経て胞胚になるまではほとんど違いはないが，原腸形成過程に最初の大きな違いがみられる。ギボシムシでは，ウニなどの棘皮動物にみられるように，陥入した原腸と外胚葉の間に大きな空間（胞胚腔）があるが，ナメクジウオでは原腸が外胚葉と張り付いている。陥入した原腸はその後，いずれの動物においても内胚葉と中胚葉に分化するが，ナメクジウオでは原腸に背腹に沿って明瞭な違いがみられ，背側からは脊索，その脇からは筋肉に分化する体節，腹側からは消化管

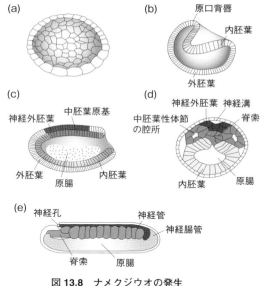

図 13.8　ナメクジウオの発生
（Brusca & Brusca, 2003 を改変）

が分化する。この原腸の背腹軸に沿った分化（背側に中胚葉，腹側に内胚葉）が外胚葉にも影響する。つまり，背側中胚葉からの誘導シグナルにより，背側の外胚葉から神経管が形成されることで，脊索動物の体制が成立する。一方，ギボシムシの原腸では，前方には中胚葉，後方には内胚葉が形成されるが，背腹軸に沿った分化はほとんどみられない。このように，ギボシムシでは，原腸が前後に区分けされるのに対し，脊索動物では背腹に区分けされ，その結果として中胚葉と内胚葉が生じる点が最も大きな違いといえる。

では，ギボシムシの胚において，中胚葉と内胚葉がそれぞれ背側と腹側で生じるようになるだけで，脊索動物の体制が導かれるかというと，そう簡単でもない。ナメクジウオや脊椎動物は，幼生期以降，

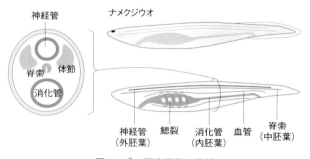

図 13.7*　脊索動物の体制

消化管の前方が外界に開裂した鰓裂という構造をもつ。一方、ギボシムシにも鰓裂はみられるが変態後に現れる。

左右相称動物の祖先では、繊毛で遊泳する幼生が蠕虫型へと変態する過程を経ると推測される(13.3節参照)。この生活史の中では、幼生が変態する際に、後方に体を伸長させて蠕虫型の体制へと変化する様子が多くの動物で共通してみられており、伸長した幼生の体では Hox 遺伝子が染色体上での並びと対応した発現パターンを示す(**コリニアリティー**、8章参照)。Hox 遺伝子の特徴的な発現は、ギボシムシでは変態後にはじめてみられるが、ナメクジウオや脊椎動物では、原腸形成後すぐにみられるようになる。脊索動物の体制の成立には、変態後に現れる特徴が幼生期に前倒しで現れるような現象もかかわっていると考えられている。このように、発生過程で現れる特徴が出現する時期を変えるような進化を、**ヘテロクロニー**(heterochrony、異時性)とよぶ。

また、脊索動物の祖先で背腹の逆転が起こったとする説も有力視されている。旧口動物と新口動物の間で、神経、消化管、循環系(心臓など)の位置が逆転していることは古くから知られていた。21世紀はじめに、脊椎動物と節足動物で共通して、BMP(bone morphogenetic protein)活性の勾配で背腹軸の分化が制御されていること(8章参照)、節足動物では BMP 濃度が高い側が背側なのに対し、脊椎動物では腹側であることがわかった(図13.9)。

つまり、節足動物と脊椎動物は、BMP活性が高い側に循環系、低い側に神経外胚葉が形成されていることは共通しているが、背腹が逆転している。おもしろいことに、ギボシムシでは、節足動物と同様にBMP活性が高い側が腹側になっている。つまり、ギボシムシと脊索動物では背腹が逆転していることになる。こうして、背腹の逆転は、旧口動物と新口動物の間で起こったのではなく、脊索動物とそれ以外の無脊椎動物の間で起こったと考えられるようになった。このように、脊索動物の体制の成立にはドラマティックな体制の改変が伴ってきたと考えられる。

13.5 脊椎動物の進化

ナメクジウオと脊椎動物を比較すると基本的な体制は共通している。脊椎動物の出現時、脊索動物の出現時にみられたような体制の大規模改変が起こったというよりは、既存の器官がより複雑に分化するようになったという側面が強い。例えば、ナメクジウオでは頭部が発達しないが、脳に相当する部位や眼などの感覚器は小さいながらみられる。一方、脊椎動物でみられる頭部の発達には、神経管の背側から派生し、末梢神経などとともに骨にも分化する**神経堤細胞**というまったく新しい細胞の誕生が必要であった(9.3節参照)。

神経堤細胞は、間葉細胞として移動する性質も獲得しており、外胚葉性の細胞でありながら中胚葉の

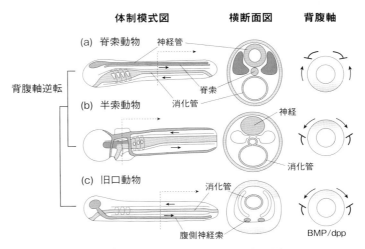

図 13.9* 脊索動物の祖先における背腹の逆転
(宮本・和田、2013 を改変)

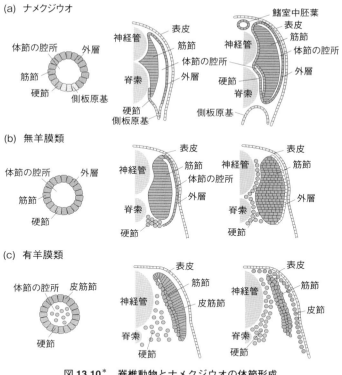

図 13.10* 脊椎動物とナメクジウオの体節形成
(Mansfield *et al.*, 2015 を改変)

性質ももつようになったと考えられている。形態進化の過程では，祖先のもつある特定の構造の性質が別の部位に転用されるような過程がしばしばみられる。**コオプション**（co-option）とよばれるこのような過程を経て，神経堤細胞が獲得された可能性がある。神経堤細胞では，中胚葉細胞の分化にかかわる FoxD が発現することも知られている。

そもそも神経堤細胞のような新しい細胞タイプはどのように生まれるかという問題は，進化発生学でも大きな問題である。単細胞生物の場合，外界の環境の受容，運動，栄養吸収などはすべて 1 つの細胞が行う。ホメオボックス遺伝子など，多細胞動物の分化にかかわる転写因子なども，実は，多細胞体制が成立した時に獲得されたものではなく，単細胞の真核生物でも広くみられる。おそらく，外環境に応じて細胞の状態を変化させるために用いられているのだろう。このようなマルチタスクの単細胞生物から多細胞動物が生じるに伴い，細胞ごとの役割分担が行われるようになり，細胞タイプが多様化してきたと考えられている。

例えば，広域の波長を受容していた光受容細胞から，特定の波長に特化した光受容細胞が進化し，色を見分けられるようになったことなどは，役割分担で理解しやすい。刺胞動物では，感覚受容と筋収縮の機能が分離していない細胞もみられる。その一方で，神経堤細胞の出現には，中胚葉細胞の性質のコオプションによる細胞の性質の融合，というプロセスもかかわっていたのかもしれない。

脊椎動物では，もう 1 つ脊椎骨という新しい特徴も獲得されている。脊椎骨は，体節の腹側から分化する硬節に由来する（10 章参照）。最近，ナメクジウオの体節にも硬節と類似した細胞があることが指摘された（図 13.10）。この細胞は，脊索や神経管を取り囲む体腔を形成するが，骨には分化しない。その一方，軟骨と類似した細胞がナメクジウオの外髭にみられることも報告されている。脊索動物の祖先が外髭をもっていたかどうかは不明だが，この軟骨の性質がコオプションしたことで，脊椎骨が獲得されたと考えられる。

■ 演習問題

13.1 個体発生と系統発生の砂時計モデルとは何かを説明せよ。

13.2 ヘテロクロニーについて，具体例をあげて説明せよ。

13.3 旧口動物と新口動物の背腹逆転仮説の根拠となった観察を述べよ。

13.4 新しい細胞タイプがどのような仕組みで出現できるかを説明せよ。

■ 注釈

1) Hox 遺伝子や decapentaplegic（dpp）遺伝子などが背腹軸に沿って偏った発現をすることが報告されている。

2) ディプルールラ幼生は，ギボシムシのトルナリア幼生や棘皮動物ヒトデのビピンナリア幼生のような繊毛で泳ぐ新口動物の幼生の総称。

14

発生工学

　発生工学は，生物の発生過程に様々な人為的な実験操作や改変を加えて発生機構を分子レベルで解明したり，人の役に立つ新しい技術を開発したりする学問分野である．すなわち，生殖細胞の出現から成熟（4章），受精（5章），初期発生（6章），後期発生（7〜11章）といった誕生に至るすべての発生過程，また，それぞれの過程で派生する幹細胞（15章）が研究の対象となる．本章では，核移植や遺伝子導入動物の作出，家畜やヒト生殖補助医療で実用化されている技術について解説する．

14.1 核 移 植

14.1.1 核移植技術

　核移植（nuclear transfer, nuclear transplantation: NT）技術は，1930年代に盛んであったカサノリ属（最も大きな単細胞生物）やアメーバ属を用いて，核の移動やいくつかの断片に切り分けたそれぞれの発生能力を検討する実験を発端に開発されてきた．最初にアメーバの核移植に成功した研究者の1人であるデ・フォンブルーネ（de Fonbrune, P.）は，マイクロマニピュレーターやマイクロフォージなど周辺機器類の開発者であり，名を付した改造型のマニピュレーターは，現在，哺乳類の核移植で使用されている．単細胞生物で核移植技術を用いた研究が活発になると，より高等生物においても核を操作する研究が試みられるようになった．

　昆虫では，1960年にミツバチの胚盤葉期以前の胚細胞の核を卵（卵子）に移植して幼生が得られ，1967年にはコロラドハムシで核移植により胚盤葉まで発生したと報告されているが，いずれもドナー細胞核に標識がなく，得られた胚や誕生した幼生がドナー核由来であったかは不明であった．ショウジョウバエでは，1967年にはじめて遺伝的マーカーを利用した卵への核移植が行われ，確実にドナー細胞核由来の幼生が得られた．

　1977年には，カタユウレイボヤとスカシカシパン間の異種間核移植が実施され，異門間核移植で核と細胞質の分子レベルでも若干ではあるが相互作用のあることが確認された．

　魚類では，1963年にキンギョとバラタナゴの属間核移植，あるいはキンギョ間で実施され，幼生が得られたと報告されたが，ドナー細胞の標識がなかった．次に，遺伝学的に標識されたドジョウを用い，同種間で胞胚の核移植を行ったところ，エサをとる幼生まで発生した（1979年）．培養した胞胚を用いたフナの移植では，1匹が成体まで発生したが染色体異常のため不妊であった（1986年）．培養した腎臓細胞の核移植では1匹が成体まで発生したが，生殖能力は証明できず単為発生の可能性も否定できなかった．メダカやドジョウでは胞胚細胞や継代培養細胞を核移植して個体が得られているが，レシピエント卵からもとの染色体が除核されていないため，クローンかあるいはモザイクやキメラかは不明である（2001年, 2003年, 2009年）．コイの胞胚細胞の核をフナの除核卵へ核移植すると，生殖能力をもつ成体へ成長したが，表現型はレシピエント卵細胞質の影響を受けていた．

　ウニやイモリでは，初期割球の一部を破壊したり，縛って遺された割球の発生能を調べる研究が行われたが，核と細胞質の相互作用を検討する研究を進める手法として，1940年代にアカガエルを用いた核移植が実施されるようになった．1952年には，ブリッグス（Briggs, R.）とキング（King, T.）が，胚の細胞（胞胚期や初期原腸胚の割球）を核移植して生殖能力をもつカエルへと発生させることに成功し，1962年には，ガードン（Gurdon, J.B., 1933-　）がツメガエルのオタマジャクシ体細胞（小腸の核）を核移植して生殖能力をもつクローンカエルを作出することに成功した．1975年には，成体カエルの体細胞核移植により遊泳力をもつオタマジャクシまで発生させることに成功した．

哺乳類では，他の生物種と比べて卵サイズが小さく（約0.1mm），細胞膜が壊れやすい特性から，なかなか進展がみられず成功に至らなかった．1983年に，マックグラス（McGrath, J.）とソルター（Solter, D.）は，細胞骨格系阻害剤と不括化センダイウイルスを用いることによってマウス受精卵の前核を入れ替えることに成功し，これが哺乳類核移植の最初の確かな成功例とされている．この技術を用いると，雌前核2つ，あるいは，雄前核2つで構成される片性の二倍体胚である**雌性発生胚**や**雄性発生胚**を実験的に作り出すことが可能となり，**ゲノムインプリンティング**（genome imprinting）という現象の発見に繋がった．ゲノムインプリンティングは，受精時に卵と精子から持ち寄ったゲノムにどちらからの由来であるのか印がつけられていることを示す．ゲノムインプリンティング現象が存在するために，哺乳類の正常発生には雌雄両ゲノムが必要であることが明らかになった．このように，核移植技術は発生現象を探るツールとしてマウスや家畜で技術改善され，レシピエント細胞質として受精卵だけでなく未受精卵も用いられるようになった．

未受精卵をレシピエント卵細胞質として用いた核移植法では，まず，第二減数分裂中期卵から染色体を除去する**除核操作**（染色体の除去）を行い，**レシピエント卵細胞質**を作出する（図14.1左）．次に，レシピエント卵細胞質へドナー細胞の導入を行う（図14.1）．ドナー細胞の導入法には直接卵細胞質へ導入する方法と細胞融合法がある（図14.1右下）．細胞融合法では電気的に直流パルスを付与する方法や，不括化センダイウイルスを用いる方法がある．いずれの手法においても，ドナー細胞を卵細胞質へ導入後に人為的な**活性化刺激**を付与する必要がある．人為的な活性化刺激は，受精するときに精子が卵に与える変化を人為的に模したもので，エタノール処理，温度・浸透圧変化，タンパク質合成阻害剤による処理や，酵素，麻酔剤処理など多くの化学的，物理学的な処理が有効であると知られている．これらの処理により，ドナー細胞が導入された卵細胞質内のカルシウムイオン濃度が，一過的にあるいは継続的に上昇し，卵細胞質内のMPFが分解されることで，第二減数分裂中期での停止から脱出し，細胞周期が進行する．そして引き続いて細胞分裂を継続し，発生が開始する．この人為的な活性化刺激は，核移植だけでなく顕微授精などでも精子を助ける補助的な活性化処理として行われている．

哺乳類で最初に除核した未受精卵を用いた核移植に成功したのはヒツジで，初期胚の単一割球がドナーとして用いられた．マウスでは，2，4，8細胞期割球，胚盤胞内部細胞塊（inner cell mass: ICM）の単一細胞をドナーとした核移植が成功している．さらに，胚盤胞のICMから樹立した胚性幹細胞（ES細胞），初期の始原生殖細胞（primordial germ cell:

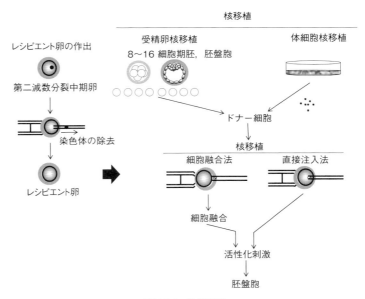

図14.1 核移植法

14.1 核移植

PGCs)でもクローン作出に成功している。しかし、生殖隆起に到達したPGCsでは、インプリンティング遺伝子の初期化(リプログラミング)が生じるため、核移植卵にインプリンティング遺伝子の発現異常が生じ、正常に発生できなくなる。

体細胞を用いた核移植では、受精後最初の体細胞系列である胚盤胞期の栄養外胚葉(trophectoderm: TE)や、さらに成体のヒツジ乳腺上皮細胞を用いた核移植が1997年に成功し(最初の成功例でドリーと名づけられた)、現在では20種類以上の動物種の胎児(家畜などの哺乳類の場合、胎子や胎仔と示すこともある)・新生児(家畜などの哺乳類の場合、新生子や新生仔と示すこともある)・成体の様々な体細胞からクローンが作製されている。核移植では、用いるドナー細胞が受精卵由来の割球である場合を**受精卵クローン**、体細胞である場合を**体細胞クローン**と称している(図14.1)。ちなみに、日本では、受精卵クローン牛肉は条件つきで市場に流通しているが、体細胞クローンの生産物は安全性確認のため、まだ流通していない。

また、絶滅危惧種(希少動物)の体細胞をドナー細胞として、家畜や実験動物の卵をレシピエント卵として用いられる異種間核移植は希少動物の復元にも役に立つ可能性がある。ただ、成功率は同種間核移植よりも低い。

14.1.2 クローン

クローン(clone)とは、本来は植物の挿し木をイメージして使用されるようになった語句で、同一の遺伝情報をもつ個体どうしを示す言葉である。体細胞核移植(14.1.1参照)では、同じゲノム(核)DNAをもつ体細胞から誕生した個体が互いにクローンであり、体細胞を提供した個体に対してはコピーとなる。哺乳類では卵細胞質因子は個体のゲノムにほとんど影響を与えないと考えられており、核移植のように卵細胞質が異なる場合でもゲノム(核)DNAが同一であればクローンとよばれる。

上述の受精卵クローンや体細胞クローンだけでなく、クローンには2細胞期胚の割球をばらばらにして単独で育てた一卵性双生児(割球分離法、図14.2左)なども含まれる。割球分離法を用いたクローン個体の作出は分離した割球が胚盤胞へ発生したときに細胞数が不足することから、4細胞期以降では成功例がほとんどない。桑実胚期や胚盤胞期の胚で

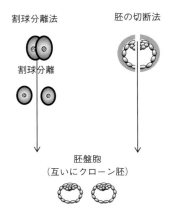

図14.2 割球分離法と胚の切断法

は、顕微操作により胚を2つに切り分け、それぞれの断片を育てて一卵性双生児のクローンが作り出せる(図14.2右)。

14.1.3 初期化(リプログラミング)

体細胞は、通常、初期の発生に重要なOct3/4やSox2などの多能性関連遺伝子の発現が抑制され、分化した組織特異性の遺伝子発現のみに特化しているが、未受精卵へ核移植すると、多能性関連遺伝子が活性化され受精卵と同じように発現するようになる。このように、体細胞核のゲノム情報が受精卵のような発生の初期段階まで遡る現象は**初期化(リプログラミング)**とよばれる。人工多能性幹細胞(iPS細胞)は、体細胞に多能性関連遺伝子を強制発現させることによって体細胞核ゲノム情報を初期化し、ES細胞(図14.3左)のような**多能性**(pluripotency)をもつ幹細胞に変換させた細胞株である(図14.3右)。未受精卵への核移植で体細胞に生じる初期化とiPS細胞樹立時に生じる初期化の機構は異なる点も多くあると考えられるが、まだ不明な点が多く残されている。

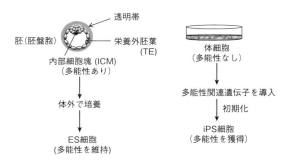

図14.3 ES細胞とiPS細胞

14.1.4 トランスジェニック

トランスジェニック動物とは，外部からある特定の遺伝子をランダムに導入して作出したものを示すことが多いが，広義には，ノックアウトやノックインを含むこともある（14.1.5 参照）。いずれにしても，これらの手法は，特定の遺伝子が個体の中でどのように働いているかを知ることができることに加え，疾患モデル動物としての利用価値も高いため，近年では極めて多数のトランスジェニック動物がつくられるようになった。しかし，万一，逃走した場合は，生態系への悪影響が懸念されるため，作出や維持には法的な規制があり，実験には慎重に取り組む必要がある。また，線虫，ショウジョウバエなどでは，法的規制の対象となる人為的な遺伝子導入を行わずに，突然変異体の**変異原**（mutagen）を利用して研究が行われることも多い。

線虫では，DNA を導入してもゲノムに組み込まれる確率が極めて低いがゲノム DNA とは独立して複製されるので，生殖細胞へ直接 DNA を注入する手法も行われている。ショウジョウバエでは，P 因子というトランスポゾンを利用してゲノムに組み込む手法も行われている。魚類では，哺乳類と比較して，管理が容易で世代交代が早く卵サイズが大きいため，特にゼブラフィッシュのトランスジェニックが多く作出されている。

トランスジェニックの哺乳類を作製するには，前核注入法，ウイルスベクター法，トランスポゾン法などの受精卵を用いる方法や精子ベクター法や体細胞核移植法などの未受精卵を用いる方法がある。マウスでは受精卵の雄性前核へ外来 DNA を注入し，受精卵のゲノムに組み込ませる前核注入法がよく用いられる。この手法は，ES 細胞を用いた標的遺伝子組換え法（図 14.4）と比べて比較的容易なため（14.1.5 参照），目的の遺伝子に加えてプロモーターやエンハンサー，イントロンやポリ A 付加シグナルなどを加えて，特定の組織や細胞種で発現させる試みも行われている。

14.1.5 ノックアウト・ノックイン

導入遺伝子をゲノム上のランダムな位置ではなくて，特定の位置に組み込むためには，**標的遺伝子組換え**（gene targeting）を行う必要がある。この手法により導入した遺伝子は，低い確率であるが，ゲノム上の目的配列に置換して組み込まれることがある。このとき，もとの特定箇所の遺伝子が破壊されるような配列を導入した場合を**ノックアウト**（knockout）という。また，置換される配列に蛍光タンパク質などの目印を入れておき，置換が成功すると，特定の遺伝子が発現する代わりに蛍光タンパク質が発現するように置き換えた場合を**ノックイン**（knockin）という。ノックインでは，特定遺伝子の発現を可視化できるので，発現の追跡が可能となる。

また，特定の遺伝子配列を時期特異的に破壊する手法では，特定の遺伝子の前後 2 箇所に loxP 配列という DNA 組換え酵素である Cre が認識する 34 塩基からなる DNA 配列を挿入しておいた**トランスジェニックマウス**を準備する（floxed mouse とよばれる）。これとは別に，特定の細胞種でのみ，あるいは，特定の時期に Cre を発現するように調整したトランスジェニックマウスを作り出す。両マウスはそれぞれ単独では表現型に変化がないが，両マウスを掛け合わせることで，特定の細胞種や時期特異的な遺伝子の破壊が可能になる。この手法は**コンディショナルノックアウト**（conditional knockout）とよばれる。

いずれも，導入した配列が正しく置換されているかどうかを，個体発生させる前に慎重に確認する必要があるので，継代培養が可能な ES 細胞を用いる。図 14.4 に，ES 細胞からホモ接合体マウスを作出するまでの過程を示す。すなわち，ES 細胞を培養しているときに標的遺伝子組換えを実施し，確認できた ES 細胞を用いて個体発生させる。ES 細胞は胚盤胞 ICM から樹立された多能性幹細胞であるので（14.1.1 参照），初期胚と混在させると**キメラマウス**（chimeric mouse）へと発生する（図 14.4 (b)）。次に，固定したい遺伝的背景をもつ非トランスジェニック近交系マウスとキメラマウスを交配することで**ヘテロ接合体マウス**をつくることができ，ヘテロ接合体マウスどうしを交配すると標的遺伝子組換えをホモにもつ**標的組換えマウス**が作製できる（図 14.4 (b)）。

最近，標的遺伝子を直接改変する**ゲノム編集**（genome editing）という技術が開発された（コラム，図 14.5 参照）。この技術では，DNA 鎖の任意の配列を認識して切断するよう人工的に改変された制限酵素（**人工ヌクレアーゼ**）によって，目的とする箇所を特異的に切断する。そして，細胞のもつ

14.1 核移植

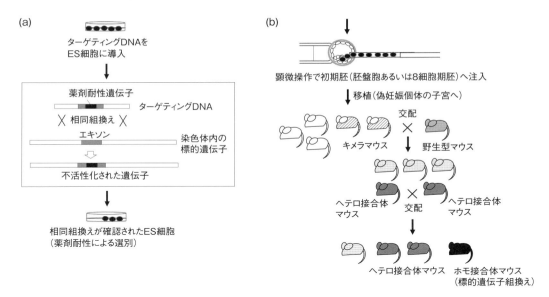

図 14.4 ES 細胞からホモ接合体マウス作出までの過程

コラム：ゲノム編集

　ゲノム編集とは，部位特異的な DNA 切断酵素である人工ヌクレアーゼを利用して，目的遺伝子を破壊あるいは導入するゲノム改変技術のことである。用いるヌクレアーゼには，第一世代の **ZFN**（zinc-finger nuclease），第二世代の **TALEN**（transcription activator-like effector nuclease），第三世代の **CRISPR/Cas9**（clustered regularly interspaced short palindromic repeats/CRISPR-associated protein 9）などがあり，現在，第三世代の CRISPR/Cas9 が利用されている。これらのヌクレアーゼは DNA 二重らせんの両方の鎖を切断し，切断の後，DNA 修復の機構として非相同末端結合（図 14.5 右）か相同組換え修復（図 14.5 左）が起こるので，その時にドナーフラグメントを導入すれば，特定配列へのノックイン，ノックアウトができる。CRISPR/Cas9 では，gRNA（ガイド RNA）が約 20 塩基を認識して Cas9 が切断する。CRISPR/Cas9 は，3 つの人工酵素の中で特に高効率とされているが，それだけに標的部位ではない場所まで改変する欠点（オフターゲット）もある。

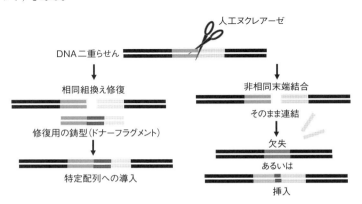

図 14.5　人工ヌクレアーゼを用いた相同組換え修復と非相同末端結合

DNA修復機構が働き，非相同末端結合か，相同組換え修復が起こる。すなわち，修復時に切れた場所が欠失したまま，あるいはさらに類似した配列を入れ込むことで，変異による機能の喪失あるいは新たな機能の再獲得が可能となる。受精卵などのゲノム情報を直接編集できるため，従来の相同組換えで必須であったキメラマウスの作製や交配が不必要となり，今後，遺伝子改変動物を作出するうえで要となる技術の1つになるであろう。

14.2　家畜繁殖学と生殖補助医療の共通性

14.2.1　繁殖技術の歴史——家畜から生殖補助医療へ

受精を人為的に制御する技術は，ウサギやハムスターなどの実験動物において開発され，家畜繁殖技術やヒト不妊治療技術へと発展してきた。これらの技術のうち，最も自然状態での繁殖である自然交配に近いのが**人工授精**（artificial insemination: AI），次に**体外受精**（*in vitro* fertilization: IVF），そして高度な技術と特殊な装置（マイクロマニピュレーター）を必要とするのが**顕微授精**（micro insemination）である。体外受精や顕微授精で受精に成功した受精卵は，雌の卵管や子宮などの生殖器内に**胚移植**（embryo transfer: ET）され，着床，出産に至る。

人工授精による出産の成功は，繁殖技術開発の歴史の中でも最も古く，1780年にイヌで成功している。また，1952年にはグリセリンを耐凍剤としたウシ精液の凍結保存技術が発表され，その後は他の動物も含め凍結精液の実用化研究が進んだ。日本では，1896年に最初にウマで人工授精が試みられ，その後も農用および軍用のウマの人工授精研究と実用化が進められた。1920年代から1940年代にかけては，ウシ，ニワトリ，ウサギ，ヤギ，ブタ，ヒツジなどでも研究が進んだ。体外受精は，精子の受精能獲得，動物種ごとに細かく最適化された培養液，培養機器，温度などの条件設定が必要であるため，その技術開発には時間を要し，再現性の高い体外受精技術により産子を得られたのはウサギにおいて1959年のことであった。胚移植技術は，人工授精が成功してから約100年後の1881年，卵管から取り出したウサギ胚を別のウサギの卵管に移植して産子生産に成功した。続いて1933年にはラット，1934年にはヒツジにおいても成功し，その後これ以外の家畜や実験動物へ応用された。また，これらの繁殖技術は希少野生動物の繁殖にも応用され役立っている。このように，動物で開発されてきた繁殖技術はヒト不妊治療のため**生殖補助医療**（assisted reproductive technology: ART）として発展し，1978年にはイギリスで世界初の体外受精児が誕生，1983年には日本初の体外受精児が誕生した。さらに，顕微授精技術のうち確実性・安全性の高い**細胞質内顕微授精法**（intra-cytoplasmic sperm injection: ICSI）による妊娠・分娩が，1992年にベルギーで，1994年に日本で報告された。

14.2.2　人 工 授 精

人工授精は，採取直後の新鮮射出精液あるいはこれを凍結・融解したものを，雌の生殖器内に人為的に導入する技術である。人工授精は高価な器具や装置なしで実施可能であり，家畜では多くの利点があるため広く実用化されている（表14.1）。ヒトにおいては体外受精・顕微授精に至る前の段階の不妊治療の一環として一般的に用いられている。

精液の採取には，人工膣法，電気刺激法，精管膨大部マッサージ法，手掌圧迫法などがある。ウサギや家畜で広く使われる人工膣法は，擬雌台あるいは実際のメスに乗駕させた後，人工膣の中に陰茎を挿入して精液を横取りし，採取する方法である（図14.6）。採取した精液は，顕微鏡検査後適切な濃度に希釈・凍結保存され，雌側の排卵時期直前を目安に人工授精に使われる。動物種により受精のための適正な精子数は異なるが，運動性のある精子が十分

表14.1　家畜人工授精における利点と欠点

利点	・一度の採取精液による多数の雌への授精 ・優良遺伝形質の急速かつ広範囲な反映 ・濃度調整による正常精子数の安定確保 ・精液を液体窒素中に半永久的に保存可能 ・凍結精液は遠距離輸送が容易 ・雄の飼育経費の節減 ・交尾による伝染性疾病の感染防止
欠点・注意点	・遺伝病の急速な伝搬 ・器具類の消毒・洗浄不備による伝染性疾病の伝搬 ・術者の技術力の影響 ・雌の授精適期の正確な把握 ・精液取り違えなどの人為的事故・不正

14.2 家畜繁殖学と生殖補助医療の共通性

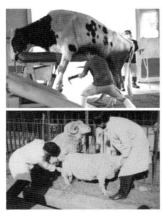

図 14.6 家畜の射出精液採取の様子

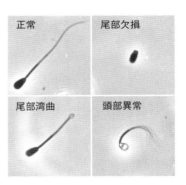

図 14.7 ウシの正常精子および異常精子の形態

な数確保されることが必要である。家畜などからできるだけ品質のよい射出精液を得るための条件は，雄の年齢，栄養状態，精液の品質（奇形精子が少ないなど），雄に精液採取の経験を積ませることなどである。現在，日本で飼養されている雌牛の繁殖は，ほとんどが液体窒素中で凍結保存された優良な遺伝形質をもつ雄ウシ（種雄牛）の精液を用いた人工授精で行われ，品種改良が進んでいる。種雄牛の血統やその後代の肉質，産乳量などの情報が公開され，精液購入時の参考とされる。日本では，ウシの人工授精資格をもつのは獣医師と都道府県より免許の交付を受けた家畜人工授精師である。一方，ブタにおける繁殖は，農家では自然交配が主流であるが，新鮮精液を用いた人工授精も多く行われている。その場合の多くは，排卵時期に自然交配を行い，その前日や1日後に人工授精を実施するという組合せで行われる。ブタでは凍結精液を用いた繁殖は，受胎率が落ちるなどの理由からほとんど行われていない。ヒトの不妊治療で人工授精が行われる場合には，精子の正常性や数の検査後，精液を洗浄・濃縮して子宮に注入される。

14.2.3 体外受精

体外受精は，卵巣や卵管から体外へ取り出した未受精卵と新鮮あるいは凍結・融解した精子を体外で受精させる技術である。未受精卵は，未成熟卵を卵巣から取り出して**体外成熟**（*in vitro* maturation: IVM）させて使う場合と，ホルモン剤の注射などにより体内で成熟させて卵巣あるいは卵管から採取して使う場合がある。精子は，マウスなど実験動物で

は雄個体から精巣上体を取り出してそこに存在する精子を浮遊させて使うが，家畜などでは人工授精の場合と同様の射出精液を使う。一度の射出精液に含まれる正常精子数は，雄個体や採取時期などにより異なる（図14.7）。成熟卵を精子浮遊液に入れて受精させることを**媒精**（insemination）という。精子は雌の生殖器内で受精能獲得・活性化を起こすため，媒精中にこれを再現することが必要であり，そのための培養液や精子濃度，時間などについて研究が進められ，動物種に応じた条件に最適化されている。媒精に使用される精子濃度は自然交配の場合よりもかなり多いため，**多精子受精**（polyspermy）が問題となる場合もある。体外受精は，不妊・低受精率の救済，経済価値の高い家畜の有効利用，屠畜場由来の卵巣卵の有効利用などに応用される。ヒトにおいて男性不妊症患者のための体外受精に要する精子数は約50,000個であるが，正常精子数が少ない場合や精子の運動性が低い場合は，顕微授精が適用される。

14.2.4 顕微授精

顕微授精とは，顕微操作によって卵を受精させる技術で，体外受精より人為的な介在が大きい技術である。人為的な介在は程度によりいくつかの段階に分けられている。まず，未受精卵の透明帯に穴を開けて精子が入りやすくする方法は透明帯開孔法（zona drilling: ZD, partial zona dissection: PZD, zona opening: ZO）とよばれ，通常の体外受精に近い。次に，精子を囲卵腔内に放つ囲卵腔内精子注入法（subzonal insemination of sperm: SUZI）では，精子が透明帯を通過する過程を補助し，卵細胞膜の通過は精子自身が行う。最後に，卵細胞質内へ精子を

直接注入する細胞質内顕微授精法（intra-cytoplasmic sperm injection: ICSI）は，精子の運動性，受精能獲得能力，先体反応誘起能力がなくても受精卵を作り出すことが可能な技術である．そのため，変態前の伸長精子，円形精子を用いることも可能で，それぞれ伸長精子細胞卵内注入法（elongated spermatid injection: ELSI），円形精子細胞卵内注入法（round spermatid injection: ROSI）とよばれている．さらに，未成熟な減数分裂途中の二次精母細胞や一次精母細胞を用いた顕微授精でも産子が得られている．成熟精子を用いた ICSI は，ウシ，ウサギ，ヒト，マウス，ハムスター，サルで成功しており，ヒトの生殖補助医療の現場でも広く利用されている．

14.2.5 胚移植

胚（受精卵）移植は，胚を提供する動物個体（ドナー）の生殖器から胚を取り出し，別の個体（レシピエント）の生殖器に移して，着床・妊娠・分娩させ産子を得る技術である．ドナー胚が前核期卵や 2-8 細胞期の場合はレシピエントの卵管に，桑実胚期や胚盤胞期の場合は子宮に移植する（図 14.8）．その際，レシピエント動物にホルモン製剤を投与する，あるいは精子を射出できないようにあらかじめ手術した精管結紮雄と交配するなどしてドナー動物と性周期を合わせ（**同期化**），卵巣に黄体を形成させておくことが必要である．ドナー胚として体内生産胚を利用する場合は，当該動物の排卵数よりも多くの移植用の胚を回収するために，卵胞刺激ホルモン（follicle stimulating hormone: FSH）などのホルモン製剤投与で**過剰排卵処置**を施し，交配もしくは人工授精後，ウシ血清アルブミン（BSA）や血清を添加したリン酸緩衝液（PBS）で卵管や子宮を灌流することによって胚を回収し，レシピエント動物に移植する．移植する胚の数は，当該動物の通常の排卵数程度とする．体外受精由来胚を利用する場合は，体外培養中に胚発生が正常に進んでいる胚を選抜し，移植する．

ヒト不妊治療においては，1978 年の世界初の IVF-ET 成功以降，各国で成功例が報告され，日本では 17 症例目，35 回の移植を経て 1983 年に東北大学から出産の成功が報告された．当初は 8 細胞期胚を子宮内に移植しており着床率が悪かった．その後，受精卵の卵管移植法やその変法が開発されたが，胚の培養技術の進歩により胚盤胞への発生率が上がり，現在は胚盤胞を子宮に移植することが一般的となった．また，胚の着床を容易にするために透明帯にあらかじめ切れ目を入れる**アシステッドハッチング**（**孵化補助**，assisted hatching: AH）法の開発や，未受精卵・余剰胚の凍結法の改良も進んでいる．ヒトの不妊治療では，医師以外のものが生殖細胞の操作に携わるため，関連学会による生殖補助医療胚培養士および生殖補助医療管理胚培養士の資格認定制度が発足し，資格認定者が胚の培養や管理にあたっている．

14.2.6 性判別

経済価値の高いウシなどの動物では，乳用は乳を生産する雌，肉用は成長速度が早く産肉量の多い雄の産子がより望まれる．そのため，あらかじめ性別を判別して妊娠・出産させる性判別技術が開発された．性判別技術の 1 つは雌雄判別精液を用いて人工授精することであり，もう 1 つは胚の一部を切り取って（**バイオプシー**，biopsy）性を判別し，残った部分を性判別胚として移植することである（図 14.9）．

雌雄判別精液とは，精液中の精子の DNA を蛍光染色し，雌になる X 染色体のもつ DNA 含量が雄になる Y 染色体よりも約 3% 多いことを利用して，各染色体をもつ精子をフローサイトメーター（光学的

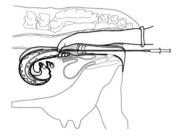

図 14.8　ウシの胚移植（Schillo, 2001 を改変）

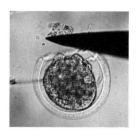

図 14.9　胚のバイオプシー

分離装置)により分離したものである。市販されている性判別精液を使って人工授精を行うと，85〜90％程度の確率で雌雄産み分けが可能といわれているが，分離操作により精子がダメージを受けているため，分離操作していない精液と比較すると受胎率が劣る欠点がある。

胚の性判別は，胚盤胞の一部を金属ブレードによりバイオプシーするなどして採取し，(1)染色体標本を作製して性染色体を判定する，(2)Y染色体特異的DNA配列を**ポリメラーゼ連鎖反応**(polymerase chain reaction: PCR)により増幅させ，電気泳動によりバンドが検出された胚を雄，検出されなかった胚を雌と判定する，(3)Y染色体特異的DNA配列を含むプライマーを用いてPCRにより増幅反応を行い，増幅の副産物であるDNA合成酵素の白沈の濁度で雌雄を判別するLAMP(loop-mediated isothermal amplification)法，などの方法がある。ウシ胚の性判別においては，精度が高く短時間で判定可能な(2)，(3)の検査キットが販売されており，特にLAMP法は1時間程度で判定が可能である。これらの技術は他の動物でも応用可能である。ヒトにおいて，性や他の遺伝的性質などをあらかじめ調べて胚を移植することを**着床前診断**(preimplantation genetic diagnosis: PGD)という。着床前診断は，その可否について倫理上の問題点から各国で議論がなされ対応が異なる。日本においては，厚生労働省や関連学会が倫理指針・ガイドラインを定めており，これらに従って，日本産科婦人科学会では，「着床前診断」に関する見解(2018年改定)として，重篤な遺伝性疾患児を出産する可能性のある，遺伝子変異ならびに染色体異常を保因する場合および均衡型染色体構造異常に起因すると考えられる習慣性流産に限り適用できることとしている。

■ 演習問題

14.1　受精卵クローンと体細胞クローンの違いについて説明せよ。
14.2　iPS細胞とES細胞の違いについて説明せよ。
14.3　遺伝子改変動物を作出する手法においてゲノム編集の利点について説明せよ。
14.4　受精を人為的に制御する方法(3種類)とその概要について説明せよ。
14.5　家畜の雌雄産み分け方法(2種類)とその概要について説明せよ。

15 発生生物学から再生医療への展開

再生医療(regenerative medicine)とは，欠損・損傷・機能低下した組織や臓器を，体外で培養した細胞や組織などを用いて修復・**再生**し，機能を補完する**医療**のことである．人体機能にとって重要な遺伝子の異常による先天的疾患や重篤な後天的疾患で，これまで治療が困難であったものが，再生医療によって治癒可能になるということであるから期待は非常に大きい．そして，このような期待に応えるために**人工多能性幹細胞**(induced pluripotent stem cell: **iPS 細胞**)を用いた再生医療研究の進展が近年著しい(表15.1)．前章までは様々な動物種の発生・再生過程とその制御を扱ってきた．再生医療に供するというのであれば，対象はヒトであり，体外で増殖可能なヒト多能性幹細胞が問題となる．しかし，ヒ

表 15.1 多能性幹細胞に関連する研究の歴史

1954 年	マウス EC 細胞の発見 (Stevens, L., ジャクソン研究所)
1958 年	体細胞核移植クローンカエルの作製 (Gurdon, J., オックスフォード大学)
1978 年	ヒト体外受精による出産(試験管ベビー)
1981 年	マウス ES 細胞株の樹立 (Evans, M., ケンブリッジ大学)
1995 年	サル ES 細胞株の樹立 (Thomson, J., ウィスコンシン大学)
1996 年	体細胞核移植クローンヒツジの作製 (Wilmut, I., ロスリン研究所)
1998 年	体細胞核移植クローンマウスの作製 (若山照彦，柳町隆造，ハワイ大学)
1998 年	ヒト ES 細胞株の樹立 (Thomson, J., ウィスコンシン大学)
2001 年	マウス体細胞・ES 細胞融合による初期化 (多田高，京都大学)
2004 年～2005 年	ヒト体細胞核移植・ES 細胞の作製論文捏造事件 (Hwang, U., ソウル大学)
2006 年	マウス iPS 細胞の作製 (山中伸弥，京都大学)
2007 年	ヒト iPS 細胞の作製 (山中伸弥，京都大学; Thomson, J., ウィスコンシン大学)
2013 年	ヒト体細胞核移植・ES 細胞の作製成功 (Mitalipov, S., オレゴン健康科学大学)

(中辻，2015)

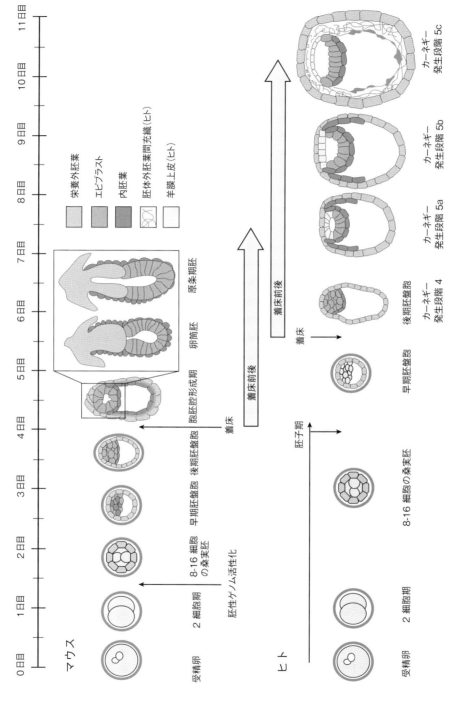

図 15.1* 着床前から原腸形成開始までの種特異的発生イベントのスケジュールと組織パターン形成の違い（Rossant & Tam, 2017 を一部改変）

ト由来の組織は実験材料として用いることは難しい。そのため，発生過程を司るメカニズムは高度に保存されているという原則に立ち，マウス多能性幹細胞の蓄積された知見をもとに，ヒト多能性幹細胞が樹立されたわけである。しかし，マウスとヒトでは，その発生過程，および多能性幹細胞の性質に共通点も多いが，相違点も多く必ずしもひとくくりにできない面がある（図15.1）。そこで本章では，両者の発生メカニズムの共通点と相違点を理解したうえで，マウス（齧歯類）とヒト（霊長類）の多能性幹細胞（pluripotent stem cell: PSC）をいかにして再生医療に役立たせられるかに焦点をあてて解説する。

15.1 幹細胞とは何か？

幹細胞とは，様々な細胞種に分化できる能力（**多分化能**）をもち，分裂によって自身と同じ未分化な性質をもつ細胞を生成する能力（**自己複製能**）を合わせもつ細胞のことである。発生過程では，受精卵がすべての細胞種に分化するという点で**全分化能**（totipotency）をもつ。発生初期の胚盤胞の内部細胞塊に由来する**胚性幹細胞**（embryonic stem cell: **ES細胞**）は，**多分化能**（multipotency）をもつ**多能性幹細胞**である。

15.1.1 多能性幹細胞

マウスES細胞は，エヴァンス（Evans, M.J., 1941- ）とカウフマン（Kaufman, M., 1942-2013）によって1981年に報告された。これは，マウス胚盤胞の内部細胞塊から直接樹立できる自己複製能と多能性をもつ細胞株であり，胚体外組織の細胞層による支持があれば着床前のエピブラスト（epiblast）に組み込まれ，生殖細胞系を含む成体組織全体に寄与するため，結果的に完全なマウス個体をつくることができる。マウスES細胞は，多能性の特徴であるOct4, Sox2, Nanogの発現を示すが，特にNanogとEsrrbの発現が高く，高い効率でドーム状のコロニーを形成する。インターロイキン（interleukin : IL）6ファミリーに属するサイトカインである白血病阻止因子（leukemia inhibitory factor: LIF）と血清の存在下で培養したES細胞は均一ではなく，ある一群のES細胞は，Gata4, Hes, Sox17のような原始内胚葉マーカーを発現し，別の一群は，BrachyuryやFgf5のような着床後のエピブラストマーカーを発現する。ES細胞は，LIFとBMP（bone morphogenetic protein）シグナルを活性化することで維持できる。LIFは，ES細胞の培養の際，自己複製能と多能性の保持に中心的な役割を果たす成長因子（増殖因子ともいう，growth factor）であり，LIFR/gp130ヘテロ二量体の受容体を介して，JAK/STAT, PI3K, MAPK/Erkシグナルを活性化する。JAKによるSTAT3のリン酸化・核移行が，下流のKlf4などを活性化するのに対して，PI3KはTbx3を活性化する。Klf4とTbx3がOct4, Sox2, Nanogを活性化することで，多能性の確立と維持のための遺伝子ネットワークが活性化される。MAPK/Erkシグナルは，逆にTbx3を抑制することで多能性を抑制する方向に働き，全体として多分化能を維持しつつ，必要があれば分化を誘導できる状態になっている。

このように，マウスES細胞の基本的な性質は，自己複製能，in vitroおよびin vivoにおける多分化能，クローン形成能，正常な核型，in vitroの決められた培養条件下で大規模な増殖をすることである。また，ヒト以外の動物由来ES細胞の場合，移植実験によって，in vivoですべての体細胞系譜に寄与し，生殖細胞系譜についてもキメラとなる。

これに対して，ヒトES細胞は，遺伝子発現パターンやキメラマウスにおける組織貢献度からみると，原始外胚葉またはエピブラストに相当する。Oct4, Nanogなど，胚において多能性細胞の形成と生存に必要な転写因子が，ES細胞の生存にも必要である。

次に，ES細胞の未分化状態維持機構についてであるが，マウスES細胞の場合，当初マウス胎児性線維芽細胞（mouse embryonic fibroblast: MEF）をフィーダーとして用いる共培養系の確立により，生殖細胞系列に寄与する能力（germline transmission）の維持が可能となったが，1988年にフィーダーの代わりにLIFを添加することで未分化性の維持が可能になった。

一方，ヒトES細胞の未分化状態の維持は，塩基性線維芽細胞成長因子（bFGF）とアクチビン（activin）に依存することが知られている。さらに，マウスES細胞と異なり，ヒト・霊長類ES細胞は，扁平な二次元構造をもつコロニーを形成する。両者の違いを埋めるものとしてマウスの**エピブラスト幹細胞**（epiblast stem cell: **EpiS細胞**）が報告された。EpiS細胞は，マウスの着床後のエピブラスト

表 15.2　マウス胚とヒト胚の着床前後の類似点と相違点

	マウス	ヒト
胚性ゲノム活性化（ZGA）の時期	2 細胞期	8 細胞期
ZGA に活性化されるトランスポゾン	LINES, MERV-L など	SVAs, HRERV-K など
父系ゲノムの脱メチル化	1 細胞期に開始，受動的と能動的の両方	1 細胞期に開始，受動的と能動的の両方
ヒストン修飾の変化	広範囲にオープンクロマチン領域が存在	不明
多能性遺伝子ネットワークにかかわる内在性レトロウイルス関連の転写産物	MERV-L が 2 細胞期の状態を促進	HERV-H 転写産物がヒト胚性幹細胞状態を促進
着床前の X 染色体の不活性化	4 細胞期から胚盤胞までに父系 X 染色体の不活性化による遺伝子量補償	胚盤胞後期にランダムな X 染色体の不活性化が起こるまでは，両 X 染色体の遺伝子発現が減ることで不活性化による遺伝子量補償
栄養外胚葉と内部細胞塊の発生運命の制限	栄養外胚葉は後期桑実胚まで制限，内部細胞塊は胚盤胞初期まで制限	胚盤胞後期までは両系譜とも制限されない
Cdx2/Oct4 の発現	Cdx2 は胚盤胞形成前に外側の細胞で発現，Oct4 は初期胚盤胞で内部細胞塊のみに発現	Cdx2 は胚盤胞形成前に外側の細胞で発現しない，Oct4 は後期胚盤胞まで内部細胞塊に発現しない
Hippo シグナル	内側の細胞内のシグナルが内部細胞塊/栄養外胚葉の系譜形成を促進	不明
胞胚休止は可能か	可能	不可能
FGF/ERK シグナルの栄養外胚葉とトロホブラスト幹細胞への役割	増殖とトロホブラスト幹細胞の維持を促す	胚盤胞期には増殖への役割はない，トロホブラスト幹細胞の存在は不明
FGF/ERK シグナルの内部細胞塊への役割	ERK 反応性のレベルがエピブラストか原始内胚葉かを決める	ERK シグナルを阻害しても原始内胚葉形成を阻害しない
栄養外胚葉の子宮内での接着点	非胚側	胚側
エピブラストが空洞形成と極性化によって再構築され二層構造を形成するか否か	杯形	円盤状
羊膜形成	原始線条期に羊膜襞から形成	初期層状胚盤期にエピブラストから直接形成
エピブラスト細胞とトロホブラストとの相互作用	エピブラスト細胞のパターン形成のためのトロホブラストから長期間の直接的なシグナル源	胚体外間充織が 2 層に分かれるまでの一過性

（Rossant & Tam, 2017）

から樹立された。この場合，多能性の維持にはbFGFとアクチビン/TGFβシグナルが重要で，ヒトES細胞と同様に，Oct3/4, Sox2, Nanogという多能性幹細胞で働く転写因子を発現しており，in vitroで三胚葉に分化し，マウス皮下に移植するとテラトーマを形成するなど，多能性をもっている点も同じである。

EpiS細胞は，着床後のある特定の時期のエピブラストの状態を表しているのに対して，ES細胞は必ずしも由来となる内部細胞塊の分子特性を再現しているわけではない。例えば，in vivoの胚盤胞では必要としない，もしくは発現していないLIF, BMP, Wntシグナルを利用している。しかし，ES細胞は，エピブラスト細胞とLIF要求性においては異なるものの，両者ともLIFの下流シグナルが必須であることは共通している（エピブラストはLIF非依存的にJAK/STAを活性化する）。さらに，Wntシグナルが両者の増殖を調節している可能性も示唆されている。

ES細胞は，培養条件下で均一でないことが示されており，エピブラスト系譜の動的な状態の違いを表しているのかも知れない。また，遺伝的なバックグラウンドによってもES細胞の誘導効率は異なる。

以上のように，ヒトとマウスの多能性幹細胞は，発現プロファイルや細胞の性質という面で異なる点が多い。実際，細胞の自己複製能と多分化能を維持するための培養条件が大きく異なる。マウスのES細胞も体細胞と生殖細胞を分化させうるという点で完全な多分化能を保持しているが，それを維持し続けるには，後述するナイーブ型多能性幹細胞の転写因子（naïve pluripotency transcription factor）とエピジェネティックな修飾が必要である。それに対してヒトのES細胞は，マウスES細胞と一部共通しているが，より不均質であり，より分化しているので，マウスのEpiS細胞に近い（表15.2）。

マウスES細胞とヒトES細胞を比較して差異を認識しておくことはヒト再生医療への応用という意味では極めて重要である。ヒトES細胞は着床前の胚盤胞に由来するにもかかわらず，マウスの着床後胚に由来するEpiS細胞と相同性が高い（表15.3）。マウスES細胞型の多能性状態をナイーブ型多能性（naïve pluripotency），マウスEpiS細胞型の多能性でヒトES細胞に近い状態をプライム型多能性（primed pluripotency）とする分類が2009年に提唱され普及している。

これまでは，マウスの胚発生過程を知ることによ

表15.3 ナイーブ型多能性とプライム型多能性の比較

特性	ナイーブ型（基底状態）	プライム型（準備刺激された状態）
胚組織	初期エピブラスト（上胚盤葉）	卵筒，胚盤
培養幹細胞	齧歯類の胚性幹細胞	齧歯類のエピブラスト幹細胞 霊長類の胚性幹細胞
胚盤胞キメラ形成	可能	不可能[a]
テラトーマ（奇形種）形成	可能	可能
分化のバイアス	なし	多様
多能性因子	Oct4, Nanog, Soc2, Klf2, Klf4	Oct4, Sox2, Nanog
ナイーブマーカー[b]	Rex1, NrOb1, Fgf4	存在しない
特異化のマーカー	存在しない	Fgf5
LIF/Stat3に対する反応	自己複製	なし
Fgf/Erkに対する反応	分化	自己複製
クローン形成能	高い	低い
XX状態	XaXa	XaXi
2i（小分子・幹細胞阻害物質）に対する反応	自己複製	分化/細胞死

a) 霊長類の細胞ではテストしていない
b) 代表例

(Nichols & Smith, 2009)

15.1 幹細胞とは何か？

ってマウス胚性幹細胞から様々な組織・臓器を分化させるのに必要な条件を検討し，それをもとにヒトの多能性幹細胞の起源，維持・分化の方法を推測するという手法が使われてきた。しかし，こうしたマウスの胚発生をヒトにそのまま当てはめる手法は，両者の発生過程の差異の関係で必ずしも成功していない。とりわけマウスの発生早期にだけ存在するナイーブ型多能性幹細胞 (naïve pluripotent stem cell) に相当する状態がヒト ES 細胞で捕らえられていないため，ヒトとマウスの ES 細胞はともに多能性をもち胚盤胞に注入して子宮に戻すと，胚発生の生殖細胞系列の細胞にも体細胞系列の細胞にも寄与できるという共通の性質があるにもかかわらず，相違点も確実に存在する。

さらに，山中伸弥 (Yamanaka, S., 1962-) らは，ES 細胞の維持にかかわっている因子のうちで必須であることがスクリーニングによって明らかとなった 4 つの遺伝子 (Oct3/4, Sox2, Klf4, c-Myc) をマウス線維芽細胞に導入して発現させることにより，細胞の初期化（リプログラミング），そして **iPS 細胞**という ES 細胞に類似した特徴を備える細胞の樹立に成功した。ES 細胞と iPS 細胞を比べると樹立の経緯は異なるが，本章では多能性幹細胞を再生医療に適用するための基盤に着目しているため，以下では，マウス ES/iPS 細胞，ヒト ES/iPS 細胞という括りで扱っていく。

15.1.2 組織幹細胞

発生が完了した後の成体内で，各組織の維持にかかわる**組織幹細胞**（**体性幹細胞**, tissue stem cell）が存在することも明らかになっている。組織幹細胞は，各組織に存在する未分化な細胞であり，生涯にわたって自らを維持し続ける自己複製能を有するとともに，その組織を構成し，組織特有の機能を発揮する分化細胞を産生する多分化能をもつ細胞であり，組織が何らかの原因で損傷した際に組織を再び構築することができる。成体組織の多くは，その維持と再生を組織幹細胞に依存している。組織幹細胞は，長期間静止期のままで存在するが，成長や損傷後の再生の際に必要性が高まると，静止期から離脱して細胞周期に入り，対称分裂，そして非対称分裂を行うことで，幹細胞のプールと運命決定された前駆細胞プールを生み出す。自己複製能と多分化能のバランスは，外因性，内因性の因子によって維持されている。以下に比較的，解析の進んでいる組織幹細胞の例を 3 つあげて説明する。

(1) 造血幹細胞

造血系組織は，生涯続く血液細胞の産生を担う最も再生能の高い組織の 1 つである。赤血球，血小板，骨髄球，リンパ球などのすべての血液細胞は，骨髄に存在する多能性の**造血幹細胞**（hematopoietic stem cell: HSC）のプールから産生される。造血幹細胞およびその前駆細胞は，個体発生の初期に出現する（10.4 節参照）。最初に造血が起こるのは，哺乳類の場合，胚体外組織の卵黄嚢で，続いて胚体内の大動脈・性腺・中腎（aorta-gonad-mesonephros: AGM）領域で起こる。その後，HSC は，胎児期造血の場である肝臓に移動し，出生直前に骨髄に出現する。哺乳類成体においては，最終的な造血は，長期骨髄再構築能をもつ造血幹細胞（long-term hematopoietic stem cell: LT-HSC）によって維持されており，LT-HSC から短期骨髄再構築能をもつ造血幹細胞（short-term hematopoietic stem cell: ST-HSC）および多能性前駆細胞（multipotent progenitors: MPP）が産生される。これらの幹細胞や前駆細胞の自己複製能は次第に低下していくが，多分化能は維持している。MPP のヒエラルキーの下流には，分化能の限定された前駆細胞（lineage-restricted progenitor）があり，それらが最終分化した血球細胞を産生し，これらが末梢血に放出される。外因性，内因性の複数の因子が HSC の異なる発生段階への進行を調節している。外因性の因子は，**幹細胞ニッチ**とよばれる特別な微小環境から供給されるシグナルであり，サイトカイン，成長因子，ケモカイン，酸素分圧，栄養などがある。こうしたシグナルが細胞内シグナル伝達系や，転写因子，エピジェネティック・マークなどの内因性の調節因子とともに協調的に働く。

(2) 神経幹細胞

神経幹細胞の発生は，原腸形成に続き，胚性外胚葉から神経組織が形成される時にはじまる。脊椎動物においては，神経胚期に，前後軸に沿って背側外胚葉に溝が形成され，溝の両側に厚みのある平坦な神経板（neural plate）が形成されるが，この時期に神経幹細胞および前駆細胞が同時に発生すると考えられている。神経板の両端には隆起が形成され，発生が進むにつれ，この隆起がさらに盛り上がり，両端の隆起が前方から後方へと融合し，神経管（neural tube）が形成される（9章参照）。神経管内の細胞分裂は，神経管の内側，すなわち管腔に面した側の脳室帯（ventricular zone: VZ）で起こる。ここで，分裂した神経幹細胞は，神経管外側の辺縁帯（marginal zone: MZ）方向に細胞突起を伸ばし，細胞内で核が神経管外側まで移動する。細胞分裂する時は再び核が神経管内側に移動し，突起を短縮させ，そこで分裂する。VZでの分裂は，細胞が増殖して多層になった後も維持される。神経上皮から**ラジアルグリア細胞**とよばれる，後に脳室周囲に存在するアストロサイトに分化する細胞が発生する（9.1.5参照）。この細胞が中枢神経系における胚性の神経幹細胞である。ただし，発生期の神経上皮中において，どの程度の頻度でどの場所から神経幹細胞が発生するかについては明らかになっていない。

発生期および成体の神経幹細胞は，次第に位置情報と時間情報を獲得していく。例えば，異なる場所から単離された神経幹細胞は，その領域の位置情報に応じた神経細胞を産生する。また，発生の早い時期の神経幹細胞は，おもにニューロンを産生し，遅い時期の神経幹細胞はグリア細胞を産生する。成熟した神経幹細胞は，より早い時期の大脳皮質に移植しても，より若い発生段階のニューロンを産生することができない。

(3) 骨格筋幹細胞

筋幹細胞には，最初に電子顕微鏡で細胞膜と基底

コラム：成体ニューロン新生はあるか？

19世紀後半，カハール（Cajal, S.R., 1852-1934）が神経細胞（ニューロン）を発見して以来，ヒト海馬の神経ニューロン新生は胎生期から幼年期にのみ起こり，成体では起こらないと考えられていた。しかし，成体脳においても記憶にかかわる海馬体の歯状回で一生を通じてニューロン新生が起きているという論文が発表されると，ニューロン新生の役割と新生ニューロンの機能に関する研究が精力的に行われるようになった。現在までに齧歯類海馬新生ニューロンの機能については，記憶形成にかかわっていること，そして疾患モデル動物を用いた研究により，ストレス障害や鬱などの精神疾患の病態との関連も示唆されてきた。さらに，豊かな環境下で育てるとニューロン新生が更新することなど，ニューロン新生を促進する因子を探すことで臨床治療に役立つという期待も高まっていた。

しかし，ごく最近，齧歯類とは異なり，ヒトを含めた霊長類ではこのニューロン新生が起こるのは幼少期までであり，成体になるとほとんど認められないという論文が複数連続して報告された（Sorrells *et al*., 2018, Cipraiani *et al*., 2018, Dennis *et al*., 2016）。これまでニューロン新生の指標として使われていた分子マーカーにはDCXやPSA-NCAMなどがあるが，成体脳の海馬歯状回でみられるDCX陽性の小さな細胞は，形態的には細胞質部分が少なく，ニューロンとはいえない形状であることに加え，オリゴデンドロサイトやミクログリアのマーカーも共発現しているために，新生ニューロンと判断することは難しい。また，分裂細胞の指標として使われるBrdUの取り込みについても，死にかけの細胞が取り込むというアーティファクトである可能性が指摘されており，新生ニューロンが成体に存在するという可能性は再検討されるべきである。実は，ES細胞もマウスとヒトでは分化段階に違いがあったが，出生後の神経前駆細胞についても，ヒトとマウスの海馬の歯状回において，細胞分化様式に違いがあり，マウスには存在する顆粒細胞下帯（subgranular zone: SGZ）がヒトでは存在しないようである。SGZは，成体ニューロン新生の起こることが示されているすべての哺乳類で，出生後の前駆細胞が増殖する場所である。しかも，ヒト成体では，マウスでみられるSGZから嗅球への新生ニューロンの移動がみられないという報告も以前からあり，ヒト成体の海馬歯状回ではニューロン新生が起こっていないとすると矛盾がない。

こうした論争の背景には，ヒト成体脳のサンプルは時間をかけて集めた死後脳に頼らざるを得ず，そのために齧歯類のデータに比べて少ないうえ，必ずしも健康な脳サンプルとは断定できないことなどの理由による。現在，厳密な意味で論争に結論は出ていないが，緻密な免疫染色のデータが，成体におけるニューロン新生について疑いを生む可能性を導き出した以上，もし本当にないのであれば，成体の神経系でニューロン新生が起こるという前提で検討されてきた治療戦略を見直す必要が出てくるかもしれない。今後，さらに多くの研究者による検討がなされる必要があるだろう。

膜の間に押し込まれた単核の細胞として発見された**筋衛星細胞**（satellite cell）がある。その後，筋衛星細胞が，運動や損傷，疾患などのストレスに反応して再生するためだけでなく，筋肉の成長にも寄与することが明らかになった。

特定の筋肉にみられる筋衛星細胞は，その筋肉と同じ胚期の原基から一緒に産生されるため，異なる筋肉ごとに筋衛星細胞の由来は異なり，細胞周期，遺伝子発現パターンなども均一ではない。静止期にある筋衛星細胞は，運動や損傷による刺激が加わると，活性化されてM期に入り，細胞分裂を行い，**筋芽細胞**（myoblast）とよばれる高い増殖活性をもつTA（transit amplifying）細胞集団を産生する。このとき，Pax7とPax3の下流遺伝子（myogenic regulatory factor）が，筋衛星細胞からの筋形成と筋分化の調節の両方にかかわる。コリンズ（Collins, E.T., 1862-1932）らは，再生能を欠く筋ジストロフィーモデルマウスにあらかじめ放射線で除去した筋肉に移植する実験によって，わずか7個の筋衛星細胞が数百の新しい筋衛星細胞をもつ筋線維を産生し，移植した筋線維由来の筋衛星細胞は新しく産生した筋衛星細胞とともに再び宿主の筋肉に再配置されていた。すなわち，筋衛星細胞は，自己複製能をもち，筋原性前駆細胞を生み出すことのできる筋肉内の幹細胞であることを示した。

15.2　幹細胞を利用した再生医療

マウスやヒトのiPS細胞が樹立されるまでに，ES細胞を用いて発生過程をできるだけ再現することで様々な細胞に分化誘導する方法論が確立していたために，それらの分化誘導系をiPS細胞に適用する試みがすぐに開始され，iPS細胞も，多くの異なる細胞種・細胞構造へ分化させることができることがわかった。例えば，神経前駆細胞や種々のタイプのニューロンに分化させることができ，心臓，肝臓，網膜などの多くの細胞種の作製も可能である。また，このような細胞を従来の二次元細胞モデルとして生育させることもできるし，**オルガノイド**（organoid）[1)]とよばれる三次元の器官様構造として生育させることもできることがわかってきた。以下に述べるように，多能性幹細胞の分化系を疾患モデルあるいは移植のソースとして利用する試みがすでにはじまっている。

15.2.1　幹細胞と疾患モデル

疾患細胞から樹立したiPS細胞の分化系を作製すれば，それはすなわち**疾患モデル**である。疾患の原因遺伝子と疾患型変異配列が特定されている場合，正常型のES/iPS細胞に**CRISPR/Cas9**（clustered regularly interspaced short palindromic repeats/CRISPR-associated protein 9）などを用いたゲノム編集法によって疾患型変異を導入したうえで分化させても疾患モデルとなる。最初に樹立されたのは，非常に遺伝的浸透度（特定の遺伝子型における表現型形質の割合）の高い，単一遺伝子に起因する疾患iPS細胞系である。

こうして作製された疾患モデルとしてのiPS細胞の分化系は薬剤スクリーニングの系として利用するのに優れており，実際に神経細胞のシナプス活性を表すArcやc-Fosのようなマーカーを指標として機能を解析することが可能である。薬剤スクリーニングはすでに自動化しており，スケールアップが可能になっている。

こうした取り組みに限界があるとすれば，iPS細胞自体に不均一性があるために，浸透度の高い単一遺伝子に起因する疾患以外には適用が難しいことである。そして，言うまでもないことだが，4因子の発現による初期化でリセットされてしまうエピジェネティック変異の場合も適用が難しい。また，加齢に伴って進行性に悪化する疾患の場合，iPS細胞はそのままではそうした加齢状態を再現しにくいこともある。なぜなら，マウスモデルにおいてOSKM（Oct4, Soc2, Klf4, c-Myc）を短い周期で発現させて初期化を不完全に行ったところ，細胞老化を示すマーカーの発現が減少し代謝性疾患や筋肉損傷などから回復したという報告もあることから，iPS細胞の作製過程で発現させたこの4因子の活性が残存したままでは，加齢に伴い進行性に悪化する疾患の病態の再現は難しい可能性もある。

15.2.2　移植のソースとしての幹細胞

これまで，組織には発生過程が完了した後も組織の維持にかかわる組織幹細胞が存在すること，いったん分化を完了した細胞も特定の転写因子のセットを発現させることで，ES細胞様の細胞（iPS細胞）を作製でき，これより各種臓器を構成する細胞を分化させ，立体再構築することがある程度可能になりつつあることなどを述べてきた。それでは，こうし

た幹細胞を特定の組織，あるいはミニ臓器に近い形に分化させ，それらを移植することにより，疾患などで失われた臓器機能の一部あるいはすべてを代替させるという再生医療は可能であるか．そして，ヒト以外の動物でヒト細胞由来の臓器をつくり，それを移植することが可能であるか，などがここでの主題である．

これまで，おもにマウス ES 細胞を用いた研究から，どうすれば胚性幹細胞を皮膚や，心臓，神経などの異なる細胞種に分化させることができるかについては，かなりのことがわかってきている．それらの培養環境下での挙動や薬剤反応性をみることが可能である．今後，臨床的に有用な移植源を作製するため，複数の細胞種から三次元構造をもつ組織や器官を作出する必要がある．1つの方法は，立体培養によって発生過程における組織間相互作用を再現させ，in vitro でオルガノイドとよばれる機能的な器官のミニチュアを誘導することである．

以下に，ヒト多能性幹細胞から脳のミニチュアを誘導した研究を例にして説明する（図 15.2）．培養液中に浮遊して増殖した細胞は，小さい球状の神経組織を形成する．これに特定のタイミングでサイトカインなどを加えて培養し，生じた細胞塊をマトリジェルが入ったペトリディッシュに移して培養を続けると，ヒト胎児の脳に似た構造が形成される．

当然ながら，このようにして誘導したオルガノイドはヒト疾患モデルにもなり得る（15.2.1 参照）．例えば，大脳皮質のオルガノイドをジカ（Zika）ウイルスの感染メカニズムのモデルとして使うことで，ジカウイルス感染後にみられるような小頭症の表現型を再現できている．また，オルガノイドの最初の成功例である網膜細胞シートを用いた臨床応用が実施されている．日本では 2014 年に，加齢黄斑変性症患者の細胞から樹立した iPS 細胞から網膜細胞シートを作製し，これを本人に移植する治験が高橋政代らにより 2 例実施されており，当初懸念されたような癌化の兆候はみられていない．その後，パーキンソン病（京都大学 高橋淳），脊髄損傷（慶應大学 岡野栄之）でも臨床研究の承認を受けた．

さらに，組織工学の手法で細胞を三次元に繋ぎ止める物理的な骨格として，ゲルの足場で幹細胞を育てるという戦略も使われた．この足場法によって，ヒトの脳組織，ミニ肝臓，網膜様構造などがつくられ，それぞれ電気シグナルの伝達，薬剤の分解にも成功している．そしてさらに，ラットの腎臓やマウスの心臓の中身をくり抜いた中に多能性幹細胞を入れて育てるという方法で，これらの臓器の機能の一部を再現できている．しかし，これらの臓器に実際

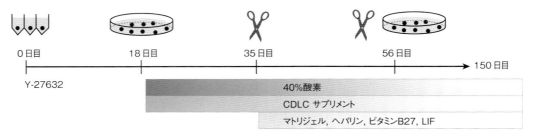

図 15.2 脳をつくるレシピ（Watanabe, 2017 を一部改変）

0 日目：約 9000 個の幹細胞を V 字型ウェルプレートに移し，幹細胞が自死するのを防ぐ化学物質（ビタミン，アミノ酸，Y-27632 など）の中に浮遊させる．2～3 日で増殖した細胞が自己組織化し，小さい球状の神経組織になる．培地は 2～3 日おきに交換する．

18 日目：大きくなっていく球状の神経組織を，脂質を供給するための CDLC（chemically defined lipid concentrate）サプリメントを含む培地を入れたペトリディッシュに移す．40％の高酸素濃度の条件とする．4～5 週までに様々な種類の神経細胞からなる層構造が形成される．

35 日目：生じた層状のオルガノイドを半分に切って（2～3mm の厚さ），内側の細胞が栄養素と酸素にアクセスできるようにする．これを，マトリジェルとよばれる支持タンパク質のマトリックス，ビタミン B27，ヘパリン，LIF で満たした新しい培地で育てる．

56 日目：オルガノイドを再び半分に切ってペトリディッシュに移し，栄養素と酸素へのアクセスを最適化してよく増殖できるようにする．2 週間ごとに再びオルガノイドを半分に切断して継代すると，150 日間生き続ける．

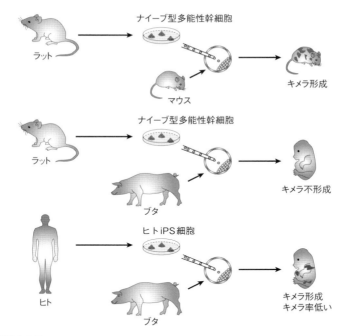

図 15.3*　異種間キメラ
ヒト多能性幹細胞がウシやブタの着床前胚盤胞に移植されているが，着床後のキメラ率にはまだ限界がある（Wu *et al.*, 2017）。

に移植治療に利用できるように正常機能を獲得させる段階にはない．まずは，骨や皮膚や軟骨のような機能が単純なものから移植に用いる方が現実的であろう．

　臓器を生成するのには異種動物を利用する方法もある．2017 年に，ブタやウシの胚にヒトの幹細胞を注入することにより，量は少ないもののヒトの細胞を含む胚の作出が報告された．こうした生殖は，倫理的問題があり実用化は難しいが，2018 年 10 月に文部科学省で承認された（図 15.3）．一方，ある種の動物の中で，別の種に由来する細胞からなる臓器を生じさせることが，ある種の疾患の治療戦略になる可能性が出てきた．中内啓光のグループが，マウスの ES 細胞あるいは iPS 細胞由来の膵臓をラットの体内で育て（膵臓の形成に必須の遺伝子 *Pdx1* を欠失させたラットの胚に移植するため，膵島細胞はマウス由来になる），このラットよりマウスの β 細胞を取り出して，糖尿病モデルのマウスに移植することで，血糖値を正常に戻す治療に成功した（図 15.4）．逆の組合せだとマウスの中でできるラット幹細胞由来の膵島細胞が少なすぎて成功しなかった．原理的には他の臓器でも，その臓器を分化させるマスター遺伝子を欠失させれば，同様の異種間キメラ動物の作製によって実現可能である．すなわち，欲しい臓器の分化に必要な遺伝子をホスト側の細胞であらかじめ欠損させておくことで，その臓器が移植に用いたい側の種の細胞からほとんど構成されるようになる．例えば，ヒトの iPS 細胞をヒトより大きな動物（*Pdx1* 遺伝子をあらかじめ欠失させる）に移植し，生じたヒト iPS 細胞由来のヒト化（humanized）膵島から β 細胞を抽出して移植することで糖尿病を治療するという戦略である．

　再生医療という観点からは，幹細胞の移植によって期待される効果は，損傷または消失した細胞，組織自体を代替するだけにとどまらない．移植した細胞が分泌する物質が，内在性の幹細胞，前駆細胞，または分化した細胞に働きかけてそれらの増殖・分化を促したり，機能回復を助けたりする場合も考えられる．例えば，パーキンソン病では，脳内のドーパミンを産生する神経細胞が脱落あるいは機能不全に陥り，運動を司るのに必要なドーパミンが産生されなくなるが，この場合は，とにかくドーパミンを産生する神経細胞を作製し，移植すればよいことになる．また，筋萎縮性側索硬化症（ALS）という病

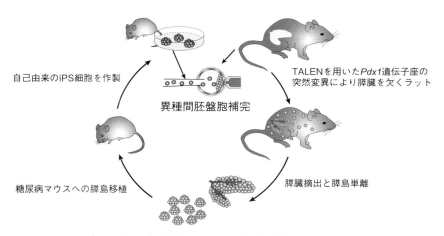

図 15.4* 異種間胚盤胞補完による糖尿病治療法（Yamaguchi et al., 2017）

気の場合は，運動神経細胞が変性または死滅するために筋肉が動かせなくなるが，グリア系神経前駆細胞の移植をすると，マウスの体内でアストロサイトに分化し，VEGF, NT3, GDNF などの神経栄養因子を産生することで寿命の延長がみられた．その他には，脊椎損傷，アルツハイマー，心臓病，筋ジストロフィー，軟骨無形成症，進行性骨化性線維異形成症（FOP），腎不全，肝臓の病気などについても再生医療の研究が進んでいる（文部科学省 HP,「今後の幹細胞・再生医学研究の在り方について 改訂版 報告書」）．

最後に，移植源となる細胞を多能性幹細胞から分化させる研究が進んでも，それを用いた細胞治療を実現させるためにもう 1 つ乗り越えなければならないこととして，有効性と安全性の確立という問題があることを付け加えなければならない．

15.3 お わ り に

本章では，幹細胞の由来，増殖性，分化能，再生医療への応用についてみてきたが，再生過程が発生過程の遺伝子プログラムを再び利用することを踏まえると，再生医療は発生過程における緻密なプロセスとそのメカニズムについての知見なしには実現し得ない．つまり，再生医療で細胞移植による疾患治療に用いる細胞を作製するために，発生過程で生じる分子間相互作用を，in vitro で多能性幹細胞に対して再現することで目的の細胞集合体を産生する必要があるからである．

ただし，ヒトの多能性幹細胞の性質が必ずしもマウスのそれと同じとは限らない点を忘れてはならない（15.1.1 参照）．したがって，ヒトの多能性幹細胞を用いる再生医療の実現のためにはヒトの発生過程のさらに詳細な解析こそが待たれることになる．しかし，ヒト組織は材料としては入手困難であるため，オルガノイドや培養に使う成長因子や栄養分を工夫することでペトリ皿の中をヒト発生過程を解析する系として用いることも重要である．

ヒト iPS 細胞が樹立されるまでは，再生医療に用いる幹細胞ソースといえば，ES 細胞か，それぞれの組織から表面抗原の組合せを指標にセルソーターで選り分けて取得するしかなかった（表 15.1）．しかし，今現在，再生医療に用いる細胞として広く期待されているのは免疫拒絶反応と倫理問題を両方クリアすることのできる iPS 細胞である．iPS 細胞は疾患モデルという意味でも移植のソースとしても今後ますます利用されることになるであろう．

■ 注釈

1）オルガノイド：器官類似体．幹細胞から自己組織化により産生された様々な細胞からなる三次元構造体．もともと，ES 細胞から，発生過程で起こる分子間相互作用を試験管内で再現することで，効率的に網膜の神経組織を分化させる試みが最初に笹井芳樹らによって行われ（無血清凝集浮遊培養法（SFEBq 法）），その後，他の神経組織や臓器についても適用されるようになった．

参考・引用文献

■ 発生生物学全般

Gilbert, S.F. 著，阿形清和・高橋淑子監訳（2015）ギルバート発生生物学（第10版），メデイカル・サイエンス・インターナショナル．

Wolpert, L. 他著，武田洋幸・田村宏治監訳（2012）ウォルパート発生生物学（第4版），メデイカル・サイエンス・インターナショナル．

■ 1章

溝口元・松永俊男著（2005）生物学の歴史，放送大学教育振興会．

■ 2章

Rebbert, M.L., Dawid, I.B. (1997) "Transcriptional regulation of the *Xlim-1* gene by activin is mediated by an element in intron I", Proc. Natl. Acad. Sci. U.S.A., 94 (18): 9717-9722.

Yanez-Cuna, J.O. *et al.* (2013) "Deciphering the transcriptional *cis*-regulatory code", Trends Genet., 29: 11-22.

Yasuoka, Y. *et al.* (2014) "Occupancy of tissue-specific *cis*-regulatory modules by Otx2 and TLE/Groucho for embryonic head specification", Nat. Commun., 5: 4322.

■ 3章

Hörstadius, S. (1939) "The mechanism of sea urchin development, studied by operative methods", Biol. Rev., 14: 132-179.

Townes, P.L., Holtfreter, J. (1955) "Directed movements and selective adhesion of embryonic amphibian cells", J. Exp. Zool., 128: 53-120.

■ 5章

Bianchi, E. *et al.* (2014) "Juno is the egg Izumo receptor and is essential for mammalian fertilization", Nature, 508 (7497): 483-487.

Gurdon, J.B. *et al.* (1958) "Sexually mature individuals of *Xenopus laevis* from the transplantation of single somatic nuclei", Nature, 182 (4627): 64-65.

Harada, Y. *et al.* (2007) "Characterization of a sperm factor for egg activation at fertilization of the newt *Cynops pyrrhogaster*", Dev. Biol., 306 (2): 797-808.

Heasman, J. *et al.* (1991) "Fertilization of cultured *Xenopus* oocytes and use in studies of maternally inherited molecules", Methods Cell Biol., 36: 213-230.

Inoue, N. *et al.* (2005) "The immunoglobulin superfamily protein Izumo is required for sperm to fuse with eggs", Nature, 434 (7030): 234-238.

Iwao, Y. *et al.* (2011) "Egg activation in physiological polyspermy", Reproduction, 144 (1): 11-22.

Iwao, Y. *et al.* (2014) "The need of MMP-2 on the sperm surface for *Xenopus* fertilization: its role in a fast electrical block to polyspermy", Mech. Dev., 134: 80-95.

Mahbub Hasan, A.K. *et al.* (2014) "The egg membrane microdomain-associated uroplakin III-Src system becomes functional during oocyte maturation and is required for bidirectional gamete signaling at fertilization in *Xenopus laevis*", Development, 141 (8): 1705-1714.

Miyado, K. *et al.* (2008) "The fusing ability of sperm is bestowed by CD9-containing vesicles released from eggs in mice", Proc. Natl. Acad. Sci. U.S.A., 105 (35): 12921-6.

Miyamoto, K. *et al.* (2015) "Manipulation and in vitro maturation of *Xenopus laevis* oocytes, followed by intracytoplasmic sperm injection, to study embryonic development", J. Vis. Exp., 9 (96): e52496.

Miwa, N. *et al.* (2010) "Dicalcin inhibits fertilization through its binding to a glycoprotein in the egg envelope in *Xenopus laevis*", J. Biol. Chem., 285 (20): 15627-15636.

Nishiyama, T. *et al.* (2007) "Phosphorylation of Erp1 by p90^{rsk} is required for cytostatic factor arrest in *Xenopus laevis* eggs", Nature, 446 (7139): 1096-1099.

Olson, J.H. *et al.* (2001) "Allurin, a 21-kDa sperm chemoattractant from *Xenopus* egg jelly, is related to mammalian sperm-binding proteins", Proc. Natl. Acad. Sci. U.S.A., 98 (20): 11205-11210.

Runft, L.L. *et al.* (2002) "Egg activation at fertilization: where it all begins", Dev. Biol., 245 (2): 237-254.

Saunders, C.M. *et al.* (2002) "PLCζ: a sperm-specific trigger of Ca^{2+} oscillations in eggs and embryo development", Development, 129 (15): 3533-3544.

澤田均編，岩尾康宏・佐藤賢一著（2014）動植物の受精学：共通機構と多様性，"13章：両生類の受精"，化学同人．

Stricker, S.A. (1999) "Comparative biology of calcium signaling during fertilization and egg activation in animals", Dev. Biol., 211 (2): 157-176.

Tian, J. *et al.* (1997) "*Xenopus laevis* sperm-egg adhesion is regulated by modifications in the sperm receptor and the egg vitelline envelope", Dev. Biol., 187 (2): 143-153.

Ueda, Y. *et al.* (2002) "Acrosome reaction in sperm of the frog, *Xenopus laevis*: its detection and induction by oviductal pars recta secretion", Dev. Biol., 243 (1): 55-64.

■ 8章

浅島誠著（1998）発生のしくみが見えてきた（高校生に贈る生物学4），岩波書店．

Fukumoto, T., *et al.* (2005) "Serotonin signaling is a very early step in patterning of the left-right axis in chick and frog embryos", Current Biology, 15: 794-803.

Gehring, W.J. 著，浅島誠監訳（2002）ホメオボックス・ストーリー：形づくりの遺伝子と発生・進化，東京大学出版会．

Kugler, J.-M., Lasko, P. (2009) "Localization, anchoring and translational control of oskar, gurken, bicoid and nanos mRNA during Drosophila oogenesis", Landes Bioscience Fly, 3 (1): 15-28.

Lawrence, P. A. (1992) The Making of a Fly: The genetics of animal design, Blackwell Science Publications.

Levin, M., *et al.* (2002) "Asymmetries in H+/K+-ATP ase and cell membrane potentials comprise a very early step in left-right patterning", Cell, 111 (1): 77-89.

Wilt, F.H., Hake, S.C. 著，赤坂甲治他監訳（2006）ウィルト発生生物学，東京化学同人．

〈ウェブサイト紹介〉

・生命科学の知識について
　　Life Science Project,「ニワトリ胚の培養から生命を知る『生命誕生』」（2012年12月27日），
　　http://life-science-project.com/1069/
・哺乳類の発生について
　　UNSW Embryology,　　https://embryology.med.unsw.edu.au/embryology/index
・カエルの発生や遺伝子の総合サイト
　　Xenbase,　　http://www.xenbase.org/entry/
・ショウジョウバエの発生講義について
　　Online Developmental Biology: Introduction to Drosophila（2013年12月20日），
　　https://www.youtube.com/watch?v=ePBghFrPb7Y

■ 9章

Alberts, B. *et al.* (2008) Molecular Biology of the Cell (5th ed), Garland Science.

Price, D.J. *et al.* (2011) Building Brains: An Introduction to Neural Development, Wiley-Blackwell.

寺島俊雄（2011）カラー図解 神経解剖学講義ノート，金芳堂．

■ 10章

Chen, H. *et al.* (1998) "Limb and kidney defects in Lmx1b mutant mice suggest an involvement of LMX1B in human nail patella syndrome", Nat. Genet., 19: 51-55.

Palmeirim, I. *et al.* (1997) "Avian hairy gene expression identifies a molecular clock linked to vertebrate segmentation and somitogenesis", Cell, 91 (5): 639-648.

■ 11 章

Cano, D.A. *et al.* (2014) "Transcriptional control of mammalian pancreas organogenesis", Cell. Mol. Life Sci., 71 (13): 2383-2402.

Gordillo, M. *et al.* (2015) "Orchestrating liver development", Development, 142 (12): 2094-2108.

Herriges, M., Morrisey, E.E. (2014) "Lung development: orchestrating the generation and regeneration of a complex organ", Development, 141 (3): 502-513.

Jacobs, I.J. *et al.* (2012) "Genetic and cellular mechanisms regulating anterior foregut and esophageal development", Dev. Biol., 369 (1): 54-64.

Jennings, R.E. *et al.* (2015) "Human pancreas development", Development, 142 (18): 3126-3137.

Kim, T.H., Shivdasani, R.A. (2016) "Stomach development, stem cells and disease", Development, 143 (4): 554-565.

McCulley, D. *et al.* (2015) "The pulmonary mesenchyme directs lung development", Curr. Opin. Genet. Dev., 32: 98-105.

Noah, T.K. *et al.* (2011) "Intestinal development and differentiation", Exp. Cell. Res., 317 (19): 2702-2710.

Wells, J.M., Spence, J.R. (2014) "How to make an intestine", Development, 141 (4): 752-760.

Zong, Y., Stanger, B.Z. (2012) "Molecular mechanisms of liver and bile duct development", Wiley Interdiscip. Rev. Dev. Biol., 1 (5): 643-655.

■ 12 章

Bryant, S.V. *et al.* (1981) "Distal regeneration and symmetry", Science, 212 (4498): 993-1002.

French, V. *et al.* (1976) "Pattern regulation in epimorphic fields", Science, 193 (4257): 969-981.

Li, Q. *et al.* (2015) "Regeneration across metazoan phylogeny: lessons from model organisms", J. Genet. Genomics, 42 (2): 57-70.

Nakamura, T. *et al.* (2008) "EGFR signaling is required for re-establishing the proximodistal axis during distal leg regeneration in the cricket Gryllus bimaculatus nymph", Dev. Biol., 319 (1): 46-55.

尾崎倫孝（2012）「肝傷害・再生の分子メカニズムとイメージング解析」，生化学，84: 685-692.

Tornini, V.A., Poss, K.D. (2014) "Keeping at arm's length during regeneration", Dev. Cell, 29 (2): 139-145.

Wolpert, L. *et al.* (1971) "Positional information and pattern regulation in regeneration of hydra", Symp. Soc. Exp. Biol., 25: 391-415.

■ 13 章

Arendt, D. *et al.* (2001) "Evolution of the bilaterian larval foregut", Nature, 409: 81-85.

Brusca, R.C., Brusca, G.J. (2003) Invertebrates (2nd ed.), Sinauer Associates, Sunderland.

Carroll, S.B. 他著，上野直人・野地澄晴監訳（2003）DNAから解き明かされる形づくりと進化の不思議，羊土社．

Campbell, N.A., Reece, J.B. 他著，池内昌彦他監訳（2012）キャンベル生物学（第9版），丸善出版．

Duboule, D. (1994) "Temporal colinearity and the phylotypic progression: a basis for the stability of a vertebrate Bauplan and the evolution of morphologies through heterochrony", Dev. Suppl., 135-142.

Lambert, J.D. (2008) "Mesoderm in spiralians: the organizer and the 4d cell", J. Exp. Zool. B. Mol. Dev. Evol., 310 (1): 15-23.

Mansfield, J.H. *et al.* (2015) "Development of somites and their derivatives in amphioxus, and implications for the evolution of vertebrate somites", Evo. Devo., 6: 21.

宮本教生・和田洋（2013）「脊索動物の体制の起源」，遺伝，67: 152-157.

Raff, R.A., Kaufman, T.C. (1983) Embryos, Genes, and Evolution: Developmental-Genetic Basis of Evolutionary Change, Macmillan, New York.

Röttinger, E., Martindale, M.Q. (2011) "Ventralizationa of an indirect developing hemichordate by $NiCl_2$ suggests a conserved mechanism of dorso-ventral (D/V) patterning in Ambulacrari (hemichordates and echinoderms)", Dev. Biol., 354: 173-190.

■ 14 章

Schillo, K.K. 著，佐々田比呂志，高坂哲也，橋爪一喜他訳 (2011) スキッロ動物生殖生理学，講談社．

■ 15 章

浅島誠 (2006) 再生医療のための発生生物学，コロナ社．
Lanza, R., Atala, A. (2013) Essentials of Stem Cell Biology (3rd ed.), Academic Press.
中辻憲夫 (2015) サイエンス・パレット 026. 幹細胞と再生医療，丸善出版．
Nichols, J., Smith, A. (2009) "Naive and primed pluripotent states", Cell Stem Cell, 4: 487-492.
日本再生医療学会監修，山中伸弥・中内啓光編集 (2015) 再生医療叢書 1. 幹細胞，朝倉書店．
Rendl, M. (2014) Stem Cells in Development and Disease. Current Topics in Developmental Biology, Cell and Molecular Biology, Academic Press.
Rossant, J., Tam, P.P.L. (2017) "New insights into early human development: Lessons for stem cell derivation and differentiation", Cell Stem Cell, 20 (1): 18-28.
Schoenwolf, G.C. et al. (2015) Larsen's Human Embryology (5th ed.), Churchill Livingstone.
Shen, H., (2018) 「『ヒト胚の育成』入門編」，Nature ダイジェスト，15 (10): 20-26.（nature.com/naturedigest）
Sidhu, K.S. ed. (2012) Frontiers in Pluripotent Stem Cells Research and Therapeutic Potentials: Bench-to-Bedside, Bentham Books.
Watanabe, M. et al. (2017) "Self-organized cerebral organoids with human-specific features predict effective drugs to combat zika virus infection", Cell Reports, 10: 517-532.
Wu, J. et al. (2017) "Interspecies chimerism with mammalian pluripotent stem cells", Cell, 168: 473-486.
Yamaguchi, T. et al. (2017) "Interspecies organogenesis generates autologous functional islets", Nature, 542 (7640): 191-196.
文部科学省，「動物性集合胚の取扱いに係る関係指針等の改定について」，第 113 回生命倫理専門調査会，資料 2 (2018 年 10 月 26 日)．
文部科学省 HP，「今後の幹細胞・再生医学研究の在り方について 改訂版 報告書」(2015 年 8 月 7 日 2015 年 11 月 11 日一部改正), http://www.mext.go.jp/b_menu/shingi/gijyutu/gijyutu2/046/houkoku/__icsFiles/afieldfile/2015/12/04/1364984_1_1.pdf

演習問題解答

■1章

1.1 遺伝学分野で扱われる変異体の発生学における活用は，発生現象と遺伝子を直接関係づける発生遺伝学の創出に繋がった。発生過程におけるいろいろな形態形成，細胞分化などの現象は遺伝子の制御のもとに起こるため，発生遺伝学は発生の分子メカニズム解明の足がかりとなった。分子生物学による遺伝子クローニング技術，クローニング遺伝子のノックアウトや過剰発現の誘導実験などにより発生現象の分子メカニズムが明らかになった。

1.2 ES細胞やiPS細胞などの開発が行われるとともに，発生生物学の知識・技術などに基づいてこれらの幹細胞から臓器を構築したり，さらに移植治療に結びつける"再生医療"研究が進展している。また，ゲノム編集技術の開発と結びつくことで，育種の分野や種々の疾患の病因の解明と治療などの応用展開にも貢献が著しい。

1.3 発生生物学は，その成果がヒトを対象とする生殖医療，再生医療，そして畜産学分野などの基礎になっているという点で社会と密接な関係がある。これらの応用展開は社会で十分議論される必要がある。遺伝情報の改変による動物実験などは種々の疾患の原因解明にも必要不可欠である。

■2章

2.1 ある分化した細胞の核に，すべての分化した細胞をつくる能力，すなわち全能性があることを示せばよい。そのためには分化した1個の細胞を使って，すべての細胞種をもつ1個体をつくる実験を行えばよい。例えば，(1) 核を不活化した受精卵に，オタマジャクシの腸の細胞の核を移植して発生させ，オタマジャクシからさらに成体までつくる，(2) ニンジンの根の細胞をばらばらにして，1つの細胞から細胞の固まり（カルス）をつくらせ，それに植物ホルモンを作用させることで再び葉と根をもつニンジンをつくる，という実験がある。

2.2 真核細胞において，転写制御領域に転写活性化因子が結合するとメディエーターを介して，基本転写因子とRNAポリメラーゼの転写開始複合体をプロモーターに結合させることができるようになり，その結果として転写が開始する。すなわち，転写活性化因子とRNAポリメラーゼとを繋いで転写を開始させるのが，メディエーターと基本転写因子の役割である。

2.3 RNAポリメラーゼにより転写が開始すると，まずRNAの5′末端にキャップ構造が形成される。転写がイントロン領域を通過すると，イントロンの5′側と3′側を結合させてイントロンを切り出すスプライシング複合体が働きエキソンを連結する。転写がポリA付加シグナルの領域を通過すると，そのシグナルを目印にして30塩基ほど下流を切断してその3′末端にポリAを付加させ，mRNAが完成する。

2.4 mRNAにリボソームが結合して翻訳を開始するにはmRNAの5′キャップ構造とポリAが必要である。まず，5′キャップ構造とポリAとがキャップ結合タンパク質などを介して環状になると，mRNAの5′側にリボソームの小サブユニットと転写開始のメチオニンtRNAの複合体が結合する。次いで，そのリボソーム小サブユニット複合体がmRNA上を滑って移動し，開始コドンであるAUGに到達すると，リボソーム大サブユニットが結合してリボソームが形成され，翻訳を開始する。

2.5 細胞は必要な遺伝子を発現させ，不要な遺伝子の発現を抑制する。逆に，ある遺伝子はある種の細胞にのみ発現し，別の種の細胞には発現しない。このように遺伝子が特定の細胞種のみに発現することを差次的発現という。その機構としては2つある。1つは，その細胞に発現している転写因子の組合せが，その遺伝子がもつ発現制御領域（シス制御モジュール：CRM）に結合して発現をオンにさせるのに十分であることであり，逆に他の細胞で発現しないということは，その細胞での転写因子の組合せが十分ではないか，あるいは発現を阻害する転写抑

制因子が発現制御領域に結合することによる。もう1つの機構は，分化した細胞で永続的に発現をオンあるいはオフにするエピジェネティック遺伝による転写制御機構である。これは遺伝子本体あるいはその制御領域のクロマチンのヒストン修飾状態により発現のオンとオフが決まるというものである。

2.6 CRMとは，遺伝子発現制御領域の機能単位のことで，通常は数百塩基対の長さをもち，その中には多数の転写因子結合部位をもつ。同定するには，まず遺伝子周辺の任意のDNA断片を最小プロモーターとレポーター遺伝子（βガラクトシダーゼやルシフェラーゼ）に繋いだレポーターコンストラクトを細胞や個体に導入して，もとの遺伝子の発現を再現するかを調べる。発現が再現されたならば，そのDNA断片を両側から少しずつ欠失させていき，発現を再現する最小のDNA断片を求める。そのDNA断片の塩基配列を決定することでCRMの構造を明らかにできる。

2.7 DNAの塩基配列を変化させない遺伝様式をエピジェネティック遺伝という。例としては，DNAのメチル化，クロマチンのヒストン修飾がある。

DNAのメチル化の例としては，脊椎動物におけるCpG配列のCのメチル化がある。通常，一方がメチル化されると^{m}CpGを認識して，その相補鎖のCをメチル化する維持型メチル化酵素（維持メチラーゼと同じ）の働きにより，両鎖がメチル化される。細胞分裂により^{m}CpGの相補鎖はCpGとなるが，維持型メチル化酵素の働きにより再び両鎖がメチル化される。このように，いったんCpGがメチル化されると分裂後も維持される。^{m}CpGの役割として，メチル化によりある種の転写因子の結合阻害あるいは促進をもたらしたり，あるいは^{m}CpGをもとにクロマチンの修飾状態を変化させたりすることで遺伝子発現を制御する機構がある。

クロマチンのヒストン修飾は，DNA複製の際，親鎖のヌクレオソームは娘鎖に均等に分配され不足分は修飾をもたない新生ヌクレオソームで補充される。次いで，特定のヒストン修飾に結合してそれと同じヒストン修飾を近隣のヌクレオソームにも行うリーダー・ライター複合体が働き，新生ヌクレオソームも同じヒストン修飾をもつことになり，クロマチンの修飾状態が復元される。これにより転写活性化状態あるいは転写抑制状態のクロマチン状態が娘細胞にも遺伝することになる。

以上は，細胞遺伝におけるエピジェネティック遺伝であるが，同様なことが生殖細胞でも起こり，生殖細胞のDNAのメチル化状態の変化あるいはクロマチン状態の変化が子に伝わる例が知られており，これもエピジェネティック遺伝という。精子と卵でDNAのメチル化状態が異なることで，オスからの遺伝とメスからの遺伝が異なることがあり，これをインプリンティングという。

■3章

3.1 外胚葉直下に原腸陥入で移入してきた中軸中胚葉から分泌される分子によって同じく分泌因子であるBMPが捕捉され，BMPシグナル伝達が起こらない領域が神経組織に，BMPの捕捉が不十分でBMPシグナルが入った領域が表皮となる（図3.2参照）。

3.2 色素をもつ野生型由来のカエル受精卵から核を取り除き，そのままではまったく発生が進行しない状況を作り出したところへ，色素をもたないオタマジャクシの小腸上皮から取り出した核を移植すると，色素をもたないカエル（クローンカエル）が多数発生することを示した。

3.3 図3.4および本文を参照。

3.4 図3.5（a）および本文を参照。

3.5 図3.6および本文を参照。脊椎動物神経管内の背腹軸に沿ったShhの濃度勾配に応じて底板細胞や様々な運動神経細胞種が産生される局面，脊椎動物胚肢芽の前後軸に沿ったShhの濃度勾配に応じてそれぞれの指の骨に特徴的な形態形成が起こる局面，などがよい例。

■4章

4.1 テロメラーゼの発現によって細胞の寿命（分裂回数の限界）がリセットされる。また，出現時の始原生殖細胞がもつそれまでの古いエピジェネティック修飾は大規模なDNAの脱メチル化によって消去される。

4.2 哺乳類では雌雄ともに生殖細胞形成は胎児期にいったん休止され，性成熟とともに活発になるが，雄ではその後も精子幹細胞によって精原細胞が絶えず補充されるのに対し，雌では休止前にすべてが卵母細胞となって増殖できない。そのことから最終的な配偶子の数に大きな違いが生じる。その他，

成熟卵になるまで厳しい選抜があることや，1個の始原生殖細胞から4個の精子がつくられるのに対し，卵は1個にすぎないことなども理由となる。

4.3 減数分裂の第一分裂前期において父方と母方の相同染色体が対合し，互いの一部を入れ換える乗換えが起こる。その結果，分裂後の細胞では双方のDNAがミックスされたものとなる。また，減数分裂を終えた細胞は相同染色体のうち父方か母方のいずれか1つをもつことになるが，その分配はランダムに起こる。さらに，有性生殖により，別々の個体に由来する精子と卵が融合することで新たな父方と母方のペアがつくられる。

4.4 ①：精子幹細胞の存在により，精子へと分化する細胞が生産され続けることで雄はほぼ生涯にわたって膨大な数の精子をつくることができる。②：父方ゲノムは精子発生の段階で準備される。減数分裂およびゲノムインプリンティングの確立は必須である。③：精子完成の過程において精子細胞は最終的に頭部・頸部・尾部からなる精子へと変態するとともに，先体・運動に必要な尾部・ミトコンドリア鞘などを形成する。

4.5 発育途上の卵母細胞では，減数分裂を完了する能力の獲得，母方のゲノムインプリンティングの確立，受精後にゲノムが活性化するまでの間で胚の活動を支えるmRNAやタンパク質の蓄積などが進む。また，哺乳類では受胎（可能）数に応じた卵数に達するまで，発育期の卵母細胞数は減少する。その調整は視床下部—下垂体—卵巣系の制御のもとに行われる。

■ 5章

5.1 (1) **5.2** (3) **5.3** (2)
5.4 (2) **5.5** (4) **5.6** (3), (4)
5.7 (3), (4) **5.8** (1), (2), (3), (4)

■ 6章

6.1 (1) (a) 哺乳類，ウニ類 (b) 両生類 (c) 魚類，爬虫類，鳥類 (d) 昆虫類（以上のうちそれぞれ1種）

(2) (a) 等割（全割） (b) 不等割（全割） (c) 盤割（不等割） (d) 表割（不等割）

(3) 卵黄の存在は分裂の弊害となり，卵黄の量が少ない部位で分裂が進行しやすくなるため。

6.2 (1) 細胞周期のチェックポイント，アポトーシス

(2) 胞胚期，胞胚期に起こるMBT後に細胞周期のチェックポイントが機能しはじめるため，それ以前ではDNA損傷があっても発生を停止しない。

6.3 母性mRNA

6.4 minor zygotic gene activationとmajor zygotic gene activation，2細胞期

6.5 (1) 栄養膜：胎盤や羊膜などの胚外組織に分化する。

内部細胞塊：胚盤葉上層（epiblast）と原始内胚葉（primitive endoderm）で構成されていて，胚盤葉上層は胚体を形成する組織に分化し，原始内胚葉は胎盤や卵黄嚢に分化する。

(2) 内部細胞塊（胚盤葉上層）

(3) 多能性

■ 7章

7.1 外胚葉→表皮，神経，中胚葉→脊索，筋肉，骨格など，内胚葉→消化管，肝臓，肺など

7.2 移入，陥入，覆被せ，巻込み

7.3 上皮として隣り合う細胞と強固に接着していた細胞が，接着を弱め，細胞突起などを出す運動能の高い間葉系細胞に変化すること。

7.4 ウニの間充織細胞の移入，ニワトリ胚や哺乳類胚の原条での中・内胚葉細胞の移入

7.5 細胞接着の低下，基底膜の分解

7.6 原腸形成において，原口が肛門となり，口が別に形成される動物のこと。

7.7 収斂伸長

7.8 原口背唇部，ヘンゼン結節，結節

■ 8章

8.1 ビコイドmRNAは母の卵巣において哺育細胞で合成され，リングキャナルを通して卵母細胞内へと運ばれた後，Exuperantia (Exu)，Swallow (Swa)，Modulo (Mod) などのタンパク質がその3′ UTRに結合することで，リボ核タンパク質（Ribonucleoproteins: RNPs）を形成する。その後Swaが直接ダイニンの軽鎖に結合し，このダイニンが微小管上を運動することでbicoid mRNAを含むRNPsが微小管の−端，すなわち卵母細胞の前方側へと運ばれる。

卵母細胞の前端部では細胞質表層にあるESCRT-IIタンパク質複合体がビコイドmRNAの3′ UTR

に結合し，これとは独立して，Staufen（Stau）タンパク質もその RNA 認識モチーフがビコイド mRNA の 3′ UTR に結合することで，ビコイド mRNA を前端部に固定化することに寄与している。

8.2 8.1 とも関連するが，卵（および卵母細胞）が極性のない球体ではなく，大概は前後軸や背腹軸や，動物極－植物極などいずれかの軸を有しており，細胞膜や細胞質が均一ではないことが重要と考えられる。ショウジョウバエでは卵母細胞の成長過程で卵室にはっきりと前後軸と背腹軸があり，様々な母性 mRNA やそこから翻訳されたタンパク質が不均一に分布している。極顆粒のような顕微鏡で観察することが可能な構造物も後極につくられており，似たような構造である生殖細胞質はカエルの植物極側にみられる。

このような mRNA やタンパク質の軸に対して不均一な分布がいかにして形成されるかというと，微小管による運動が重要である。ショウジョウバエの卵母細胞の核の前方背側への移動や母性 mRNA の局在化は，微小管の配向性がもとになって形成される。カエルにおいても受精後に精子進入点からはじまる一連の卵活性化の結果として起こる表層回転は微小管による運動であり，これにより背腹軸が形成される（この微小管の運動のさらなる基礎として，非対称分裂の分子機構がある）。こうして生み出された部域的な細胞質の差が細胞膜によって仕切られて異なる細胞が生じ，異なる細胞間の相互作用がさらなる細かい領域の差を生じさせる。

哺乳類の卵は卵黄が消失しているため極性を見いだしづらい。受精した場所や極体を放出した場所が差異が生じる起点となっている可能性があるが，まだ明確には見いだされていない。

8.3 初期のシュペーマンの形成体は，その後，陥入して前方へと移動して咽頭内胚葉および脊索前プレート（prechordal plate）になる細胞群であり，脳を含めた前方神経を誘導する活性がある。ここには，抗 Wnt 活性をもつ cerberus，dkk-1 や frzb-1 が含まれている。さらに，Shisa や Bighead，インスリン様成長因子 1 も含まれる。cerberus にはノーダルと BMP4 に結合する各部位があり，抗 BMP4 と抗ノーダル活性を示す。抗 Wnt 作用をもつタンパク質には，直接 Wnt と結合することにより Wnt が Wnt 受容体（Frizzled）へと結合するのを妨げる cerberus や sFRP もあれば，Wnt のコリセプターである LRP6 が細胞膜から細胞内部へと取り込まれることを促進する Dkk-1，また Frizzled 受容体を小胞体膜上にトラップしてゴルジ体へと移動できなくする Shisa などがあり，抗 Wnt 活性の分子機構には多様性がある。

中期および後期のシュペーマンの形成体は，その後おもに脊索へと分化する細胞集団であり，胴部および後方の神経を誘導する活性をもつ。その中には BMP4 に直接結合して抗 BMP4 活性を示すノギンやコーディンが含まれている。

■ 9 章

9.1 前方では，神経板の両側境界部が上皮構造のままで持ち上がって神経褶となり，これらが融合して神経管となる（一次神経管形成）。後方では，間充織が棒状組織をつくり，さらに上皮化して神経管となる（二次神経管形成）。

9.2 ノギンやコーディンなどによる神経誘導では，神経板全体が前方脳領域の性質をもつが，その後，胚後方からの後方化シグナル，特にレチノイン酸，FGF，Wnt が働く結果，神経板，神経管に前後極性が生じる。この際，後方化シグナルを阻害するサーベラスなどが前方で作用するため，前方のみで頭部が形成される。

9.3 プロニューラル遺伝子の働きで生じるプロニューラルクラスターの内部において，神経前駆細胞はデルタ－ノッチの相互作用を介して隣接細胞の神経分化を抑制する。この状況を側方抑制とよぶ。このバランスが崩れてノッチシグナルの影響を強く受けるようになった細胞は神経分化できず，デルタの発現が高まった隣接細胞のみが神経に分化することになる。

9.4 誘因因子：ネトリン
反発因子：エフリン，セマフォリン，Slit など

9.5 いずれもニューロン，グリア細胞，メラノサイトなどに分化するが，頭部神経堤細胞のみは軟骨，骨などへの分化能をもち，頭蓋骨形成を行うことになる。

■ 10 章

10.1 例えば，血管内皮があげられる。背側大動脈背側，節間動脈，四肢，体壁などの血管内皮細胞は体節由来とされている。

10.2 未分節中胚葉において，転写因子のネガテ

ィブフィードバックを介して振動しながら，隣接する細胞間で振動の位相を同調させることで，シャープな発現境界を形成する．また，Mespなどを誘導し，発現領域を正しく局在させることによって前後極性と境界形成に重要な役割を果たす．

10.3 Handなどを含む転写因子ネットワークの重複とその制御の分離により，心室などの重複と機能分化が可能になった．また，大動脈，肺動脈などの血管起始部の移動や中隔の発達も必要だった．

10.4 VEGF/Flk1シグナルは，脈管形成ではヘマンジオブラストから血球細胞と血管内皮細胞への分化に必要である．血管新生ではVEGF濃度の勾配が，Flk1を発現する血管内皮細胞の活性化と先端細胞の誘導，移動方向の決定に重要な役割を果たしている．

10.5 Y染色体上のSryにより卵巣ではなく精巣が分化し，アンドロゲンを分泌するが受容体が欠損しているため，輸精管や外性器などは男性化せず女性型となる．セルトリ細胞からはMISが分泌されるため，ミュラー管は退化し子宮は形成されない．

10.6 近位遠位軸については，AERから分泌されるFGFによって肢芽が伸長するとともに，直下の間充織でパターンが順次形成される．前後軸については，ZPAからのShhがモルフォゲンとしてGli3活性やBMP活性などを介して指のパターンを形成する．背腹軸については，背側外胚葉の分泌するWnt7aが間充織にLmx1を誘導し，背側特異的な形態を形成する．

■ 11章

11.1 例えば，小腸の場合，吸収上皮細胞，杯細胞，内分泌細胞，パネート細胞が粘膜上皮細胞を構成するが，これらは内胚葉由来である．粘膜上皮を裏打ちする粘膜固有層などの結合組織細胞，平滑筋細胞は中胚葉由来である．また，平滑筋層内あるいは粘膜下層内に分布する神経叢の細胞は神経堤細胞に由来する（外胚葉）．

11.2 消化管上皮として，前腸より食道と胃，中腸より小腸，後腸より大腸が発生する．その部域性について，転写調節因子であるSox2とHhexの発現が前腸発生に，中腸と後腸の発生にはCdx1とCdx2が必要である．またレチノイン酸シグナルは前腸の器官形成，特に前腸と中腸の境界の維持に必要とされる．FGFおよびWntシグナルは後腸の内胚葉を特異化し，前腸内胚葉への発生を抑制する．

11.3 例えば，マウスの場合，各構成細胞で特異的に働くプロモーターの下流にCre-ERT2（変異エストロゲン受容体）遺伝子を繋げたコンストラクトと，ユビキタスに働くプロモーターの次にloxP配列ではさまれた停止配列，続いてlacZあるいはGFP遺伝子を繋げたコンストラクトを導入した遺伝子改変マウス胚を交配により作出し，エストロゲンアナログ・タモキシフェンを投与することで，目的の細胞をlacZあるいはGFPにより標識できる．

11.4 上皮からのヘッジホッグ（Hh）およびPDGFαシグナルにより間充織細胞が上皮下に集まり，絨毛の形成が開始される．円柱上皮からなる絨毛が形成されると，その先端にある間充織の集塊がBMPなどの成長因子を分泌し，上皮の増殖を停止する．

11.5 肺とは異なる分枝パターンを示す唾液腺や乳腺原基などとの間で上皮-間充織組換え実験を行う．肺上皮が鍵を握るなら間充織はどの器官原基由来でも肺特有の分枝パターンをとるし，間充織が重要なら上皮は間充織に依存した分枝パターンを示す．

11.6 膵臓の遠位に位置する先端部の多能性膵前駆細胞はPdx1，Ptf1aなどを発現し，徐々に腺房細胞へと分化が進む．膵臓の近位にあたる幹部に位置する前駆細胞はPdx1，Nkx6.1，HNF1βを発現し，導管細胞と内分泌細胞の両方を生み出す．この膵臓先端部と幹部の区画化は，発生初期に共発現するPtf1aとNkx6.1/Nkx6.2の相互排除的な作用による．ノッチシグナルも近位領域の区画化に働く．

11.7 肝臓原基が発生する前の前腸内胚葉をインビトロで単独培養し，FGF1やFGF2を培地に添加したり，あるいは前腸内胚葉と心臓中胚葉の共培養系でドミナントネガティブ型のFGF受容体を培地に添加し，肝マーカー遺伝子であるアルブミン遺伝子の転写が起こるか解析する．同様に，横中隔間充織を結合させた肝臓原基内胚葉の培養系で，ドミナントネガティブ型のBMP受容体を与えその効果をみる．

11.8 例えば，気管食道瘻（tracheo-esophageal fistula）を伴う食道閉鎖症の場合，責任遺伝子の1つはNOG遺伝子で，BMPシグナルのインヒビターとしての働きをもつ．マウスのノギン遺伝子欠失マウスでも同様の表現型を示す．

■ 12章

12.1 動物における再生とは，その体の一部が何らかの原因で失われた場合，失われた部分を修復し，形態と機能の復元が行われることをいう。体の大半または器官の多くが失われた場合の再生として，再編再生（形態調節）と付加再生がある。再編再生は，ヒドラの再生で認められ，広範な細胞増殖が起こらず，すでにある細胞群で再生が起こる。付加再生は，ゴキブリやイモリの肢が失われた場合に起こるもので，その再生には細胞の増殖と分化が大きな比重を占め，体全体とバランスをとった形で再生が進む。体の表面の比較的小さな傷の治癒や，小腸などの上皮組織における細胞交代も再生の一種と考えられる。肝臓は再生能力が著しい臓器とされ，その一部が外科的に除去されると，もとのサイズと組織構築の再生が起こるが，肝葉などの形態的な復元はない。

12.2 図12.1(b)の(i)の移植で移植部位に新たな頭部が再生しないのは，宿主に頭部から足部に至る阻害物質の勾配があるためと考えられる。(ii)の移植で新たな頭部が再生するのは，宿主の頭部が除去されたために，拡散性の阻害物質の濃度が下がったためと考えられる。領域1を正常なヒドラの領域6に移植した場合は，移植部位に新たな頭部が再生する。この場合，領域6では頭部でつくられる阻害物質濃度が低いためと説明される。

12.3 位置価を連続するように組織が埋められ，本来の肢とは別に過剰肢（背側と腹側に左肢1本ずつ）が発生する。図は省略。

12.4 レチノイン酸は，再生芽の基部–先端軸方向の位置価を変更し，より基部側の位置価を付与する。

12.5 肝切除後の肝再生の開始には，クッパー細胞からのサイトカイン$TNF\alpha$，引き続いてIL6，また門脈血中の栄養因子などがかかわる。これらの因子は，G0期にあった肝細胞をEGF，$TGF\alpha$，HGFなどの成長因子に応答できる状態に進める。肝星細胞や類洞内皮細胞からHGFが供給される。この他に，インスリン，ノルエピネフリンなども再生にかかわる。肝細胞内のシグナル系として，STAT3を中心とした細胞増殖性シグナルが重要である。細胞増殖の停止には$TGF\beta$がかかわる。

12.6 ラットやマウスの肝再生過程において類洞内皮細胞で働く成長因子受容体（VEGF受容体など）の遺伝子を，内皮細胞特異的に活性化されるプロモーター制御下に発現されるCre-ERT2とloxPシステムを用いて誘導的に欠失させるなどの実験を行う。

12.7 マウスやラットなどは哺乳類に属するので，その再生の仕組みはヒトのそれに近く，医学に応用しやすいと考えられる。他方，ヒドラ，プラナリア，イモリなどを用いた再生研究は，ヒトにはない再生現象や再生能力を研究するという側面に加え，ヒトでは研究できないが，ヒトと共通の再生原理をよりクリアに証明できる開拓的な側面ももつと考えられる。

■ 13章

13.1 形態の多様性を横軸に，個体発生の時間を縦軸にとると，類似性は咽頭胚期とよばれる時期に最も高くなり，その前の段階はむしろ多様性が高くなること。

13.2 発生過程で現れる特徴が出現する時期を変えるような進化をいう。メキシコサンショウウオが，幼生期の特徴である外鰓などを残しながら性的に成熟する例がよく知られている。

13.3 旧口動物と新口動物の間で，神経，消化管，循環系（心臓など）の位置が逆転していることと対応して，背腹軸の発生を制御するBMPの勾配が，節足動物では背側で高いのに対し，脊椎動物では腹側で高い。つまり，節足動物と脊椎動物は，BMP活性が高い側に循環系，低い側に神経外胚葉が形成されていることは共通しているが，背腹が逆転している。

13.4 祖先のもつある特定の構造の性質が別の部位に転用されるコオプションとよばれるこのような過程（神経堤細胞）や，マルチタスクの細胞の機能が別々の細胞に振り分けられることによる過程（光受容細胞）。

■ 14章

14.1 両者の違いは核移植に用いるドナー細胞の違いである。すなわち，核移植のドナー細胞として受精卵の各割球を用いて作出する場合を受精卵クローン，核移植のドナー細胞として体細胞を用いた場合を体細胞クローンと表す。また，受精卵クローンでは作出できるクローン数に限界があるが，体細胞クローンでは細胞が維持されている限り半永久的に

クローン動物が作出できると考えられる。

14.2 両者は由来となる細胞種と作出過程が異なる。ES細胞（胚性幹細胞）は受精卵由来の胚盤胞のICMから樹立した多能性幹細胞であり、iPS細胞（人工多能性幹細胞）は、体細胞に、直接、多能性関連遺伝子を導入してES細胞のような多能性幹細胞に変換させた細胞株である。よって、ES細胞は最初から保持している多能性を継続して維持しているのに対し、iPS細胞では強制的に多能性を獲得させている。そのため、性質がES細胞と異なる点も多くみられる。

14.3 ゲノム編集技術を用いると、遺伝情報を書き換えた受精卵を胚移植することにより、直接、標的組換えマウスが作出できるため、従来法と比較して、作出に必要な労力の軽減、期間の短縮などが大きな利点である。すなわち、従来の相同組換えで必須であったES細胞を介したキメラマウスの作出、キメラマウスを介したヘテロ接合型マウスの作出、ヘテロ接合型マウスを介したホモ接合型マウスの作出などの各過程がすべて不要となる。

14.4 人工授精：精液を雌の生殖器内に導入する方法。体外受精：体外に取り出した卵と精子を受精させる方法。顕微授精：精子が卵細胞質内に到達するのを手助けする顕微操作。

14.5 フローサイトメーターにより分離された雄の精液あるいは雌の精液（雌雄判別精液）を用いて人工授精する方法。胚盤胞の一部を切り取って、その細胞を用いて雌雄判定し、その後残った胚を雌の子宮内に移植する方法。

索 引

■ 人名

アリストテレス（Aristotelēs） 1
ウィルソン（Wilson, H.V.P.） 20
ウォルパート（Wolpert, L.） 25, 116
エヴァンス（Evans, M.J.） 142
エデルマン（Edelman, G.M.） 22
エドワーズ（Edwards, R.G.） 2
カウフマン（Kaufman, M.） 142
ガードン（Gurdon, J.B.） 2, 19, 41, 131
カハール（Cajal, S.R.） 146
キング（King, T.） 131
シュペーマン（Spemann, H.） 1, 15, 72
タウンズ（Towens, P.L.） 20
竹市雅俊（Takeichi, M.） 21
ブリックス（Briggs, R.） 131
ヘッケル（Haeckel, E.H.） 1, 123
ヘルスタディウス（Hörstadius, S.） 15
ホルトフレーター（Holtfreter, J.） 20
マンゴルト（Mangold, H.） 15
メンデル（Mendel, G.J.） 1
モーガン（Morgan, T.H.） 1
モスコーナ（Moscona, A.A.） 21
山中伸弥（Yamanaka, S.） 2, 19, 41, 145
ルドワラン（Le Douarin, N.M.） 82

■ 数字・欧文

5′キャップ（5′cap） 5
Ⅰ型肺胞細胞 107
Ⅱ型肺胞細胞 107
α細胞 110
βカテニン 27, 72
β細胞 110
AER 102
AGM 96
AI 136
ARIS 40
ARISX 42
ART 136
bindin 40
BMP4 73
CDS 7
ChIP 11
ChIP-qPCR 11
ChIP-seq 11
Cre-loxPシステム 93
CRISPR/Cas9 2, 135
CRM 6, 7
C末端ドメイン 5
Delta 18
DNA損傷 51
EMSA 9
Eph 27
ephrin 27, 80
EpiS細胞 142
ES細胞 2, 20, 54, 133, 142
ET 136, 138
Eカドヘリン 63
FGF 16, 63, 77, 89
GDNF 83, 98
GFP 14
Hand1 93
Hand2 93
Hedgehogシグナル経路 26
HOM-C 69
Hox遺伝子 77, 104, 128
Hoxコード 77
HSC 96, 145
ICSI 36, 136, 138
inv 74
iPS細胞 2, 13, 20, 133, 140, 145
Islet1 92
iv 74
IVF 136
IVM 137
IZUMO1 45
JUNO 46
LHサージ 37
LIF 142
LT-HSC 145
major ZGA 51
MARK3 66
Mesp 89
minor ZGA 51
mRNA前駆体（pre-mRNA） 7
MyoDファミリー 90
N-CAM 22
NGS 11
Nkx2.5 92
Notch 18
Numb 19
Par-1 66
pre-mRNA 7
prospero 19
P顆粒 30
qPCR 11
ret 98
RGC 19
RNAポリメラーゼ 5
ROSI 36
rRNA 5
SAAF 39
SAP 39
SCF 97
SEP 72
Shh 25, 74
Slit 80
Smad2 62
Sog 71
Sox転写因子 76
Sry 31
ST-HSC 145
TAD 7
TALEN 135
TATAボックス 5
TFII 5
TGFβ 62
TGFβシグナル経路 26
Themis 40
TRD 7
tRNA 5
Twg 71
Wnt 63, 72, 77
Wntシグナル経路 26
ZFN 135
ZGA 46, 51, 143
ZO-1 24
ZPA 102

索引

■あ
アクチビン応答エレメント　8
アクロシン　45
アシステッドハッチング　138
アニマルキャップ　62
アニマルキャップ・アッセイ　62
アフリカツメガエル　41, 71, 74
アポトーシス　80
アラジール症候群　113
アルーリン　42
アロマターゼ　36
アンテナペディア　69
アンドロゲン　35

■い
胃　106
維持メチラーゼ　12
異種間核移植　131
異種間キメラ　149
異種間胚盤胞補完　150
位置価　116
一次心臓領域　92
一次性索　99
一次脳胞　77
一次誘導　15
位置情報モデル　25
遺伝的浸透度　147
移入　57
イーブンスキップト　68
囲卵腔内精子注入法　137
陰窩　106
インサイド-アウト　80
陰唇陰嚢隆起　100
インテグリン　63
インテグリンスーパーファミリー　22
咽頭弓　83
咽頭内胚葉　73
咽頭嚢　83
咽頭胚期　123
イントロン　7

■う
ウィングレス　68
ウォルフ管　97, 100
ウルトラバイソラックス　69

■え
栄養外胚葉　54
栄養膜　54
エキソン　7
エクソソーム　27
エストロゲン　36
エピジェネティック遺伝　11
エピジェネティック修飾　30
エピブラスト　142
エピブラスト幹細胞　142
エフリン　27, 80
エレベーター運動　79
エングレイルド　68
円形精子細胞　33
円形精子細胞卵内注入（ROSI）　36, 138
沿軸中胚葉　87
円柱細胞　107
エンハンサー　6

■お
応答エレメント　7, 14
応答能　74
応答領域　7, 14
覆被せ　57
オーガナイザー　15, 72
オクルディン　24
オスカー　66
オーバル細胞　121
オフターゲット　135
オリゴデンドロサイト　80
オルガノイド　147, 150

■か
外性器　100
外套層　79
外胚葉　56, 76
外胚葉性頂堤（AER）　102
灰白質　79
蓋板　78
核移植　131
角質層　85
カクタス　70
隔壁結合　23
過剰排卵処置　138
家畜繁殖学　136
割球　48
活性化刺激　132
活性化補助因子　6
カドヘリン　21, 63, 76
カドヘリンスーパーファミリー　21
カプリーシャス　22
顆粒層　85
顆粒膜細胞　36
カルシウム波　43
加齢黄斑変性症　148
肝芽細胞　112
肝憩室　112
間細胞　116
幹細胞　17, 142
幹細胞ニッチ　145
間充織上皮転換　97
肝小葉　120
肝前駆細胞　121
肝臓　112, 120
　──の再生　120
肝臓誘導　112
陥入　57
眼胚　16
眼胞　16
顔面頭蓋　83

■き
希少動物　133
基底層　84
基底板　84
基底膜　62
キネシン　66
機能的冗長性　22
基板　78
ギボシムシ　125
基本転写因子（TFII）　5
キメラマウス　134
ギャップ遺伝子群　67
ギャップ結合　23, 24
キャパシテーション　44
旧口動物　16, 58
嗅板　83
峡部　78
極細胞　67
極座標モデル　118
局所オーガナイザー　77
極性化　65
極性化活性帯（ZPA）　102
筋萎縮性側索硬化症（ALS）　149
筋衛星細胞　117, 147
筋芽細胞　90, 147
筋節　90
筋線維　90
筋肉　90

■く
グースコイド　72
クナープス　67
グラウチョ　71

索　引

クラシックカドヘリン　22
グラーフ卵胞　36
グリア由来神経栄養因子（GDNF）　98
クリプト　106
クリュッペル　67
グルケン　65
クローディン　23
クロマチン免疫沈降（ChIP）　11
クローン　133
クローンカエル　131

■け
形成体　15, 72
形態調節　115
系統発生　123
血液精巣関門　35
血管芽細胞　94
血管新生　95
血管内皮成長因子　95
血球血管芽細胞　94
結節　61
決定因子　17
血島　94
ゲノム　4
ゲノムインプリンティング　30, 132
ゲノム編集　134, 135
原口　58
原溝　59
原口背唇部　15, 59
原始内胚葉　54
原条　59
原始卵胞　36
減数分裂　29, 31
原腸形成　56, 57, 60, 61
顕微授精　36, 136, 137

■こ
交感神経節　83
後口動物　16, 58
交叉　33
後腎　97
後腎間充織　97
後成説　1
後生動物　4
硬節　90
後方化シグナル　77
後方帯域　59
後方優位性　69
コオプション　129

個体発生　123
コーダル　67
骨格　90
骨格筋幹細胞　146
骨形成タンパク質4（BMP4）　30, 73
骨髄再構築アッセイ　96
コーディン　73, 76
コード配列（CDS）　7
コネキシン　24, 37
コネクチン　22
ゴノサイト　31
コヒーシン　33
コラーゲン　63
コリニアリティー　13, 69, 128
コレステロール　36
コンディショナルノックアウト　134
コンパクション　49
コンピテンス　74

■さ
最少挿入の原則　118
最小プロモーター　7
再生　115
再生医療　140
再生芽　115, 116
細胆管　121
再分節化　90
細胞外基質　22
細胞外マトリックス　22
細胞記憶　11
細胞系譜　2, 15
細胞死　15
細胞質内顕微授精（ICSI）　36, 136, 138
細胞周期　50
細胞周期停止因子　44
細胞性胞胚　58, 67
細胞反発　90
細胞膜ナノチューブ　27
サイレンサー　6
サイレンシング　13
差次的細胞接着　20
差次的発現　4
サーベラス　77
左右軸　74
左右性繊毛　74
左右性ダイニン　74
左右相称動物　124
三叉神経プラコード　84

三次誘導　16

■し
肢芽　101
子宮　100
軸索　80
軸索ガイダンス　80
始原生殖細胞　29, 99
始原生殖細胞様細胞　30, 37
視交叉　81
自己組織化能　20
自己複製能　142
四肢　101
　　──のアイデンティティ　103
シス制御モジュール（CRM）　6, 7
シス制御領域　7
雌性前核　52
雌性発生胚　132
次世代シーケンサー（NGS）　11
自然免疫　71
疾患モデル　147
シナプス　23, 81
シナプス後肥厚　23
姉妹染色分体　33
ジャイアント　67
周皮　84
絨毛　106
収斂伸長　58
主細胞　106
受精　29, 39
受精能獲得　44
受精能獲得抑制因子　44
受精膜　40
受精卵クローン　133
シュペッツレ　70
シュペーマンのオーガナイザー　72
シュワン細胞　80
消化管　105
上鰓プラコード　84
小腸　106
上皮間葉転換　58
静脈　96
静脈洞　91
除核操作　132
初期化　13, 133, 145
食道　105
ショートガストゥルレーション（Sog）　71
心黄卵　49
進化　123

進化発生生物学　2
心筋層　91
シングルマインデッド　71
神経栄養因子　81
神経芽細胞　19, 79
神経管　76
神経幹細胞　79, 145
神経弓　90
神経溝　76
神経褶　76
腎形成間充織　97
神経前駆細胞　17
神経堤　76, 82
神経堤細胞　82, 129
神経頭蓋　83
神経板　76
神経分化決定因子　18
神経誘導　15, 73
人工授精（AI）　136
進行帯　102
人工多能性幹細胞　2, 13, 140
新口動物　16, 58, 124
人工ヌクレアーゼ　134
シンシチウム　67
心室　91
腎小管　97
新生児永続型糖尿病　112
心臓　91
心臓三日月　91
腎臓　97
伸長精子細胞　33
伸長精子細胞卵内注入法　138
心筒　91
心内膜　91
心内膜管　91
心肺前駆細胞　109
真皮　84
真皮乳頭　85
心房　91
心膜腔　91
心ループ　91

■ す
髄索　76
膵臓　109
水泡症　24
砂時計モデル　124
スネイル　71
スプライシング　5
スムーズンド　68

■ せ
性決定　99
精原細胞　29
精細管　34, 99
精子　29, 33
精子幹細胞　31
精子形成　33
精子細胞　33
精子侵入点（SEP）　72
精子走化性　39
精子プロテアーゼ仮説　43
精子誘引物質　39
成熟肝細胞　113
精漿　39
生殖顆粒　30
生殖結節　100
生殖細胞　29
生殖細胞質　67
生殖質　30
生殖腺　31, 99
生殖補助医療（ART）　136
生殖隆起　30, 99
性染色体　31
精巣　30, 99
精巣上体　100
成長円錐　80
性判別　138
精母細胞　29
生理的再生　115
脊索　58, 87
脊索動物　58
脊椎骨　129
脊椎動物　127, 128
セグメント　68
セグメントポラリティー遺伝子群　68
接着結合　23, 24
接着帯　23, 63
接着斑　23, 24, 63
接着分子複合体　23
絶滅危惧種　133
セマフォリン　80
セルトリ細胞　34, 99
セレクチン　22
全割　48
前口動物　16, 58
前後極性　89
前左右相称動物　124
前腎　97
前腎管　97
前成説　1

先体　39
先体反応　39, 45
先端細胞　95
先端方向優先の原則　118
前脳　77
全分化能　142
腺房細胞　109
繊毛病　74
前立腺　100

■ そ
造血　96
造血幹細胞（HSC）　96, 145
相互挿入　58
相互誘導　16
桑実胚　49
臓側中胚葉　87, 105
相同組換え　135
相同染色体　33
総排泄腔　100
側板中胚葉　87
側方抑制　18, 79
組織幹細胞　145
組織特異的遺伝子　5
ソニックヘッジホッグ（Shh）　25, 74
ゾネーション　113
ゾーロイド　73

■ た
体外受精（IVF）　39, 136, 137
体外成熟（IVM）　137
体腔　87
体細胞　29
体細胞クローン　133
体軸　58
体軸幹細胞　98
代償性肥大　115, 120
対称分裂　79
体性幹細胞　145
体節　68, 87
体節形成　87
体節中胚葉　87
体節板　87
ダイニン　66
大脳　80
多核性胞胚　57, 67
多核体　67
多精拒否　40
多精子受精　46, 137
多能性　54, 133

索　引

多能性幹細胞　142
多能性膵前駆細胞　109
多分化能　142
ターミナル　68
単為発生　37
端黄卵　49
胆管　113
胆管板　113

■ ち
チェックポイント　51
膣　100
着床前診断　139
中外胚葉　71
中間前駆細胞　79
中間帯　79
中間中胚葉　87
中期胞胚変移　50, 67
中軸骨格　90
中軸中胚葉　87
中腎　97
中腎管　97
中脳　77
中脳後脳境界　77
中胚葉　56
中胚葉誘導因子　72
頂端－基底極性　62

■ つ
椎間板　90
ツイステッドガストゥルレーション（Twg）　71
ツイスト　71
椎体　90
ツェアクニュルト　71

■ て
底板　78
ディプルールラ幼生　126
定量的 PCR（qPCR）　11
テイルレス　67
デカペンタプレジック　71
テストステロン　35
デスモグレイン　24
デスモコリン　24
デスモソーム　23
デルタ　18, 78, 89
テロメア　31
テロメラーゼ　30, 31
転移 RNA（tRNA）　5
電気泳動移動度シフト解析（EMSA）　9
転写　5
転写因子　6
転写活性化因子　6
転写活性化ドメイン（TAD）　7
転写抑制因子　6
転写抑制タンパク質　14
転写抑制ドメイン（TRD）　7
天疱瘡　24

■ と
等黄卵　49
等割　48, 49
同期化　138
動原体　33
糖尿病治療法　150
頭部プラコード　82, 83
動脈　96
透明帯　37
透明帯開孔法　137
ドーサル　70
トランスジェニック　134
トランスジェニックマウス　134
トリセルリン　24
トール　70
トルナリア幼生　125
トルピード　65
トーロイド　71
トロコフォア幼生　125

■ な
内耳プラコード　84
内胚葉　56, 105
内皮細胞　93
ナイーブ型多能性　144
内部細胞塊　54
内部細胞層　58
ナノス　66
ナメクジウオ　127

■ に
二価染色体　33
二次心臓領域　91
二次性索　99
二次脳胞　77
二次誘導　16
二倍体　31
ニューコープセンター　72
ニューロジェニック遺伝子　79
ニューロメア　77
ニューロン　80

尿管芽　97
尿細管　97
尿生殖溝　100
尿生殖洞　100
尿生殖襞　100

■ ぬ
ヌクレオソーム　11

■ ね
ネトリン　80
ネフロン　97

■ の
脳室　79
脳室下帯　79
脳室帯　79
脳胞　77
ノギン　73, 76
ノーダル　61, 63, 72, 74
ノックアウト　134
ノックイン　134
ノッチ　18, 78
ノッチシグナル　88
乗換え　33

■ は
肺　107
胚移植（ET）　136, 138
パイオニアニューロン　80
バイオプシー　138
背外側経路　83
配偶子　29
背根神経節　83
杯細胞　107
媒精　137
胚性幹細胞　2, 20, 54, 142
胚性ゲノム活性化（ZGA）　46, 51, 143
背側化　73
ハイパーアクチベーション　45
胚盤胞　49, 54, 61
胚盤葉下層　59
胚盤葉上層　54, 59
パイプ　66, 70
ハウスキーピング遺伝子　4
パーキンソン病　149
白質　79
白血病阻止因子（LIF）　142
発生遺伝学　1
発生学　1

発生工学　2, 131
発生生物学　1
パッチド　68
パネート細胞　107
パラセグメント　68
盤割　48, 49
半数体　31
半接着斑　23, 24
ハンチバック　67

■ ひ
ヒアルロニダーゼ　45
比較発生学　1
皮筋節　90
ビコイド　66
皮脂線　85
皮質板　80
ヒストンコア　11
ヒストンマーク　11
皮節　90
非相同末端結合　135
ピット細胞　106
ヒト化　149
ヒドラ　115
表割　48, 49
表層回転　72
標的遺伝子組換え　134
標の組換えマウス　134
表皮　84

■ ふ
ファイロティピックステージ　124
フィブロネクチン　63
フォーカルアドヒージョン　22
付加再生　115, 119
孵化補助　138
副腎髄質　83
腹側経路　83
フシタラズ　68
不等割　48, 49
部分割　48
プライム型多能性　144
ブラッキユーリー　73
プログラム細胞死　80
プロゲステロン　36
プロテアーゼ　45
プロテインキナーゼ　62
プロトンカリウム ATP アーゼ　74
プロニューラル遺伝子　78

プロニューラルクラスター　78
プロモーター　5
分化形質　17
分枝形態形成　108
分子時計　88
分節性　87
分泌性シグナル分子　27

■ へ
ペアルール遺伝子群　68
柄細胞　95
壁細胞　93, 106
壁側中胚葉　87
ヘッジホッグ　68
ヘテロクロニー　128
ヘテロ接合体マウス　134
ヘミデスモソーム　23
ヘミメチラーゼ　12
ヘミメチル化 DNA 鎖　12
ペリサイト　95
ヘリング管　121
変異原　134
辺縁帯　79
ヘンゼン結節　61
鞭毛超活性化運動　45

■ ほ
哺育細胞　65
膀胱　100
放射状グリア細胞 (RGC)　19
紡錘体　33
胞胚　48, 54
胞胚腔　54
ホスト・トランスファー法　42
ホスホリパーゼ C ζ　46
母性 mRNA　52
母性遺伝子　65
母性・胚性転移　52, 53
ホックス遺伝子群　69
ボディプラン　65
ホメオティック遺伝子　126
ホメオティック遺伝子群　69
ホメオティックコンプレックス　69
ホメオティックセレクター遺伝子群　69
ホメオドメイン転写因子　77
ホメオボックス　69
ポリ A テール　7
ポリメラーゼ連鎖反応　139
ホルト・オーラム症候群　93

翻訳　6
翻訳領域　7

■ ま
巻込み　59
マトリックス・メタロプロテイナーゼ　63

■ み
ミエリン鞘　80
密着結合　23
未分節中胚葉　87
脈管形成　94
ミュラー管　100

■ め
メディエーター　6, 14
メラノサイト　83
免疫グロブリン (Ig) スーパーファミリー　22

■ も
網膜視蓋投射　81
網膜神経節細胞　81
モルフォゲン　25, 71

■ や
山中因子　13, 19

■ ゆ
有棘層　85
有糸分裂　31
有性生殖　29
雄性前核　52
雄性発生胚　132
誘導　15
輸精管　100

■ よ
羊漿膜　71
抑制補助因子　7
翼板　78
予定運命図　56

■ ら
ライディッヒ細胞　35, 99
ラジアルグリア細胞　79
ラミニン　34, 63
卵　29
卵円筒　61
卵黄膜　39

索　引

卵核胞崩壊　37
卵割　48
卵形成　36
ランゲルハンス島　109
卵原細胞　29, 65
卵子　29
卵室　65
卵成熟　37
卵巣　30, 99
卵胞　36
卵胞刺激ホルモン　35
卵母細胞　29, 65
卵膜細胞　99

■ り
リーダー・ライター複合体　11
リプログラミング　13, 133, 145
リボソームRNA（rRNA）　5
リモデリング　95
流出路　91
菱脳　77
緑色蛍光タンパク質（GFP）　14
リンパ管　96

■ る
ルーピング　91

■ れ
レシピエント卵細胞質　132
レチノイン酸　77
レチノイン酸合成酵素　77
レチノトピックマップ　27
レポーター解析　7
レンズプラコード　84

■ ろ
濾胞細胞　65, 99
ロンボイド　71
ロンボメア　24, 77

編者略歴

塩尻信義（しおじりのぶよし）
1983年　東京大学大学院理学系研究科
　　　　博士課程修了
現　在　静岡大学理学部教授，
　　　　理学博士

弥益　恭（やますきょう）
1987年　東京大学大学院理学系研究科
　　　　博士課程修了
現　在　埼玉大学大学院理工学研究科教授，
　　　　理学博士

加藤容子（かとうようこ）
1995年　近畿大学大学院農学研究科
　　　　博士課程修了
現　在　近畿大学農学部教授，
　　　　農学博士

中尾啓子（なかおけいこ）
1991年　東京大学大学院理学系研究科
　　　　博士課程修了
現　在　埼玉医科大学医学部専任講師，
　　　　理学博士

©　塩尻信義・弥益　恭・加藤容子・中尾啓子　2019

2019年4月10日　初版発行

発　生　生　物　学
基礎から応用への展開

編　者　　塩　尻　信　義
　　　　　弥　益　　　恭
　　　　　加　藤　容　子
　　　　　中　尾　啓　子
発行者　　山　本　　　格

発行所　株式会社　培風館
東京都千代田区九段南4-3-12・郵便番号 102-8260
電　話(03)3262-5256(代表)・振　替 00140-7-44725

平文社印刷・牧 製本

PRINTED IN JAPAN

ISBN 978-4-563-07823-2　C3045